高等学校电子信息类"十三五"规划教材
应用型网络与信息安全工程技术人才培养系列教材

数 据 结 构

主 编　王祖俪
副主编　王　翔　蔺　冰　吴春旺

西安电子科技大学出版社

内 容 简 介

本书以 C 语言为程序设计语言,通过算法、代码、流程图等多种表现形式详细介绍了数据结构的基本概念、逻辑特性和物理特性,对各种结构定义了相应的抽象数据类型,并给出了应用实例。在各章节末尾,还提供了习题供读者练习。

本书可作为高等院校计算机及相关专业数据结构课程的教材,也可作为计算机应用开发人员的参考书。

图书在版编目(CIP)数据

数据结构/王祖俪主编. —西安:西安电子科技大学出版社,2016.7
高等学校电子信息类 "十三五"规划教材
ISBN 978-7-5606-4119-5

Ⅰ. ① 数… Ⅱ. ① 王… Ⅲ. ① 数据结构—高等学校—教材 Ⅳ. ① TP311.12

中国版本图书馆 CIP 数据核字(2016)第 139052 号

策 划	李惠萍
责任编辑	李惠萍 宁晓蓉
出版发行	西安电子科技大学出版社(西安市太白南路 2 号)
电 话	(029)88242885 88201467 邮 编 710071
网 址	www.xduph.com 电子邮箱 xdupfxb001@163.com
经 销	新华书店
印刷单位	陕西华沐印刷科技有限责任公司
版 次	2016 年 7 月第 1 版 2016 年 7 月第 1 次印刷
开 本	787 毫米×1092 毫米 1/16 印 张 20
字 数	468 千字
印 数	1~3000 册
定 价	36.00 元

ISBN 978 - 7 - 5606 - 4119 - 5/TP

XDUP 4411001-1

如有印装问题可调换

序

进入 21 世纪以来，信息技术迅速改变着人们传统的生产和生活方式，社会的信息化已经成为当今世界发展不可逆转的趋势和潮流。信息作为一种重要的战略资源，与物资、能源、人力一起已被视为现代社会生产力的主要因素。目前，世界各国围绕着信息的获取、利用和控制的国际竞争日趋激烈，网络与信息安全问题已成为一个世纪性、全球性的课题。党的十八大报告明确指出，要"高度关注海洋、太空、网络空间安全"。党的十八届三中全会决定设立国家安全委员会，成立中央网络安全和信息化领导小组，并把网络与信息安全列入了国家发展的最高战略方向之一。这为包含网络空间安全在内的非传统安全领域问题的有效治理提供了重要的体制机制保障，是我国国家安全体制机制的一个重大创新性举措，彰显了我国政府治国理政的战略新思维和"大安全观"。

人才资源是确保我国网络与信息安全第一位的资源，信息安全人才培养是国家信息安全保障体系建设的基础和必备条件。随着我国信息化和信息安全产业的快速发展，社会对信息安全人才的需求不断增加。2015 年 6 月 11 日，国务院学位委员会和教育部联合发出"学位[2015]11 号"通知，决定在"工学"门类下增设"网络空间安全"一级学科，代码为 0839，授予工学学位。这是国家推进专业化教育，在信息安全领域掌握自主权、抢占先机的重要举措。

建国以来，我国高等工科院校一直是培养各类高级应用型专门人才的主力。培养网络与信息安全高级应用型专门人才，高等院校同样责无旁贷。目前，许多高等院校和科研院所已经开办了信息安全专业或开设了相关课程。作为国家首批 61 所"卓越工程师教育培养计划"试点院校之一，成都信息工程大学以《国家中长期教育改革和发展规划纲要（2010—2020 年）》《国家中长期人才发展规划纲要（2010—2020 年）》、《卓越工程师教育培养计划通用标准》为指导，以专业建设和工程技术为主线，始终贯彻"面向工业界、面向未来、面向世界"的工程教育理念，按照"育人为本、崇尚应用""一切为了学生"的教学教育理念和"夯实基础、强化实践、注重创新、突出特色"的人才培养思路，遵循"行业指导、校企合作、分类实施、形式多样"的原则，实施了一系列教育教学改革。令人欣喜的是，该校信息安全工程学院与西安电子科技大学出版社近期联合组织了一系列网络与信息安全专业教育教学改革的研讨活动，共同研讨培养应用型高级网络与信息安全工程技术人才的教育教学方法和课程体系，并在总结近年来该校信息安全专业实施"卓越工程师教育培养计划"教育教学改革成果和经验的基础上，组织编写了"应用型网络与信息安全工程技术人才培养系列教材"。该套教材总结了该校信息安全专业教育教学改革成果和经验，相关课程有配套的课程过程化考核系统，是培养应用型网络与信息安全工程技术人才的一套比较完整、实用的教材，相信可以对我国高等院校网络与信息安全专业的建设起到很好的促进作用。该套教材为中国电子教育学会高教分会推荐教材。

信息安全是相对的，信息安全领域的对抗永无止境。国家对信息安全人才的需求是长期的、旺盛的。衷心希望该套教材在培养我国合格的应用型网络与信息安全工程技术人才的过程中取得成功并不断完善，为我国信息安全事业做出自己的贡献。

高等学校电子信息类"十三五"规划教材

应用型网络与信息安全工程技术人才培养系列教材

名誉主编（中国密码学会常务理事）

何大可

二〇一五年十二月

中国电子教育学会高教分会推荐

高等学校电子信息类"十三五"规划教材
应用型网络与信息安全工程技术人才培养系列教材

编审专家委员会名单

名誉主任： 何大可(中国密码学会常务理事)

主　　任： 张仕斌(成都信息工程大学信息安全学院副院长、教授)

副主任： 李　飞(成都信息工程大学信息安全学院院长、教授)

何明星(西华大学计算机与软件工程学院院长、教授)

苗　放(成都大学计算机学院院长、教授)

赵　刚(西南石油大学计算机学院院长、教授)

李成大(成都工业学院教务处处长、教授)

宋文强(重庆邮电大学移通学院计算机科学系主任、教授)

梁金明(四川理工学院计算机学院副院长、教授)

易　勇(四川大学锦江学院计算机学院副院长、成都大学计算机学院教授)

杨瑞良(成都东软学院计算机科学与技术系主任、教授)

编审专家委员： (排名不分先后)

范太华	叶安胜	黄晓芳	黎忠文	张　洪	张　蕾	贾　浩
赵　攀	陈　雁	韩　斌	李享梅	曾令明	何林波	盛志伟
林宏刚	王海春	索　望	吴春旺	韩桂华	赵　军	陈　丁
秦　智	王中科	林春蕾	张金全	王祖俪	蔺　冰	王　敏
万武南	甘　刚	王　燚	闫丽丽	昌　燕	黄源源	张仕斌
李　飞	王海春	何明星	苗　放	李成大	宋文强	梁金明
万国根	易　勇	杨瑞良				

前　言

　　数据结构是计算机及相关专业的一门专业基础课程，也是重要的核心课程之一。通过数据结构课程的学习，学生应掌握各种基本数据结构的类型、存储方式以及它们的基本操作，同时该课程也培养学生利用所学的概念和理论知识，针对实际问题找到简洁适当的数据结构、存储方式和方法的能力。掌握数据结构知识是对程序设计人员最重要也是最基本的要求。

　　数据结构一直给人复杂、难懂的印象，初学者往往对基本结构的操作或者实际问题的处理思路不明确，不知如何下手，导致望而却步。为了减少读者学习数据结构时的畏难情绪，本书用尽量浅显易懂的语言描述基本的概念和基础知识，除了用传统的算法描述基本操作以外，对每个章节的重点操作都引入了 C 语言的代码描述，读者可以通过直接运行代码查看算法运行的结果，了解操作的过程。本书在介绍理论知识的同时，还引入了典型的实际问题，帮助读者了解具体问题如何用所学的理论知识来解决。算法、代码、流程等多种形式的表现，都旨在提高初学者的程序分析和设计能力。每章节后还附有习题，以便读者进一步练习并检验学习效果。

　　本书由长期从事数据结构课程教学的老师在总结了多年的教学实践经验的基础上编写而成，旨在提高学生的实践动手能力和理论联系实际的能力。本书根据常规课时限定，删去了部分非本科学生必须掌握的内容，并增加了实际应用内容，教师可在实际教学中进行调整。

　　本书可作为高等学校计算机及相关专业数据结构课程的教材，也可以作为计算机应用开发人员的参考书。对于计算机及相关专业，可讲授 52～64 学时，另进行 12 学时左右的上机练习；对于其他专业，课时可适当压缩，讲授 32～48 学时。

本书第 1、8 章由蔺冰编写，第 2、4 章由王祖俪编写，第 3 章由吴春旺编写，第 5、6、7 章由王翔编写，王祖俪负责校阅各章，并对全书统稿、定稿。

　　由于作者水平有限，加上计算机科学技术发展迅速，书中难免有不妥和遗漏之处，恳请广大读者赐教。

编　者

2016 年 3 月

目　录

第 1 章 绪 论

随着计算机技术的迅速发展，计算机的应用已不再局限于数学科学运算，而是更多地用于控制、管理和数据处理等非数值计算的处理工作。与此相对应，计算机处理的对象由纯粹的数值发展为字符、表格、图像等各种具有一定结构的数据，这就给程序设计带来一些新的问题。有效地分析和处理对象的特性以及对象之间存在的关系，就是数据结构学科形成和发展的背景。

1.1 什么是数据结构

1.1.1 数据结构基本概念

数据结构(Data Structure)是一门研究非数值计算的程序设计问题中计算机的操作对象以及它们之间的关系和操作的学科。

在 Windows 操作系统中，在查找自己较长时间以前编辑过的文件时，通常会用到 Windows 自带的搜索功能。Windows 文件夹是一个树形结构，如图 1-1 所示，搜索即是在这棵树里查找是否有同名文件或文件夹的过程。

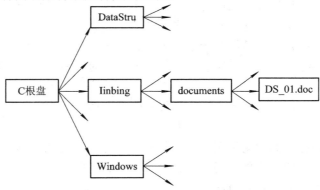

图 1-1　Windows 文件搜索树

描述非数值计算问题的数学模型不再是数学方程式，而是线性表、树、图类的数据结构。数据结构在计算机科学中是一门综合性的专业基础课，不仅涉及计算机硬件(特别是编码理论等)的研究，还和计算机软件的研究密切相关。在研究解决问题时，必须考虑数据如何组织，如何查找和存取较为方便等。因此，可以认为数据结构是介于数学、计算机硬件和计算机软件三者之间的一门核心课程。

在此，先了解相关概念和术语的定义。

(1) 数据(Data)：信息的载体，对客观事物的符号表示，是所有被计算机程序处理的符号的总称(如数字、字符串、图像、声音等)。

(2) 数据元素(Data Element)：数据的基本单位，可由若干个数据项组成，数据项是数据的不可分割的最小单位。数据元素可以是单一数据，也可以是一条记录。

(3) 数据对象(Data Item)：性质相同的数据元素的集合，是数据的一个子集(如整数集合、学生信息集合)。

(4) 数据结构(Data Structure)：相互之间存在某种特定关系的数据元素的集合。其中，结构是指数据元素之间的关系。

1.1.2　数据结构图形表示

数据结构包括两方面的内容：

(1) 数据的逻辑结构：数据元素之间的逻辑关系，也可以看作是从具体问题抽象出来的模型，描述操作对象之间的关系，它与数据的存储方式、位置无关。

数据的逻辑结构包括集合结构、线性结构、树形结构、图形(网状)结构，如图 1-2 所示。

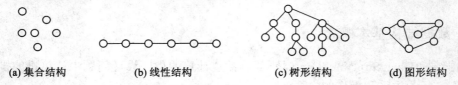

(a) 集合结构　　　　(b) 线性结构　　　　(c) 树形结构　　　　(d) 图形结构

图 1-2　数据的逻辑结构关系图

集合结构：数据元素仅仅同属于一个集合，没有其他关系。

线性结构：数据元素之间存在一对一的关系，若结构非空，则有且仅有一个开始数据元素和结束数据元素，其他数据元素有且仅有一个前驱数据元素和一个后继数据元素。

树形结构：数据元素之间存在着一对多的关系，若结构非空，则有且仅有一个称为根的数据元素，其他数据元素有且仅有一个前驱数据元素和零至多个后继数据元素。

图形结构(网状结构)：数据元素之间存在着多对多的关系，所有数据元素之间均有关系或无关系。

(2) 数据的存储结构：数据元素及其关系在计算机存储器内的表示。数据的存储结构包括顺序存储、链式存储和索引存储三种方式。

顺序存储：借助存储器中的位置来表示数据元素之间的关系；链式存储：对逻辑上相邻的元素不要求其物理位置相邻，元素间的逻辑关系通过附设的指针字段来表示；索引存储：建立附加索引标识数据元素地址。

数据的逻辑结构与存储结构的关系：存储结构是逻辑关系的映像与元素本身的映像；逻辑结构是数据结构的抽象，存储结构是数据结构的实现，两者综合起来建立了数据元素之间的结构关系。

如在线性结构中其存储结构有顺序存储和链式存储两种方式，设存放 5 个字符 a、b、

c、d、e 的线性结构，其顺序存储如图 1-3 所示，链式存储如图 1-4 所示。

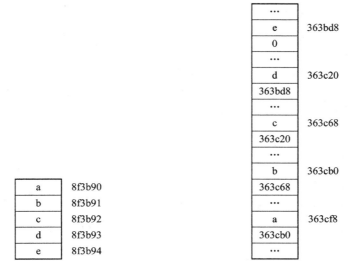

图 1-3　线性结构的顺序存储　　　　　图 1-4　线性结构的链式存储

1.2　什么是算法

1.2.1　算法概念

算法(Algorithm)是对特定问题求解步骤的一种描述，是指令的有限序列。

算法有五个重要特性：

(1) 有穷性——一个算法必须总是在执行有穷步之后结束，且每一步都在合理可接受的时间内完成。

(2) 确定性——算法中每一条指令必须有确切的含义，读者理解时不会产生二义性，并且在任何条件下，算法只有唯一的执行路径，即对于相同的输入只能得到相同的输出。

(3) 可行性——一个算法是可行的，即算法中描述的操作都是可以通过已经实现的基本运算执行有限次来实现的。

(4) 输入——一个算法有零个或多个输入，这些输入取自于某个特定的对象的集合。

(5) 输出——一个算法有一个或多个输出，这些输出是同输入有着某些特定关系的量。

算法的含义和程序十分类似，但也有区别。一个程序可能不需要满足上述第一点(有穷性)，如操作系统，只要整个系统正常运行，则操作系统程序就不会结束。另外，程序是用机器可执行的语言完成的，算法没有这种限制。

1.2.2　算法设计要求

一个好的算法应考虑满足以下设计要求：

(1) 正确性——算法应当满足具体问题的需求。

(2) 可读性——算法主要是为了人的阅读与交流，其次才是机器执行。可读性好有助于人的理解；晦涩难懂的程序易于隐藏较多错误，难以调试和修改。

(3) 健壮性——当输入数据非法时，算法也能适当地作出反应或进行处理，而不会产生莫明其妙的输出结果。

(4) 效率与低存储量需求——效率指法执行的时间。对于同一个问题如果有多个算法可以解决，执行时间短的算法效率高。存储量需求指算法执行过程中所需要的最大存储空间。效率和低存储量需求都与问题的规模有关。

1.2.3 算法复杂度

1. 算法效率的度量

算法执行时间需通过依据该算法编制的程序在计算机上运行时所消耗的时间来度量。而度量一个程序的执行时间通常有两种方法：算法的事后统计方法和算法的事前分析估算方法。

1) 事后统计方法

在 C 程序中可以使用如下代码获得系统时间。

例 1-1 获取系统时间判断算法的效率。

```
#include <stdio.h>
#include <time.h>
#include <sys/timeb.h>

int main(void)
{
    int i, j;
    double k = 0;

    struct timeb tp;
    struct tm *tm;

    //在算法处理前获取系统时间：时、分、秒、毫秒
    ftime(&tp);
    tm = localtime(&(tp.time));
    printf("%02d:%02d:%02d:%03d\n",(tm->tm_hour),(tm->tm_min), (tm->tm_sec), (tp.millitm));

    //算法：模拟延时
    for (i = 0; i < 10000; i++)
    {
        for (j = 0; j < 1000; j++)
        {
            k = k + 1.5;
```

```
        }
    }

//在算法处理后再次获取系统时间
ftime(&tp);
tm = localtime(&(tp.time));
printf("%02d:%02d:%02d:%03d\n",(tm->tm_hour), (tm->tm_min), (tm->tm_sec),(tp.millitm));

    return 0;

}
```

运行结果如图 1-5 所示。

图 1-5　获取系统时间代码运行结果

　　事后统计方法有缺陷，统计量依赖于计算机的硬件、软件等环境因素。同样算法的程序在不同的硬件环境或不同的软件编译环境中的运行时间都可能不同，更不用说不同的算法。只有将不同的算法在相同的软、硬件环境中分别进行统计，才可能区分出不同算法的优劣。

　　2) 事前分析估算方法

　　用高级语言编写的算法的执行时间主要取决于下列因素：

- 算法选用的策略。不同思路算法的效率可能不相同。
- 问题的规模。处理的数据量越大，处理的时间越长。
- 编写程序的语言。语言的级别越高，执行效率越低。
- 编译程序所产生的目标代码的质量。编译程序优化代码越好，程序效率越高。
- 机器执行指令的速度。CPU 性能直接影响效率。

　　程序语言、编译器和机器执行速度不同，算法的效率也不相同，这是软、硬件差异造成的，不在本书中讨论。所以不同算法(即算法策略不同)依赖不同规模表现出不同的效率，即算法的效率可以表示为规模(通常用整数量 n 表示)的函数。

　　一个算法的时间复杂度 $T(n)$ 是该算法的时间开销，是求解问题规模 n 的函数。当 n 趋于无穷大时，时间复杂度 $T(n)$ 的数量级称为算法的渐近时间复杂度，记为

$$T(n) = O(f(n))$$

它表示随问题规模 n 的增长，算法执行时间的增长度和函数 $f(n)$ 的增长率是相同的。

　　例 1-2　设用两个算法 A 和 B 求解同一问题，它们的时间复杂度分别是 $T_A(n) = n^2/2$，$T_B(n) = 2n \, \mathrm{lb}n$，试讨论其效率。

　　当输入量较小(n < 15)时，有 $T_A(n) < T_B(n)$，前者花费的时间较少。随着问题规模 n 的增长，两算法的时间消耗之比 $n/(4\mathrm{lb}n)$ 逐渐增大。也就是说，当问题规模较大时，算法 A

比算法 B 效率要低。

上述算法 A 和 B 的渐进时间复杂度分别为 $O(n^2)$ 和 $O(n\text{lb}n)$，它们从宏观上评价了这两个算法在时间方面的质量。在具体进行算法分析时，往往对算法的时间复杂度和渐进时间复杂度不予区分，而经常将渐进时间复杂度 $T(n) = O(f(n))$ 简称为时间复杂度。

由于算法主要由程序的控制结构(判断)、赋值等构成，所以算法的执行时间主要取决于这两者。在算法中将基本操作执行的次数作为算法运行时间的衡量准则。基本操作主要指比较运算和赋值运算，统计这些运算的次数来获得时间复杂度。

例 1-3 统计下列代码段的运算次数，并计算这些代码段的时间复杂度。

① if (x > 0)
        { x++;}
    else
        { x--;}

x>0 比较运算 1 次，赋值运算要么做 x++，要么做 x--，也是 1 次，基本操作次数是 2 次，时间复杂度为 $O(1)$，常量阶。

② for (i = 1; i<=n; i++)
        { x++;}

i=1 赋值运算 1 次，i<=n 比较运算 n+1 次(当 i 从 1 到 n，比较运算为 1<=n 到 n<=n，共 n 次，当 i 变为 n+1 时，还要比较一次退出循环)，i++赋值运算 n 次，x++赋值运算 n 次，基本操作共 3n+2 次，时间复杂度为 $O(n)$，线性阶。

③ for (i = 1; i <= n; i++)
        { for(j = 1; j<=n; j++)
          {x++;}
        }

循环体 for(j=1;j<=n;j++) x++;基本操作是 3n+2 次，但该循环体本身要做 n 次，所以基本操作是 n×(3n+2)次，i=1、i<=n、i++共做 2n+2 次，故基本操作次数为 $3n^2+4n+2$ 次，时间复杂度为 $O(n^2)$，平方阶。

④ for (i = 1; i <= n; i=i+2)
        {   for(j = 1; j<=n; j++)
        {x++;}
        }

循环体 for(j=1;j<=n;j++) x++;基本操作是 3n+2 次，但该循环体本身要做 n/2(n 为偶数)次，所以基本操作是 n×(3n+2)/2 次，i=1、i<=n、i=i+2 共做 n+2 次(n 为偶数)，故基本操作次数为 $3n^2/2+2n+2$ 次，时间复杂度为 $O(n^2)$，平方阶(当 n 为奇数时，基本操作次数为 $3n^2/2+7n/2+5$，时间复杂度为 $O(n^2)$)。

⑤ for (i = 1; i <= n; i=i*2)
        { for(j = 1; j<=n; j++)
          {x++;}
        }

内循环体本身要做 ⌊lbn⌋(lbn 向下取整)次，代码段的基本操作次数为 (3n+2)⌊lbn⌋+2⌊lbn⌋+2，时间复杂度为 O(nlbn)，线性对数阶。

有些情况下，算法中基本操作的重复执行次数随问题输入(或初始)数据的不同而不同。

⑥ for (i = n-1; flag = 1; i>=0 && flag != 0; i--)
　　　　　{ flag = 0;
　　　　　 for (j = 0; j < i; j++)
　　　　　 { if (a[j] > a[j+1]) {te=a[j]; a[j] = a[j+1]; a[j+1]=te; flag = 1;}
　　　　　}

此时当 a 数组中初始序列为自小至大有序时，时间复杂度为 O(n)，当初始序列为自大至小有序时，时间复杂度为 $O(n^2)$。对于这类算法的分析，一种解决的办法是计算它的平均值，即考虑对所有可能的输入数据的期望值，此时相应的时间复杂度为算法的平均时间复杂度。然而在很多情况下，各种输入数据出现的概率很难确定，算法的平均时间复杂度也就很难确定。此时，可以采用另一种解决的办法：讨论算法最坏情况下的时间复杂度，即分析最坏情况以估算算法执行时间的一个上界。

2. 算法的存储空间需求

空间复杂度是指解决问题的算法在执行时所占用的存储空间，它也是衡量算法有效性的一个指标，记作 S(n)=O(g(n))，其中 n 为问题的规模。表示随着问题规模的增大，算法运行所需存储量的增长率与函数 g(n) 的增长率相同。

算法的存储量包括三个部分：程序本身所占的存储空间、输入数据所占的空间以及辅助变量所占的空间。讨论算法的空间复杂度时，分析除输入和程序之外的辅助变量所占的额外空间即可。如果所需额外空间相对于输入数据来说是常数，则算法为"原地工作"，此时空间复杂度为 O(1)。

对于一个算法，时间复杂度和空间复杂度往往是互相影响的，当时间复杂度较好时，可能会使空间性能变差；当空间复杂度较好时，可能会使时间性能变差。算法的所有性能之间都或多或少地互相影响。因此，设计一个算法时，需要综合考虑算法的各项性能、算法的使用频率、算法处理的数据量大小、算法描述语言特性、算法运行机器系统环境、应用需求对时间和空间的要求等因素，通过权衡利弊设计出理想的算法。

1.3　C 语言要点回顾

本书采用 C 完全源代码(即完全在 VC6 的环境中可正确运行的全部代码)展示，故在此对 C 语言的重要知识进行简单的描述，并针对 VC6(32 位软件)环境下的数据进行介绍(若读者采用其他编译环境可能会有一些差异)。

1.3.1　基本数据类型

C 语言使用的基本数据类型如表 1-1 所示。

表 1-1 C 语言基本数据类型

数据类型	定义关键字	占用字节数	数据范围
字符类型	char	1	$-128\sim127$
无符号字符类型	unsigned char	1	$0\sim255$
整型	int	4	$-2\,147\,483\,648\sim2\,147\,483\,647$
无符号整型	unsigned int	4	$0\sim4\,294\,967\,295$
短整型	short int	2	$-32\,768\sim32\,767$
无符号短整型	unsigned short int	2	$0\sim65\,535$
长整型	long int	4	$-2\,147\,483\,648\sim2\,147\,483\,647$
无符号长整型	unsigned long int	4	$0\sim429\,496\,7295$
单精度浮点型	float	4	$0\ \text{及}\pm1.175\times10^{-38}\sim\pm3.403\times10^{38}$
双精度浮点型	double	8	$0\ \text{及}\pm2.225\times10^{-308}\sim\pm1.798\times10^{308}$

定义的变量存放在内存的某个区域，每个内存字节都有编号，该编号称为内存地址。当定义一个整型变量后，则分配给该变量 4 个连续的内存地址(通常用最小的那个来表示该整型变量的地址)。如：int i;语句会给 i 分配内存，引用 i 表示引用那个内存空间，使用表示式&i 可以获得 i 所占用的内存地址(0x18ff44)，如图 1-6 所示。

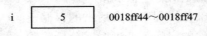

图 1-6 内存变量图

使用赋值语句 i=5;可以将 i 内存空间修改为 5 这个值。使用 j=i*2;语句表示将该内存空间的值乘以 2 后的运算结果存放到 j 内存空间。

1.3.2 其他复合数据类型

1. 数组类型

数组是由同一类型数据组合而成的一种类型，如 int arr[10];表示有 10 个整数(一个整数占 4 个字节，10 个共占 40 个字节)，可以用 arr[0]至 arr[9]来引用这 10 个元素，每个元素均是 int 类型。其中 10 可以修改成其他整数(必须大于 1，另外由于内存及系统的原因，还有一个上限。虽然定义数组的元素个数可以很大，编译不报错，但一运行就出错。笔者做过简单测试，该数可以定义到 500 000 000(VC 编译器)，但程序在实际运行接近 259 500 左右时就不能正确处理了)。另外在程序中还可以引用数组名称 arr，表示的是数组首地址(即在内存里给 arr 的 10 个元素分配的 10 个编号，详见指针类型)。

2. 结构体类型

结构体类型是由不同的一系列成员组合而成的类型，常用于一个对象的基本描述，声明如下(还没有定义变量)：

```
struct _student
{
```

```
        int number;
        char name[16];
        int age;
        double score[5];
    };
```

根据以上声明，定义变量如下：

```
    struct _student s1;
    struct _student class1[50];
```

其中 s1 只能存放一个学生的数据，该数据由学号、姓名(姓名长度不超过 15 个英文字符)、年龄、5 科成绩(共占 64 个字节，其中学号占 4 个字节，姓名占 16 个字节，年龄占 4 个字节，每科成绩占 8 个字节，5 科占 40 个字节)构成。class1 是结构体数组，表示一个班，可以存放 50 个学生的情况(每个学生占 64 个字节，共需要分配 3200 个字节)。可以使用 C 语言关键字 sizeof 来计算数据类型或变量分配的字节数。

注意：由于操作系统的位数以及软件的处理方式不同，结构体的实际占用宽度有可能不是简单的叠加，可能会按 4(或 8)的整数倍进行处理叠加。

例 1-4 使用 sizeof 关键字计算各种数据类型宽度。

```c
#include <stdio.h>

struct _student
{
    int number;
    char name[16];
    int age;
    double score[5];
}

int main(void)
{
    char ch = 0;
    short int si = 0;
    int i = 0;
    long int li = 0;
    float f = 0;
    double d = 0;
    int arr[10] = {0};
    struct _student s1 = {0};
    struct _student class1[50] ={0};

    printf("sizeof(char)=%d, sizeof(ch)=%d\n", sizeof(char), sizeof(ch));
```

```
    printf("sizeof(short int)=%d,sizeof(int)=%d,sizeof(long int)=%d\n",sizeof(si),sizeof(i),sizeof(li));
    printf("sizeof(float)=%d,sizeof(double)=%d,sizeof(int arr[10])=%d\n",sizeof(f),sizeof(d),sizeof(arr));
    printf("sizeof(struct_student)=%d,sizeof(array struct_student[50])=%d\n",sizeof(s1),sizeof(class1));
    return 0;
}
```

例 1-4 的运行结果如图 1-7 所示。

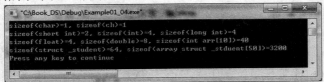

图 1-7　各种数据类型的存储宽度

3. 共用体类型

共用体类型是多个不同类型的成员组合在一起，但共用同一内存区域的一种数据类型，各成员不能同时存在，在一个时间内只有一个成员可用，此时如果引用其他成员则会按其他成员的类型进行转换处理。

共用体声明如下：

```
union _example
{
    int number;
    char name[16];
    int age;
    double score;
};
```

若定义变量格式如下：

```
union _example temp;
```

则 temp 占用内存 16 个字节(最大成员的宽度 char name[16])。

1.3.3　指针数据类型

指针是一种专门存放内存地址编号的数据类型，针对变量的类型存放的地址可以放在指针变量里面。

如 int i; int *p;　p=&i;表示 p 存放变量 i 在内存中的地址编号。

例 1-5　指向整型的指针示例。

```
#include <stdio.h>

int main(void)
{
    int i = 5;
    int *p;
```

```
        p = &i;
        printf("i=%d, &i=%p, p=%p, &p=%p\n", i, &i, p, &p);
        return 0;
    }
```

程序运行结果如图 1-8 所示。

图 1-8 指针示例运行结果

根据程序的运行结果，绘制出内存示意如图 1-9 所示。

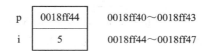

图 1-9 指针变量、基本类型变量内存图

整型变量 i 占用 4 个字节，每个字节一个地址编号，故可以在程序中看到的是 4 个编号的字节中第一个字节(最小的字节)的编号。由于是 32 位软件，故一个指针变量固定占用 4 个字节(因为地址的编号方式决定了指针变量的宽度，就像邮政编码是固定长度，每个编码决定了该邮政地区一样)。

指针变量有专门的运算符，可以获得内存空间，即*p 运算。

例 1-6 指向整型的指针获得字符类型地址示例。

```
        #include <stdio.h>

        int main(void)
        {
            char arr[12] = "abcdefgh";
            int *p;
            p = (int *)arr;
            printf("p=%p, *p = %x, &p=%p\n", p, *p, &p);
            return 0;
        }
```

程序运行结果如图 1-10 所示。

图 1-10 整型指针获得字符类型地址程序运行结果

该程序运行时内存示意如图 1-11 所示。

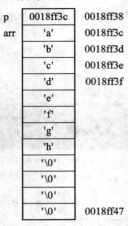

图 1-11 指针变量与连续内存的关系

从图 1-11 中可以看出，输出 p 所得到的是 0018ff3c 这个地址，但在处理*p 时，会选用 int* 方式，即将 0018ff3c～0018ff3f 这 4 个字节的内容一起进行处理，经二进制转换，'a' 是 01100001(61H)，'b' 是 01100010，… 该系统是低字节地址是低位，高字节地址是高位，所以 *p 是 01100100,01100011,01100010,01100001，换算为十六进制输出为 64636261。即指针变量不管地址里本身是什么数据类型，会按照指针变量所指类型转换(使用类型的字节数)。所以指针变量也可能会定义为 void *p;，在引用的时候可以强制设定为需要的类型。修改如下：

```
char arr[12] = "abcdefgh";
void *p;
p = arr;
printf("%x, %x, %x, %f\n", *(char *)p, *(short int *)p, *(int *)p, *(double *)p);
```

1.3.4 常用结构及函数

1. 函数框架
C 语言是函数方式程序框架。函数框架格式如下：

```
函数类型 函数名(函数参数表)
{
    //算法说明
    变量声明
    语句序列
} //函数结束
```

2. 语句分类
语句分为赋值、选择、循环、输入、输出、函数调用、返回、退出等。
赋值语句有：

```
变量名=表达式;
```

　　　　变量名 1=变量名 2=…=变量名 k=表达式;

　　　　变量名=条件表达式? 表达式 T: 表达式 F;

　　选择语句有:

　　　　if (表达式) {语句}

　　　　if (表达式) {语句 1} else {语句 2}

3. 常用函数及运算符

常用函数有 max、min、abs、floor、ceil、eof、eoln。

常用运算符有+、−、*、/、%、&&(逻辑与)、‖(逻辑或)。

4. 动态分配内存相关函数

在后面的代码中经常会使用到动态分配内存的函数 malloc 和 free,在使用这两个库函数时需要添加头文件 stdlib.h 或 malloc.h。

malloc 函数是从堆中分配可使用内存给用户的,分配成功,函数返回的是该内存的首地址,将该地址转换为需要的数据类型地址即可正常使用。分配不成功,函数返回的是 NULL。

free 函数是释放 malloc 这一类函数分配的内存,如果不释放,对于大型程序而言最终结果就是内存泄漏(只分配内存,不释放内存,导致内存不足)而导致程序崩溃或死机。如果释放不正确的堆内存地址,也会导致程序崩溃。

例 1-7　动态分配内存代码示例。

```
#include <stdlib.h>              //宏定义_MAX_PATH
#include <stdio.h>

void main( void )
{
    char *string;

    string = malloc( _MAX_PATH );      //动态分配内存
    if( string == NULL )
        printf( "Insufficient memory available\n" );
    else
    {
        printf( "Memory space allocated for path name\n" );
        free( string );
        printf( "Memory freed\n" );
    }
}

/*单一内存动态分配*/
#include <stdio.h>
```

```c
#include <stdlib.h>
int main(void)
{
    int *p = (int *)malloc(sizeof(int));

    if (p == NULL)
    {
        return 0;
    }
    *p = 5;
    printf("%d\n", *p);
    free(p);
    return 0;
}


/*一维数组内存动态分配*/
#include <stdio.h>
#include <stdlib.h>
int main(void)
{
    int i;
    double *p = (double *)malloc(sizeof(double)* 10);
    double *array = p;

    if (array == NULL)
    {
        return 0;
    }
    for (i = 0; i < 10; i++)
    {
        array[i] = i+1;
    }
    for (i = 0; i < 10; i++)
    {
        printf("%.2f ", array[i]);
    }
    free(p);
    return 0;
}
```

5．对已有类型定义别名

使用关键字 typedef 可以给已有类型起个别名，使用别名同样可以定义相同类型的变量。如定义：

```
typedef unsigned int _uint32;
```

则用_uint32 可以定义无符号整数。

本书中通常会有如下代码：

```
typedef struct _node
{
    int data;
    struct _node *next;
} Node, *pNode;
struct _node var1;
Node var2;
struct _node *pvar3;
pNode pvar4;
```

则 Node 类型与 struct _node 类型是一样的，可以定义该结构体类型变量，所以变量 var1 和 var2 是相同类型的结构体。而 pNode 可以定义指向该结构体类型的指针变量，相当于 struct _node 类型，所以示例当中的 pvar3 和 pvar4 是相同的类型，可以指向该结构体变量的指针变量。

习　　题

1．对于给定的 n 个元素，可以构造出的逻辑结构有＿＿＿、＿＿＿、＿＿＿、＿＿＿四种。
2．数据结构中评价算法的两个重要指标是＿＿＿和＿＿＿。
3．一个算法具有五个特性：＿＿＿、＿＿＿、＿＿＿、＿＿＿和＿＿＿。
4．对算法设计的四个要求是＿＿＿、＿＿＿、＿＿＿和＿＿＿。
5．下面程序段中 i = i * 2 语句的执行次数的数量级是＿＿＿。（注：填 1, n, n^2, lbn, …）

```
i = 1;
while (i < n)
i = i * 2;
```

6．下面程序段中 x = x + 1 语句的执行次数的数量级是＿＿＿。

```
i = 1;
while (i < n)
{
    for (j = 1; j <= n; j++)
        x = x + 1;
    i = i * 2;
}
```

7. 下面程序段中 $i = i / 2$ 语句的执行次数的数量级是_____。

$i = n * n;$

　while $(i\ !=\ 1)$

　　　$i = i / 2;$

8. 将下列函数按它们在 $n \to \infty$ 时的无穷大阶数从小到大排序是_____。

$$n,\ n-n^3+7n^5,\ nlbn,\ 2^{n/2},\ n^3,\ lbn,\ n^{1/2}+lbn,\ (3/2)^n,\ C_{2n}^n,\ n!,\ n^2+lbn$$

9. 实际调试下面的程序，图示出程序中的简单链表，标出 head 变量的内容及其地址，以及表达式 head->next->next 的内容及其表示的内存地址。

```c
#include <stdio.h>
typedef struct _node
{
    int data;
    struct _node *next;
} Node;
int main(void)
{
    Node *head, a, b, c;
    a.data = 1;
    a.next = &b;
    b.data = 2;
    b.next = &c;
    c.data = 3;
    c.next = NULL;
    head = &a;

    while (head != NULL)
    {
        printf("%d\n", head->data);
        head = head->next;
    }
    return 0;
}
```

第 2 章 线 性 表

　　线性表是一类最简单也是实际应用最多的线性数据结构。在实际应用中，线性表可以以栈、队列、字符串、数组等特殊线性表的形式来使用。在非空线性结构的有限集合中，存在唯一一个被称为"第一个"的数据元素；存在唯一一个被称为"最后一个"的数据元素；除"第一个"元素无前驱外，集合中所有元素有且只有一个"直接前驱"；除"最后一个"元素无后继外，集合中所有元素有且只有一个"直接后继"。在本书中，讨论数据关系时都省略了"直接"二字。

　　本章主要介绍线性表的基本逻辑结构以及运算，线性表的存储结构及其运算的实现和综合实例。

2.1　线性表的逻辑结构

2.1.1　线性表的概念

　　线性表(Linear_List)是一种线性结构，它是最简单、最基本也是最常用的一种线性结构。**线性表**是 n 个元素的有限序列，元素可以是各种各样的，但必须具有相同的性质，属于同一数据对象。比如：由 26 个英文字母组成的字母表(A, B, C, …, Z)就是一个线性表，表中的元素都是字母；再比如一副扑克牌的点数也可以用线性表表示为(3, 4, …, J, Q, K, A, 2)，表中有 13 个元素，且都是字符型。

　　在复杂的线性表中，一个数据元素可以由若干**数据项**(item)组成。例如在关系数据库中，每张表就是一个线性表。一张表的每一行代表一条记录，每条记录由多个数据项(列)组成，多条记录组成了一个线性表。例如：一个班级的学生某一学期的成绩如表 2-1 所示，该线性表中的数据元素是一个学生的成绩，也就是一条**记录**，这条记录由学号、姓名、语文、数学、英语等 5 个数据项组成。

表 2-1　学 生 成 绩 表

学号	姓名	语文	数学	英语
20100203	张三	78	87	80
20100207	李四	88	84	84
20100213	王五	90	90	87
20100215	郑六	68	78	77
…	…	…	…	…

从表 2-1 中可以看出，每个数据元素(记录)都有相同的数据项(列)，各个数据项都有自己的数据类型(例如：语文为整型，姓名为字符型)。通过以上的例子，我们对线性表定义如下：

线性表是具有相同数据类型的 $n(n \geqslant 0)$ 个数据元素的有限序列，通常记为

$$(a_1, a_2, a_3, \cdots, a_{i-1}, a_i, a_{i+1}, \cdots, a_n)$$

表中相邻元素之间存在先后关系。例如：a_{i-1} 领先于 a_i，a_i 领先于 a_{i+1}；a_{i-1} 称为 a_i 的**前驱**，a_i 称为 a_{i-1} 的**后继**。按照这样的定义可以发现，线性表中第一个元素是没有前驱的，最后一个元素是没有后继的。

线性表中元素的个数 $n(n \geqslant 0)$ 称为线性表的长度，$n=0$ 时称为空表。在非空线性表中，每个元素有一个确定的位置，设 $a_i(1 \leqslant i \leqslant n)$ 表示线性表中的第 i 个元素，则称 i 为数据元素 a_i 在线性表中的位序。

2.1.2　线性表的抽象数据类型

数据结构的操作是定义在逻辑结构层次上的，而操作的具体实现是建立在存储结构上的。线性表中的复杂操作，归根结底都是由简单的操作组成的，因此线性表的基本操作作为逻辑结构的一部分定义在抽象数据类型中。需要注意的是：每一个操作的具体实现只能在确定了线性表的存储结构后才能完成。

线性表的抽象数据类型定义如下：

ADT List{

　　　数据对象：$D = \{a_i | a_i \in \text{ElemSet}, i=1, 2, \cdots, n, n \geqslant 0\}$

　　　数据关系：$R = \{<a_{i-1}, a_i> | a_{i-1}, a_i \in D, i=2, \cdots, n\}$

　　　基本操作：

　　　　　线性表的初始化：ListInit(L)

　　　　　初始条件：线性表 L 不存在。

　　　　　操作结果：构造一个空的线性表 L。

　　　　　线性表的长度：ListLength(L)

　　　　　初始条件：线性表 L 存在。

　　　　　操作结果：返回线性表中所含元素的个数。

　　　　　取线性表中元素：ListGet(L,i)

　　　　　初始条件：线性表 L 存在且 $1 \leqslant i \leqslant \text{ListLength(L)}$。

　　　　　操作结果：返回线性表 L 中的第 i 个元素的值。

　　　　　定位查找：LocateList(L,x)

　　　　　初始条件：线性表 L 存在，X 是一个和线性表 L 中元素类型和值相同的数据
　　　　　　　　　　元素。

　　　　　操作结果：在线性表 L 中查找值为 x 的数据元素，返回在 L 中首次出现值为
　　　　　　　　　　x 的元素的序号，称为查找成功；否则，在 L 中未找到值为 x 的
　　　　　　　　　　数据元素，称为查找失败，返回查找失败的信息。

　　　　　清空线性表：ListClear(L)

初始条件：线性表 L 存在。

操作结果：将 L 置为一个空的线性表(长度为 0)。

判空线性表：ListEmpty(L)

初始条件：线性表 L 存在。

操作结果：若线性表 L 为空表，则返回 True，否则，返回 False。

求元素前驱：ListPrior(L,e)

初始条件：线性表 L 存在。

操作结果：若元素 e 的位序是 1 或者 e 不在线性表 L 中，返回空元素，否则返回其前驱。

求元素后继：ListNext(L,e)

初始条件：线性表 L 存在。

操作结果：若元素 e 的位序是线性表 L 的长度 n 或 e 不在线性表 L 中，返回空元素，否则返回其后继。

插入操作：ListInsert(L,i,e)

初始条件：线性表 L 存在。

操作结果：若插入位置正确(1≤i≤ListLength(L)+1)，其结果是在线性表 L 的第 i 个元素前插入一个新元素 e，即插入的元素 e 成为 L 的第 i 个元素，L 的长度加 1；若插入位置错误(i<1 或 i> ListLength(L) +1)，则插入失败。

删除操作：ListDelete(L,i)

初始条件：线性表 L 存在。

操作结果：若 1≤i≤ListLength(L)，则删除线性表 L 的第 i 个数据元素，L 的长度减 1；否则，给出删除失败的信息。

}ADT List

2.2 线性表的顺序结构及基本运算实现

2.2.1 线性表的顺序表示

线性表在计算机内部的表示方法有几种，最简单和最常用的是顺序存储方式，即在内存中用地址连续有限的一块存储空间依次顺序存放线性表的各个元素，用这种存储形式存储的线性表称为**顺序表**。

因为内存中的地址空间是线性连续的，如图 2-1 所示，假定线性表的每个元素占 L 个存储单元，若知道第一个元素的地址(基地址)，设为 $Loc(a_1)$，则第 i 个数据元素的地址为

$$Loc(a_i)=Loc(a_1)+(i-1)\times L \qquad 1\leq i\leq n$$

从图 2-1 中可以看出，在顺序表中，每个元素 a_i 的存储地址是该元素在表中位置 i 的线性函数，只要知道基地址和每个元素所占空间的大小，就可以用相同的时间迅速求出任一元素的存储地址，因此顺序表是一种随机存储的结构，在 C 语言中可以用一维数组来表示。

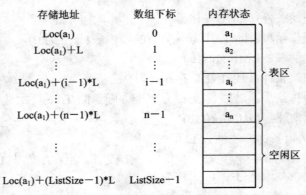

图 2-1　顺序表的存储示意图

顺序存储结构的线性表的类型定义如下：

```
#define MAXSIZE 100                //定义顺序表的最大容量
typedef struct
{elemtype data[MAXSIZE];          //存放线性表的数组
    int   n;                      //n 是线性表的长度
}SeqList;
```

在上述表示中，线性表的顺序结构是一个结构体，其中数据域 data 是线性表中元素占用的数组空间。由于 C 语言中数组下标是从 0 开始的(假定线性表有 n 个元素)，因此第 i (1≤i≤n)个元素在数组中的下标是 i−1。因为是静态结构，所以需要预先分配空间，MAXSIZE 表示线性表可能达到的最大长度，而 n 表示的是线性表中当前实际元素的个数。

2.2.2　顺序表的基本运算

1．顺序表的初始化

2.1.2 节中介绍了线性表的初始化即是构建一个空表的过程。以顺序表为例，按照顺序结构的类型定义，初始化一个顺序表的 C 语言算法如算法 2.1 所示。

算法 2.1　初始化顺序表。

```
SqList InitList_Sq(SqList *L)        //构造一个空的线性表 L
{
    L.elem=(ElemType *)malloc(LIST_INIT_SIZE * sizeof(ElemType));    //动态分配存储空间
    If(!L.elem)exit(OVERFLOW);        //分配失败
    L.length=0;                       //无元素
    L.listsize=LIST_INIT_SIZE;
    return OK;
}                                     //InitList_Sq
```

该算法对应的参考代码如代码 2.1 所示。

```
/**********************************************

              代码 2.1——顺序表初始化示例

**********************************************/
```

```
#include <stdio.h>
#include <stdlib.h>
#define OK 1
#define OVERFLOW 0
#define LIST_INIT_SIZE    100
#define LISTINCREMENT      10
typedef struct
{
    char *elem;
    int length;         //当前长度
    int listsize;       //线性表的长度
}SqList;

/*线性表初始化*/
int InitList(SqList &L)
{
    L.elem=(char *)malloc(LIST_INIT_SIZE*sizeof(char))
    if(!L.elem)
    exit(OVERFLOW);
    L.length=0;
    L.listsize=LIST_INIT_SIZE;
    return OK;
}

void main()
{
    int y;
    SeqList L;
    y=InitList(L);
    printf("y=%d",y);
}
```

代码 2.1 的运行结果如图 2-2 所示。

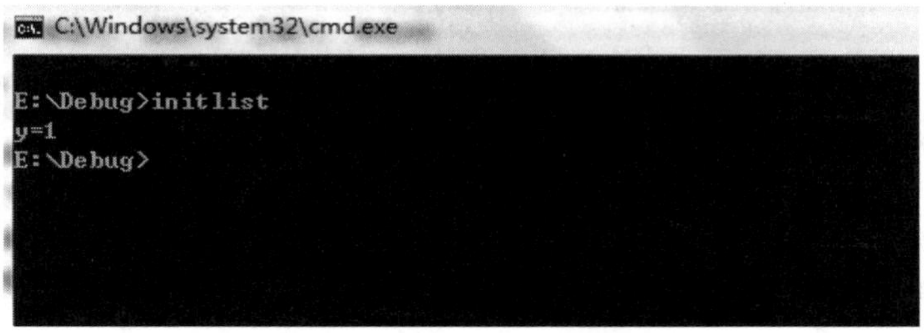

图 2-2　初始化顺序表结果

代码中的 L.elem=(char *)malloc(LIST_INIT_SIZE*sizeof(char))也可以写成 L.elem=new char[LIST_INIT_SIZE]，构建好顺序表后顺序表的长度 length 为 0。

注意：在本书中根据不同的操作给出的是操作对应的算法或代码，且代码的描述并不唯一，读者可根据算法思路自行编写代码实现同一功能。同时，本书中部分算法未给出对应代码，读者也可自行补充。

由第 1 章算法时间复杂度计算方法可知，在初始化顺序表的操作中算法的时间复杂度为 O(1)。

2．元素定位

2.1.2 节抽象数据类型中给出的定位查找操作一般用于在一个表中查找某个元素是否存在，在顺序表中定位一个元素的 C 语言算法如算法 2.2 所示。

算法 2.2　顺序表的元素定位查找。

```
Int locate(Sequenlist a, elemtype x)      //在顺序表 a 中查找值为 x 的元素，返回该元素第一
                                          //次出现的位置，若没有则返回0

{
    int k;
    k=1;
    while(k<=a.length && a.data[k-1]!=x)  //从第一个位置开始，每个位置的值逐一比较
        k++;
    if(k<=a.length)
        return k;
    else
        return 0;
}
```

由算法 2.2 可知，在一个一般顺序表中(表中元素无规律)查找一个给定值的元素，需要从第一个元素开始依次与查找值进行比较，直到找到该元素或者找完整个表为止。在查找成功的情况下，最好的情况是在第一个位置就找到该元素，此时比较的次数是 1 次，最坏的情况是比较到最后一个位置才找到，此时比较的次数为 n 次。在本书中没有特殊指出，所有元素出现的概率都是相等的，即各个位置查找成功的概率是相同的。设查找表中第 i 个元素的概率为 p_i，找到第 i 个元素所需要比较的次数为 c_i，则查找的平均期望值为

$$\sum_{i=1}^{n} p_i c_i = \frac{1}{n} \sum_{i=1}^{n} c_i = \frac{n+1}{2} \tag{2-1}$$

定位的主要操作是比较，比较的次数与该算法的时间复杂度成正比，因此元素定位的时间复杂度为 O(n)。

3．元素插入

2.1.2 节抽象数据类型中定义的元素插入是在线性表第 i 个位置前插入一个元素，若 1≤i≤ListLength(L)+1，则插入后线性表元素加 1，若插入不成功则有错误提示。图 2-3 描述的是在顺序表中第 5 个元素前插入值为 25 的元素后顺序表的变化情况。可以看到，要执

行插入操作首先需要找到插入的位置，随后需要从最后一个元素开始到第 5 个元素，依次向后移动每个元素一次，为新元素空出位置，最后将新插入的元素放入空出的第 5 个位置中，并修改表的长度。整个插入过程的算法如算法 2.3 所示。

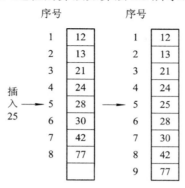

图 2-3　顺序表中元素的插入

算法 2.3　顺序表插入。

```
SeqList sqListinsert_L(SeqList L, int i, elemtype e)   //在顺序表 L 中第 i 个数据元素之前插入一个
                                                       //元素 e
{
    int j;
    if(i<1||i>L.length+1) return error;
    if(L.length>=L.listsize)
    {
        newbase=(elemtype*)realloc(L.elem,(L.listsize+listincrement)*sizeof(elemtype));
                                        //存储空间已满，重新分配存储空间
        If(!newbase)exit(overflow);
        L.elem=newbase;                 //元素的新基址
        L.listsize+=listincrement;
    }
    q=&(L.elem[i-1]);                   //确定插入位置
    for(p=&(L.elem[L.length-1]);p>=q;- -p))
    *(p+1)=*p;                          //元素后移
    *q=e;
    ++L.length;
    Return (L);
}
```

顺序表插入的 C 语言代码如代码 2.2 所示。

```
/************************************************

            代码 2.2——顺序表插入示例

*************************************************/
```

```
#include <stdio.h>
#include <stdlib.h>
#define OK 1
#define OVERFLOW 0
#define ERROR -1
#define LIST_INIT_SIZE    100
#define LISTINCREMENT    10
typedef struct
{
        char *elem;
        int length;                //当前长度
        int listsize;              //线性表的长度
}SqList,L;


/*线性表的初始化*/
int Initlist(SqList &L)
{
        L.elem=(char *)malloc(LIST_INIT_SIZE*sizeof(char));
        if(!L.elem)
        exit(OVERFLOW);
        L.length=0;
        L.listsize=LIST_INIT_SIZE;
        return OK;
}


int ListInsert_Sq(SqList &L,int i,char e)
{
        /*特殊情况的处理*/
        if(i<1||i>L.length)
        return ERROR;
        char * newbase;
        char * p,* q;
        if(L.length>=L.listsize)    //是否满
        {
                newbase=(char *)realloc(L.elem, (L.listsize+LISTINCREMENT)*sizeof(char));
                if(!newbase)
                exit(OVERFLOW);
                L.elem=newbase;
                L.listsize+=LISTINCREMENT;
```

```
        }

        /*插入具体操作*/
        q=&(L.elem[i-1]);                    //q 为第 i 个元素的位置
        for(p=&(L.elem[L.length-1]); p>=q; p--)
        *(p+1)=*p;                           //i−1 之后的元素依次后移一位
        *q=e;
        L.length++;
        return OK;
    }


    void main()
    {
     int y;
     SqList L;
     Initlist(L);
     int i;
     printf("please input the data:");
         for(i=0;i<10;i++)
         {
             scanf("%c",&L.elem[i]);
             L.length++;
         }
         ListInsert_Sq(L,2,'a');                //在第 2 个位置插入字符 a
         printf("the final array is:");
            for(i=0;i<L.length;i++)
         {
                printf("%c",L.elem[i]);
         }
    }
```

代码 2.2 的运行结果如图 2-4 所示。

```
E:\>cd debug

E:\Debug>insert
please input the data:happy
the final array is:haappy
E:\Debug>
```

图 2-4　顺序表的插入运行结果

该程序只写明了在一个已知的字符串的指定位置(本例中是第 2 个位置)插入元素 a，读者可自行修改代码，通过用户输入的位置和字符完成顺序表的插入。在完成顺序表的插入操作中需要注意以下几个问题：

(1) 要对顺序表进行操作，首先需要构建顺序表，在该例子中我们是通过 malloc 函数构建的顺序表，在实际应用中也可以通过定义数组进行简单的顺序表构建。

(2) 因为顺序表的大小是预先定义的，所以在给顺序表增加元素时必须首先考虑表空间是否已满，在表满的情况下不能进行插入操作，此时可以采用提示错误信息或者重新分配空间的方法进行操作。

(3) 因为顺序表的插入位置可以由用户确定，所以在插入元素前，还需要判断插入位置的有效性。

(4) 注意数据移动的方向，在第 i 个位置前插入元素，若从第 i 个位置开始向后移动，即执行*(p+1)=*p 操作时，会覆盖原有位置的元素。

从顺序表的插入操作可以看出，顺序表的插入运算的基本动作是移动元素。一般地，在第 i 个位置插入元素 x，需要将 a_n 到 a_i 的每个元素都向后移动一个位置，需要移动 n−i+1 个元素，其中 1≤i≤n+1，即有 n+1 个位置可以进行插入。设在第 i 个位置前进行插入的概率为 p_i，则平均移动元素的次数(期望值)为

$$E_{in} = \sum_{i=1}^{n+1} p_i \times (n - i + 1) \tag{2-2}$$

因为 p_i 是等概率的，即 $p_i = \dfrac{1}{n+1}$，则

$$E_{in} = \sum_{i=1}^{n+1} p_i \times (n - i + 1) = \frac{1}{n+1} \sum_{i=1}^{n+1} (n - i + 1) = \frac{n}{2} \tag{2-3}$$

由此可见，在顺序表中插入一个元素，平均需要移动一半左右的数据元素，因此，插入操作的算法时间复杂度为 O(n)。

4. 元素的删除

在线性表的操作中有元素的增加，也会有元素的减少操作。在 2.1.2 节中描述了删除第 i 个元素的操作过程：若 1≤i≤length(L)，则删除该元素，线性表的表长减 1；若删除位置不对，则给出错误提示。图 2-5 所示的是删除顺序表中第 i 个元素(1≤i≤length(L))后顺序表的变化情况。可以看出，要执行删除操作首先需要找到删除的位置，若删除的元素不用保存，则从第 i+1 个元素开始到最后一个元素依次向前移动一个位置，将原有位置上的元素覆盖掉，实现删除；若需要保存被删除的元素，则在移动元素前，先将被删除元素赋值给一个变量，进行保存。删除完毕后，修改表的长度。整个过程的算法

图 2-5　顺序表的删除

描述如算法 2.4 所示。读者可读懂算法并结合代码 2.2 编写顺序表元素删除的代码。

算法 2.4 顺序表的删除。

```
int    delete(Sqlist L,int x,int *y)    //在顺序表 L 中删除第 i 个数据元素,并用指针参数 y 返回其值
{
    int j;
    if((i<1)||(i>L.length))
    {
        printf("删除位置不合法!");
    }
    else
    {
        *y=L.a[i-1];                 //将删除的元素存放到 y 所指向的变量中
        for(j=i; j<=L.length-1; j++)
        L.a[j-1]= L.a[j];            //将后面的元素依次前移
        L.length=L.length-1;
    }
}
```

实现顺序表的删除操作时也有几个问题需要注意:

(1) 因为删除的位置可以由用户输入,所以首先需要判断删除位置的有效性。删除第 i 个元素的 i 的取值范围应该是 $1 \leqslant i \leqslant n$(n 为表长)。

(2) 表为空时不能进行删除操作,表空即表长为 0,所以在删除之前也应该考虑此时表长的大小。

(3) 在顺序表中是以后面元素覆盖前面元素的方法实现删除的,因此,覆盖之后原数值就不存在了,如果需要对删除的数据进行操作,应该在覆盖之前保存被删除的数据。

从顺序表的删除操作可以看出,顺序表的删除还是以移动元素为基本操作的。一般地,删除第 i 个位置上的元素值 x,需要将 a_{i+1} 到 a_n 的每个元素都向前移动一个位置,需要移动 n−i 个元素,其中 $1 \leqslant i \leqslant n$,即有 n 个位置可以进行删除。设在第 i 个位置进行删除的概率为 p_i,则平均移动元素的次数(期望值)为

$$E_{in} = \sum_{i=1}^{n} p_i \times (n - i) \tag{2-4}$$

因为 p_i 是等概率的,即 $p_i = \dfrac{1}{n}$,则

$$E_{in} = \sum_{i=1}^{n} p_i \times (n - i) = \frac{1}{n} \sum_{i=1}^{n+1} (n - i) = \frac{n-1}{2} \tag{2-5}$$

由此可见,在顺序表中删除一个元素,平均需要移动一半左右的数据元素,因此,删除操作的算法时间复杂度也为 O(n)。

除了 2.1.2 节描述的简单的基本抽象数据类型的操作外,在线性表中,复杂的操作其实

都可以看作是由多个基本操作组成的。

5．无序顺序表的合并

例 2-1　设 La 和 Lb 是两个具有相同数据对象的线性表，试将 Lb 合并到 La 中，要求 Lb 中元素和 La 中元素相同的不再合并，即实现 La=La∪Lb。

完成这样较复杂的操作，首先应该弄清已知输入和所求输出。从问题来看，已知两个线性表 La 和 Lb，里面的元素未说明组成特点，即可看作一般的线性表。问题所求输出为合并的结果，以 Laa 表示，其中，合并的条件是 La 中已有的元素不再重复加入。

该问题的解题思路是将 Lb 中的每个元素依次取出，与 La 中的每个元素进行比较；若 La 中无该元素，则将该元素插入到 La 中，否则继续读取 Lb 中的下一个元素，按上述方法再次进行判断。按照这样的思路，这个复杂操作可通过以下几个基本操作完成：

(1) 取元素：在顺序结构中，取一个元素实际的操作就是直接返回顺序表中第 i 个元素的值。除此以外，还可以利用求表长的运算得到取 Lb 的元素个数。

(2) 比较：在顺序结构中，可以利用定位查找的操作确定 Lb 中的元素是否在 La 中。

(3) 插入：在本例中没有说明插入的位置，但从插入的时间复杂度来看，在表尾插入是最快的，因此每个元素可以进行尾部插入的操作。

由此可以得出两个无序表合并的顺序存储算法，如算法 2.5 所示。

算法 2.5　无序表的合并。

```
List Listmerge(List La,List Lb)
{
    La_len =ListLength(La);Lb_len=ListLength(Lb);      //求两个表各自表长
    for (i=1;i<=Lb_len;i++)
    {
        e=ListGet(Lb,i);                               //依次取 Lb 的每个元素
        if (!ListLocate (La,e));                       //判断是否在 La 中
        ListInsert(La,++La_len,e);                     //插入到表尾
    }
}
```

代码 2.3 以一个简单的实例实现了算法 2.5 的思想，其参考 C 语言代码如下。

```
/*************************************************
              代码 2.3——无序表合并
*************************************************/
#include<stdlib.h>
#include<stdio.h>
struct te
{
    int *e;
    int length;
};
/*查找函数，在 La 中查找 x 是否存在，如果存在返回 1，否则返回 10*/
```

```
int locate(int x, struct te La)
{
        int i;
        for (i = 0; i < La.length; i++)
        {
                if (x == La.e[i])
                {
                        return 1;
                }
        }
        return 10;
}


void main( )
{
        struct te La, Lb, Laa;
        int i;
        La.e = (int *)malloc(4 * sizeof(int));          //La 最长可以放 4 个元素
        Lb.e = (int*)malloc(4 * sizeof(int));           //Lb 最长可以放 4 个元素
        La.e[0] = 1;                                     //初始化 La 的元素及长度
        La.e[1] = 3;
        La.e[2] = 5;
        La.length = 3;
        Lb.e[0] = 2;                                     //初始化 Lb 的元素及长度
        Lb.e[1] = 3;
        Lb.e[2] = 4;
        Lb.e[3] = 5;
        Lb.length = 4;
        Laa.e = (int *)malloc((La.length + Lb.length) * sizeof(int)); //给 Laa 分配可容纳 La 和 Lb 的所
                                                                       //有元素的长度
        for (i = 0; i < La.length; i++)                 //将 La 的所有元素复制到 Laa 中
        {
                Laa.e[i] = La.e[i];}
                Laa.length = La.length;                 //设置 Laa 的元素长度
                for (i = 0; i < Lb.length; i++)         //对 Lb 的所有元素查找
                {
                        if (locate(Lb.e[i], La) == 10)  //查找函数，找不到返回 10 值
                        {
                                Laa.e[Laa.length] = Lb.e[i]; //找不到则添加该元素在 Laa 尾，同时长度加 1
                                Laa.length++;
```

```
                            }
                    }
            }

            for (i = 0; i < La.length; i++)              //输出 La 的数据元素
            {
                    printf("La:%d\n", La.e[i]);
            }
            printf("***************\n");
            for (i = 0; i < Lb.length; i++)              //输出 Lb 的数据元素
            {
                    printf("Lb:%d\n", Lb.e[i]);
            }
            printf("***************\n");
            for (i = 0; i < Laa.length; i++)             //输出 Laa 的数据元素
            {
                    printf("Laa:%d\n", Laa.e[i]);
            }
    }
```

代码 2.3 的运行结果如图 2-6 所示。

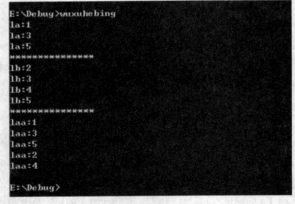

图 2-6   无序表合并顺序存储结果

从算法 2.5 中可以看出，在三个步骤中，取元素和插入元素在 O(1)时间内都可以完成，查找元素的时间决定了该算法的执行时间。由于 Lb 中的每个元素在判断是否插入到 La 时有可能要遍历整个 La 表，因此，该算法的时间复杂度是 O(ListLength(La)×ListLength(Lb))。

6. 有序顺序表的合并

例 2-2   设 La 和 Lb 是具有相同数据类型的两个线性表，且两个线性表都按元素非递减有序的形式存放。现要实现两个表合并成一个新的非递减有序的线性表 Lc。

该合并与例 2-1 中的合并本质区别在于初始序列中元素是有序的，这个问题的解决也可以按照例 2-1 中的方法进行合并后再进行一次排序来实现，但这样的方法并没有利用好元素有序的特点,不快捷。我们可以假设有两个有序表 La={3,5,8,11},Lb={2,6,8,9,11,15,20},则最后合并的有序序列 Lc 应该为{2,3,5,6,8,8,9,11,11,15,20},按照实例,我们可以总结出有序表的合并主要包括以下几个步骤:

(1) 创建新的表 Lc。

(2) 每个表从第一个元素开始,各取一个元素,若两个表中的当前元素都不为空,则进行比较:若 La 表中的元素小于或等于 Lb 中的元素,则将 La 中的该元素插入到 Lc 中,读取 La 中下一个元素;否则将 Lb 中的当前元素插入到 Lc 中,读取 Lb 的下一个元素。重复该步骤直到有一个表中的元素为空。

(3) 若当前两个表中有任意一个表的元素为空,表示该表已经比较完,则可以将另一个表中的剩余元素依次加入 Lc 中,完成最后的合并。

按照上述方法,例 2-2 中得到有序序列 Lc 的步骤如图 2-7 所示。

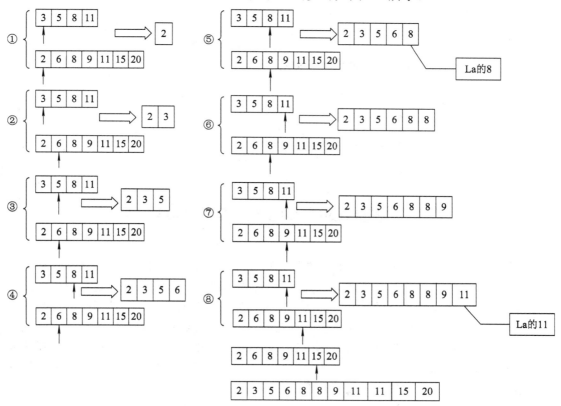

图 2-7 有序表合并示意图

有序表合并的具体算法如算法 2.6 所示,读者可结合算法思想,编写出有序表合并的 C 语言代码。

算法 2.6 有序表的合并。

```
void mergelist(list La,list Lb,list &Lc)
{
    InitList(Lc)
    i=j=1;k=0;
```

```
        La_len=ListLength(La);Lb_len=ListLength(Lb);
        while((i<=La_len)&&(j<=Lb_len))
        {
                GetElem(La,i,ai);GetElem(Lb,j,bj);        //各取一数比较大小
                if(ai<=bj){ListInsert(Lc,++k,ai);++i;
        }
        else
        {
                ListInsert(Lc,++k,bj);
                ++j;
        }

        while(i<=La_len)
        {                                                 //两表长度不一样时，对剩下的表的处理
                GetElem(La,i++,ai);ListInsert(Lc,++k,ai);
        }
        while(i<=Lb_len)                                  //Lb 表比 La 表长
        {
                GetElem(Lb,i++,bj);ListInsert(Lc,++k,bj);
        }                                                 //mergelist
```

2.3　线性表的链式结构及基本运算实现

在顺序结构中可以看出元素的存取地址是可计算的，是随机的；存放在相邻物理位置的元素，逻辑上的关系也是相邻的。但同时我们也发现顺序结构有一些不足：首先，插入或删除元素时需要移动大量的元素；其次，需要预先分配存储空间，会造成空间分配过大或空间不够的情况。基于以上原因，我们引入了另一种存储结构——链式存储。

以链式结构存储的线性表称为**线性链表**。线性链表中的数据元素可以用任意的存储单元来存储，逻辑关系相邻的两个元素的存储空间可以是连续的，也可以是不连续的。为表示元素间的逻辑关系，表的每个数据元素除存储本身的信息外，还需要存储指示其下一个元素即后继的信息。这两部分信息组成了数据元素的存储映像，称为**结点**。

2.3.1　单链表的表示

单链表是最简单的一种链式结构，表中每个元素结点包括两个部分：数据域和描述后继结点位置的地址域。结点的结构如图 2-8 所示。存放数据元素信息的域称为**数据域**，存放其后继结点地址的域称为**指针域**。因此 n 个元素的线性表通过每个结点的指针域连接成一个"链"，因为每个结点中只有一个指向后继的指针，所以称为单链表。

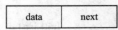

图 2-8　单链表结点结构

图 2-9 描述的是一个线性表(Zhao, Qian, Sun, Li, Zhou, Wu, Zheng, Wang)对应的链式结构示意图。表中的每个元素都是一个字符串。指针变量 H 存放的是第一个结点的地址 31，标志着线性链表的开始，最后一个结点因为没有后继，所以其指针域为空，表示链表的结束。

存储地址	数据域	指针域
1	Li	43
7	Qian	13
13	Sun	1
19	Wang	NULL
25	Wu	37
31	Zhao	7
37	Zheng	19
43	Zhou	25

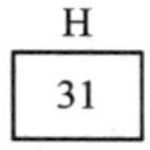

H
31

图 2-9　单链表存储结构示意图

因为链表中每个元素存放的位置无法计算，因此对链表的任何一个操作必须从第一个结点开始，通过第一个结点的地址域找到第二个结点的位置，再顺着"链"逐一查找并进行操作，直到最后一个结点。由此可以看出，链表不能做到随机存取，但链式结构的其他操作要方便得多。

单链表的类型定义如下：

```
Typedef struct Node
{
        ElemType data;
        Struct Node *next;
} LNode,*LinkedList;
```

图 2-10 是一个单链表的示意图，由于对单链表的操作都必须从第一个结点开始，第一个结点的地址需要存放在一个指针变量中，这个指针变量称为**头指针**。头指针具有标识一个链表的作用，所以经常用头指针代表链表的名字。当头指针为 NULL 的时候则表示一个空表。有时，需要对线性表的第一个结点进行操作(例如读出它的内容，插入一个结点)，这时需要在第一个结点前引入一个结点，这个结点称为**头结点**。头结点的数据域可以不存储任何信息，指针域中存放的是第一个数据结点的地址，空表时该域为空。头结点的引入使得第一个结点跟其他结点的处理方式相同，空表和非空表的处理一致。图 2-11 所示是带头结点的单链表。

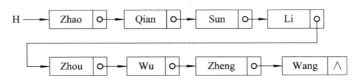

图 2-10　带头指针的单链表示意图

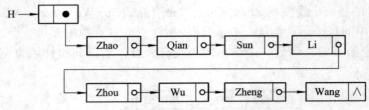

图 2-11　带头结点的单链表示意图

　　链表结点的存储空间不是预先分配的，是在程序运行中根据需要动态申请的。在 C 语言里我们使用 malloc()内存分配函数来完成。例如：

P=(LNode*)malloc(sizeof(LNode))

完成了两个操作：首先是申请了一块 LNode 类型的存储单元，其次是将这块存储单元的首地址赋值给变量 P(若系统没有足够内存可用，P 得到空值 NULL)。如图 2-12 所示，H 的类型为 LinkedList 型，所以该结点的数据域为(*H).data 或 H->data，指针域为(*H).next 或 H->next。要注意的是，在应用中，删除一个结点时可以使用 C 语言的回收内存函数，如 free(p)表示释放 p 结点。

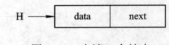

图 2-12　申请一个结点

　　注意：进行链表的操作时，首先需要定义结点，在程序中再声明。若要使用 malloc 函数，必须在程序开头引用<stdlib.h>文件。

2.3.2　单链表的操作实现

　　在链表的存储中相邻的位置之间没有固定的联系，每个元素间的逻辑关系都包含在其直接前驱结点的 next 域中。若 p 指针指向线性表中第 i 个元素，则该元素的值用 p->data 表示，该元素的下一个元素(即第 i+1 个元素)用 p->next 指针指示，这个元素的值用 p->next->data 表示。

1. 求表长

　　在链表操作中求表长就是求链表中元素的个数。根据链表的特点，要求得链表中元素个数必须从第一个结点开始计数，一直数到表尾，计数器中的值则为表长。算法 2.7 描述了求带头结点的单链表表长的算法。

　　算法 2.7　求链表表长。

```
int length(Lnode *L)
{
    int i=0;
    p=L->next;              //从第一个结点开始
    while(p!=NULL)          //判断是否到表尾
    {
        i++;               //计数器累加
        p=p->next;         //指向下一个结点
    }
    return i;
} //length
```

从求表长的算法可以看出，要求得表长，必须从链表的第一个元素开始，遍历整个链表，因此，求表长的算法的时间复杂度为 O(n)。

2．查找某个结点

在链表中查找某个指定结点(指定个数或者指定值)，不能像顺序结构那样通过计算地址随机存取，其实现方法可以建立在求表长的操作上，即从第一个结点开始，每经过一个结点判断该结点是否为所要求的结点，是则返回该结点，不是则查找下一个结点，直至表尾。算法 2.8 描述了取带头结点的单链表的第 i 个元素的算法。

算法 2.8　链表中取第 i 个元素。

```
LinkList getelem (LinkList L,int i,elemtype &e)     //带头结点的链表，取第 i 个元素
{
    p=L->next;
    j=1;
    while(p&&j<i)                                   //未到表尾并且未到第 i 个结点
    {
        p=p->next;
        ++j;
    }                                               //指针后移，计数器加 1
    if(!p||j>i)
        return error;
    e=p->data;                                      //取出第 i 个元素
    return OK;
}
```

从以上算法可以看出，查找某个结点必须从链表第一个元素开始，有可能会遍历整个链表，因此，查找某个结点的算法的时间复杂度为 O(n)。

3．插入元素

在 2.1.2 节抽象数据类型中，所定义的插入操作是在第 i 个元素前进行的。如图 2-13 所示，若要在值为 b 的结点前插入一个元素，首先要找到其前驱结点，即 p 指针指向的结点，然后按图示顺序改变链的指向关系，完成结点的插入。

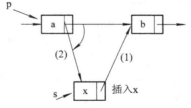

图 2-13　链表中插入元素示意图

按照图 2-13 中(1)、(2)的顺序，改变后的链的关系描述为

```
s->next=p->next;
p->next=s;
```

由此可以得到，已知一个链表，要在链表中第 i 个元素前插入一个元素 x 的步骤如下：

(1) 赋初值(包括表长、计数器等)。

(2) 查找第 i−1 个元素的位置(即图中的 p 指针指向的结点)。

(3) 生成一个新的结点，其值为 x。

(4) 按照(1)、(2)的顺序改变链的指向关系，完成插入。

其对应的算法描述如算法 2.9 所示。

算法 2.9 链表的插入。

```
LinkList listinsert_L(LinkList L,int i, elemtype e)
{
        p=L;         //赋初值，此例为带头结点的单链表 L，p 首先指向头结点，计数器清零
        j=0;
        while(p&&j<i-1)
        {
              p=p->next;
              ++j;
        }                            //查找第 i−1 个结点的位置
        If (!p||j>i-1)
          return error;              //若 i 不合法，提示错误
        s=(linklist)malloc(sizeof(Lnode));   //生成新结点，并赋 data 值
        s->data=e;
        s->next=p->next;
        p->next=s;                   //指针指向的变化
        return L;

}
```

实现插入的过程中有以下问题需要注意：

(1) 插入的关键是找到指定位置或者指定元素的前驱结点，因此若要对位置进行计数，只能计算到第 i−1 个位置。

(2) 在进行插入操作的链表中，一般使用带头结点的链表，且初始化时让 p 指针指向头结点而不是第一个结点的目的是为了便于在第一个结点前进行插入操作。

(3) 插入一个元素时，应该首先建立一个空的结点，再将该结点数据域赋值为指定元素值，随后进行插入操作。

(4) 若要在一个指定值的结点前插入一个元素，则只需要在查找时每找一个结点进行值的比较即可，找到后的操作完全相同。

(5) 本例中的插入是按照 2.1.2 节定义的抽象数据类型进行前插操作，在具体运算中，读者可根据实际情况选择做前插还是后插操作。

从插入的操作我们可以看出，在前插操作中，若已有指针指向插入位置的前驱结点(即有指向第 i−1 个结点的指针)，则插入只需要完成两个链的指向关系转变即可，因此其时间复杂度为 O(1)。若已知的是需要完成前插的结点位置(即有指向第 i 个结点的指针)，则需要从头结点开始，向后查找，直到找到第 i−1 个结点的位置或表结束为止。因此，插入的基本操作是指针的改变，但插入的时间主要耗费在查找位置上，其时间复杂度为 O(n)。

4．结点的删除

较之结点的插入来说，链表结点的删除相对简单。如图 2-14 所示，要删除图中值为 b 的结点，需要找到其前驱结点，随后通过改变链的指向关系(虚线所示)完成结点的删除。

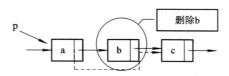

图 2-14　链表中删除元素示意图

链的指向关系改变描述为

　　　　p->next=p->next->next；

由此可推出，删除链表中第 i 个结点的步骤如下：

(1) 寻找第 i−1 个结点的位置。

(2) 若删除的结点值需要保存，则保存该结点。

(3) 修改链的指向关系，进行删除。

(4) 释放掉删除结点的空间。

其对应的算法如算法 2.10 所示。

算法 2.10　链表结点的删除。

```
LinkList listdelete_L(LinkList L,int i, elemtype e)
{
    p=L;
    j=0;
    while(p->next&&j<i-1)          //查找第 i−1 个结点
    {
        p=p->next;
        ++j;
    }
    if(!(p->next)||j>i-1)
    return error;                   //i 的合法性判断
    q=p->next;
    p->next=q->next; //保留删除的结点信息,若无需保留则可直接使用 p->next=p->next->next;
    e=q->data;
    free(q);                        //释放被删除结点的空间
    return (L);
}
```

在进行删除结点操作时，同样要注意以下问题：

(1) 与插入操作相同，删除的关键是找到指定位置或者指定元素的前驱结点，因此若要计算位置，只能计算到第 i−1 个位置。

(2) 在进行删除操作的链表中，一般使用带头结点的链表，且初始化时让 p 指针指向头结点而不是第一个结点的目的是为了便于删除第一个结点的操作。

(3) 删除结点时，若直接使用 p->next=p->next->next;，则第 i 个结点将没有链指向它，其结果无法保存，空间也无法释放。因此，多数情况下，会先保存该结点的值，再进行删除的操作。

(4) 若要删除一个指定值的结点(假设只有一个)，则只需要在查找时每找一个结点进行值的比较即可，找到后的操作完全相同。

(5) 由于删除操作只需要修改一根链即可完成，因此，也可以一次删除掉多个连续的结点。

从删除的操作我们可以看出，若有指针指向已知结点的前驱结点(即有指向第 i−1 个结点的指针)，则删除只需要完成一根链的指向关系改变即可(不考虑保存删除结点时)，因此其时间复杂度为 O(1)。若已知的是需要删除的结点位置(即有指向第 i 个结点的指针)，则需要从头结点开始，向后查找，直到找到第 i−1 个结点的位置或表结束为止。因此，删除的基本操作是指针的改变，但删除的时间主要耗费在查找位置上，其时间复杂度也为 O(n)。

5. 创建链表

前面讲述的链表操作都是建立在已有链表的基础上，那么链表是如何建立的呢？链表是一种动态配置的内存空间，只在程序运行的过程中才向系统申请所需空间，并由一个一个的结点链接而成。因此，在进行链表的操作前，必须创建一个链表，即将元素以链式结构进行存储。创建链表实际完成的就是结点的插入操作，首先创建结点，再按照某种规律将各个结点连接起来。根据结点连接的不同方法，最后得到的链表的结点顺序也是不同的，比较典型的创建方式有尾插法和头插法。

1) 尾插法

所谓尾插法，即每一个新生成的结点都插入到当前链表的尾部。图 2-15 显示了尾插法创建链表的过程。

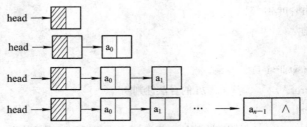

图 2-15　尾插法创建链表的过程

尾插法建立的链表，元素的输入顺序与建立链表后的输出顺序相同。为了操作方便，在尾插法建立链表时，需要设立一个指针始终指向链表的尾部，便于直接知道新结点需要插入的位置。若创建一个不带头结点的链表，则需要对第一个结点单独处理；若想让链表中每一个结点的操作都相似，则可以使用头结点，便于结点的统一处理。算法 2.11 描述的是使用尾插法创建单链表的过程。

算法 2.11　尾插法创建链表。

```
LinkList linklistcreate()
    {
```

```
LinkList L;
    L=(Lnode*)malloc(sizeof(Lnode));            //生成头结点 L
    L->next=NULL;
    r=L;                                        //尾指针 r 赋初值
    scanf(&x);
    while(x!=flag)
    {
        s=(Lnode*)malloc(sizeof(Lnode));        //生成新结点
        s->data=x;                              //新结点赋值
        s->next=NULL;
        r->next=s;                              //结点连入链表中，尾插！
        r=s;                                    //r 始终指向最后一个结点
        scanf(&x);
    }
    return L;
}
```

按照算法 2.11 的思想实现的 C 语言代码如代码 2.4 所示。

```
/***********************************************
        代码 2.4——尾插法创建单链表示例
***********************************************/
#include<stdio.h>
#include<stdlib.h>
#include<conio.h>
struct mylist                                   //定义结点
{
    int data;
    struct mylist *next;
};
    struct mylist *createlist(void)             //尾插法创建链表
{
    int x;
    struct mylist *s,*q,*h;
    h=(struct mylist *)malloc(sizeof(struct mylist));   //生成头结点
    h->next=NULL;
    q=h;
    printf("input the number:");
    scanf("%d",&x);
    while(x!=0)
    {
```

```
                    s=(struct mylist*)malloc(sizeof(struct mylist));        //生成新结点
                    s->data=x;                                              //结点赋值
                    q->next=s;                                              //新结点插入到链表尾部
                    printf("input the number:");
                    scanf("%d",&x);
                    s->next=NULL;
                    q=s;                                                    //保证 q 始终指向链表尾部
            }
            return(h);
    }


    int putlist(struct mylist *head)                                        //输出
    {
            int i=0;
            if(head->next==NULL)
            {
                    return 0;
            }
            while (head->next !=NULL)
            {
                    i++;
                    printf("the %d number in list is:%d\n",i,head->next->data);
                    head=head->next;
            }
            return 1;
    }


    void main()
    {
            struct mylist *my,*a;
            my=createlist();
            if(putlist(my)==0)
            printf("the input list is empty!");
            while(my->next !=NULL)
            {
                    a=my;
                    my=my->next;
                    free(a);
            }
```

```
        printf("over,press any key to end");
        getch();
    }
```

代码 2.4 的运行结果如图 2-16 所示。

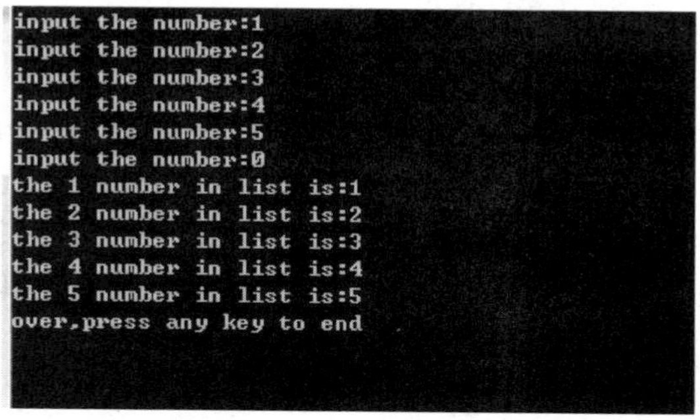

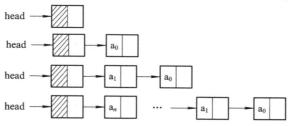

图 2-16 尾插法创建链表程序运行结果

2) 头插法

另一种创建链表的方法为头插法，即在链表头部插入结点，也就是说，每一次新生成的结点最终都会变为该链表的第一个结点。其创建的过程如图 2-17 所示。

head → ▨□
head → ▨□ → a₀□
head → ▨□ → a₁□ → a₀□
head → ▨□ → aₙ□ … → a₁□ → a₀□

图 2-17 头插法创建链表的过程

该方法可看作是在第一个结点前插入一个结点的操作，即算法 2.9 的操作。可以看出，用头插法建立链表，读入的数据元素的顺序与生成链表后链表中元素的顺序是相反的。其算法如算法 2.12 所示。

算法 2.12 头插法创建链表。

```
    LinkList linklistcreate()
    {
        Linklist L;
        L=(Lnode*)malloc(sizeof(Lnode));            //生成头结点 L
        L->next=NULL;
        scanf(&x);
        while(x!=flag)
        {
            s=(Lnode*)malloc(sizeof(Lnode));        //生成新结点
            s->data=x;                              //新结点赋值
            s->next=NULL;
```

```
            s->next=L->next;                        //两根链的改变，将新结点加入链表中
            L->next=s;
            scanf(&x);
        }
    return L;
    }
```

读者可参考代码 2.4，结合算法 2.12 的思想，自行完成头插法创建链表的代码。

6．求链表表长

代码 2.5 在代码 2.4 的基础上，结合算法 2.7，实现了计算表长的功能。读者可以在尾插法创建链表或头插法创建链表的程序基础上，以函数的形式将其余的链表操作的算法转化为代码。

```
/*************************************************
                代码 2.5——求链表表长
*************************************************/
#include<stdio.h>
#include<stdlib.h>
struct mylist                                       //定义结点
{
    int data;
    struct mylist *next;
};
struct mylist *createlist(void)                      //尾插法创建链表
{
    int x;
    struct mylist *s,*q,*h;
    h=(struct mylist *)malloc(sizeof(struct mylist));   //生成头结点
    h->next=NULL;
    q=h;
    printf("input the number:");
    scanf("%d",&x);
    while(x!=0)
    {
        s=(struct mylist*)malloc(sizeof(struct mylist));   //生成新结点
        s->data=x;                                        //结点赋值
        q->next=s;                                        //新结点插入到链表尾部
        printf("input the number:");
        scanf("%d",&x);
        s->next=NULL;
        q=s;                                              //保证 q 始终指向链表尾部
    }
```

```
            return(h);
        }

        int length(struct mylist *head)              //求表长
        {
            int i=0;
            struct mylist *p;
            if(head->next==NULL)
            return 0;
            else
            {
                p=head->next;                        //跳过头结点，从第一个结点开始
                while(p)                             //不到表尾
                {
                    i++;                             //计数器加 1
                    p=p->next;                       //指针后移
                }
            return i;
            }
        }

        void main()
        {
            struct mylist *my;
            int k;
            my=createlist();
            k=length(my);
            if(k==0)
            printf("the input list is empty!");
            printf("the length is %d",k);
        }
```

代码 2.5 的运行结果如图 2-18 所示。

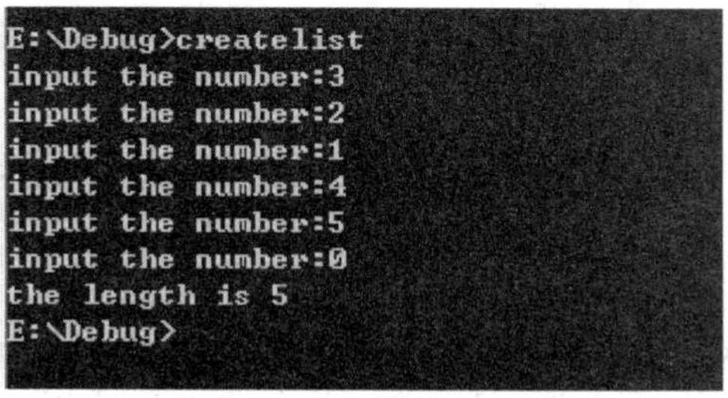

```
E:\Debug>createlist
input the number:3
input the number:2
input the number:1
input the number:4
input the number:5
input the number:0
the length is 5
E:\Debug>
```

图 2-18　求链表表长程序运行结果

7. 有序链表的合并

算法 2.5 和算法 2.6 给出了顺序结构中两个表合并的操作过程，同样，在链表中，该操作也可以进行。特别是在有序表的合并中，当某一个表元素比较完毕，而另一个表还有元素时，可以通过改变链的指向关系，将剩余结点一次性全部放入新的链表中，操作更有效率。算法 2.13 给出了两个有序链表合并成一个有序链表的操作算法(可与算法 2.6 进行比较)，读者可自行将其转化为代码。

算法 2.13 有序链表的合并。

```
LinkList linkmerge(LinkList La,LinkList Lb)   //两个有序链表 La、Lb 合并为一个有序链表 Lc
{
    Lc=(Lnode*)malloc(sizeof(Lnode));
    Lc->next=NULL;                            //赋初值
    p=La->next;
    q=Lb->next;
    r=Lc;
    while(p&q)                                //两个链表都有元素时
    {
        if(p->next<=q->next)
        {
            r->next=p;                        //将 La 中的当前结点尾插到 Lc 表中
            r=p;
            p=p->next;                        //移动 La 表的指针
        }
        Else
        {
            r->next=q;                        //将 Lb 中的当前结点尾插到 Lc 表中
            r=q;
            q=q->next;                        //移动 Lb 表的指针
        }
    }
    if(p)
    r->next=p;                                //La 表还有结点时，直接尾插到 Lc 中
    else
    r->next=q;                                //Lb 表还有结点时，直接尾插到 Lc 中
    return (r);
}
```

2.3.3　单循环链表

从单链表的操作可以看出，单链表只能从表的开始遍历整个链表，这样在进行一些操作时时间复杂度会增高。若希望能够从任意一个结点开始遍历整个链表，可以将单链表的

尾部连接到单链表的第一个结点或表头指针，即单链表形成一个环状，这样的链表称为单循环链表。在单循环链表中最后一个结点的指针域不再是空指针，而是第一个结点，如图 2-19 所示。

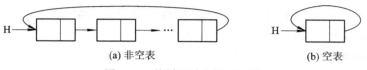

(a) 非空表　　　　　　　　　　　　　　　　(b) 空表

图 2-19　单循环链表的示意图

单循环链表的特点是从链表中的任何一个位置开始都可以访问到其他结点。在实际操作中，单循环链表与单链表的操作非常类似，其区别仅在于判断是否到表尾的条件从单链表的当前结点指针是否为 NULL 变为了当前节点指针域是否为头指针或头结点。

值得注意的是，单循环链表往往只设尾指针，即不用头指针而用一个指向表尾的指针来标识，此时，从尾指针查找到表头仅需要一步操作，可以提高操作效率。

1. 求循环链表长度

求循环链表的长度与求单链表的长度极为相似，唯一不同的是需要修改表尾的判断条件。其算法如算法 2.14 所示。

算法 2.14　计算单循环表的长度。

```
int length_circle (lnode *L)        //计算带头结点的单循环链表的表长
{
      int i=0;
      p=L->next;                    //从第一个结点开始
      while(p!= L)                  //判断是否到表尾
      {
            i++;                    //计数器累加
            p=p->next;              //指向下一个结点
      }
      return i;
}     //length_circle
```

2. 两个循环链表的合并

若已知两个带头结点的循环链表中的值分别为 a、b、c 和 d、e、f，要把两个循环链表合并为一个循环链表，其输出值为 a、b、c、d、e、f，应该如何操作？

要将两个循环链表合并成一个，首先应该打破两个循环链表的环状结构，再按照输出的顺序，将两个表的首尾链接。算法 2.15 给出了两个循环链表的合并过程。

算法 2.15　循环链表的合并。

```
LinkList merge(LinkList La, LinkList Lb)      //合并两个循环链表，将其首尾连接起来
{
      LinkList *p, *q;
      p=La;
      q=Lb;
```

```
        while (p->next! =La) p=p->next;      //找到表 La 的表尾
        while (q->next! =Lb) q=q->next;      //找到表 Lb 的表尾
        q->next=La;                          //修改表 Lb 的尾指针，使之指向表 La 的头结点
        p->next=Lb->next;                    //修改表 La 的尾指针，使之指向表 Lb 的第一个结点
        free(Lb);
        return(La);
    }
```

同样地，进行循环链表的操作前，必须首先创建循环链表。循环链表的创建与单链表的建立相似，唯一区别是最后一个结点 next 域的处理。以下给出算法 2.15 对应的 C 语言代码，其中包括了新建一个循环链表的过程。

```
/**********************************************
            代码 2.6——循环链表的合并
************************************************/
#include <stdio.h>
#include <stdlib.h>
typedef struct list
{
        char data;
        struct list *next;
}LinkList;

LinkList *CreateLinklist_End(int l)          //尾插法创建循环单链表
{
        linklist *head, *p, *e;
        char ch;
        l = 0;
        head = (linklist*)malloc(sizeof(linklist));
        e = head;
        ch = getchar();
        while(ch != '#')
        {
                l = l + 1;
                p = (linklist*)malloc(sizeof(linklist));
                p->data = ch;
                e->next = p;
                e = p;
                ch = getchar();
        }
        e->next = head;                      //循环链表的尾结点指针域指向头结点
```

```
        return head;
    }

LinkList *Linklist_Connect(LinkList *h1, LinkList *h2)    //单循环链表的合并
{
    LinkList *p1, *p2;
    p1 = h1->next;
    p2 = h2->next;
    while(p1->next!=h1)                  //找到链表 1 的尾结点
        p1 = p1->next;
    while(p2->next!=h2)
        p2 = p2->next;
    p1->next = p2->next->next;           //链表 1 的尾结点指向链表 2 辅助头结点的下个结点
    p2->next =h1;                        //链表的尾结点指向链表 1 的辅助头结点
    free(h2);                            //释放链表的辅助头结点
    return h1;
    }

void ShowLinklist(LinkList *h)          //输出显示链表
{
    LinkList *p;
    p = h->next;
    while(p != h)                       //循环单链表的结束判断标志为不等于头结点
    {
        printf("%c ", p->data);
        p = p->next;
    }
    printf("\n");
}

int main(void)
{
    LinkList *head1, *head2;
    int length1, length2;               //分别记录两个循环链表的长度
    length1=0;
    length2=0;
    printf("创建两个单循环链表:\n");
    printf("第一个链表数据输入(请依次输入字符数据，'#'号结束):\n");
    head1 = CreateLinklist_End(length1);
```

```
    getchar();                            //消除回车键为后面的输入带来的影响
    printf("第二个链表数据输入(请依次输入字符数据，'#'号结束):\n");
    head2 = CreateLinklist_End(length2);
    printf("第一个链表的数据依次为:\n");
    ShowLinklist(head1);
    printf("第二个链表的数据依次为:\n");
    ShowLinklist(head2);
    printf("第一个链表和第二个链表的合并输出为:\n");
    head1 = Linklist_Connect(head1, head2);
    ShowLinklist(head1);
    return 1;
    }
```

代码 2.6 的运行结果如图 2-20 所示。

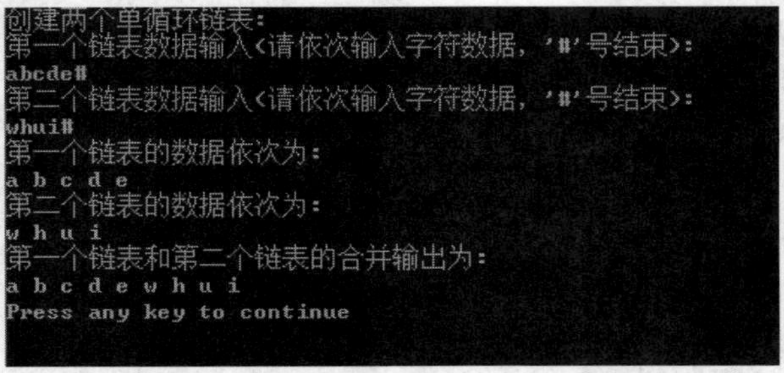

图 2-20　循环链表的合并程序运行结果

2.3.4　双向链表

在单循环链表中，从任意一个结点出发，可以访问到所有结点的前驱结点，但需要花费 O(n)的时间，如果需要频繁地访问结点的前驱及后继，可以在单链表中给每个结点再加入一个指向其前驱的指针域 prior，从而形成两条方向不同的链，方便链表进行双向查找，这样的链表称为双向链表。双向链表中最后一个结点的后继域(next)为 NULL，头结点的前驱域(prior)为 NULL。其形式定义如下：

```
    Typedef struct Node
    {
        ElemType data;
        Struct Node *prior,*next;
    } DLNode,*DLinkedList;
```

图 2-21 是一个典型的带头结点的双循环链表，若 p 是指向双循环链表中某一个结点的指针，则 p->prior->next 表示的是指向*p 结点前驱结点的后继结点的指针，即 p；与之类似，p->next->prior 表示的是指向*p 结点后继结点的前驱结点的指针，也与 p 相等，所以有以下等式：

```
    p->prior->next=p->next->prior=p
```

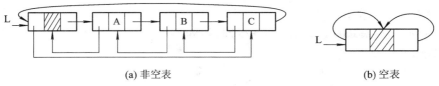

(a) 非空表   (b) 空表

图 2-21   带头结点的双循环链表

针对单链表的基本操作在双向链表中都可以实现。查找、定位等操作的实现方法与单链表基本相同，但在进行插入和删除的操作时，一个结点就要涉及两个指针域，修改起来要比单链表复杂。

1．双链表中结点的插入

设*p 是双链表中的结点，*s 是待插入的值为 x 的新结点，将*s 插入到*p 的前面，已知*p 的前驱指针是 p->prior，插入的主要语句段如下：

① s->prior=p->prior;   ② p->prior->next=s;

③ s->next=p;   ④ p->prior=s

要注意，在插入时第④条语句出现在第①、②条语句的前面，否则，原先*p 的前驱的链就"断"了。

2．双链表中结点的删除

设 p 指向双链表中某结点，删除 p 所指向的结点，其操作语句如下：

p->prior->next=p->next;

p->next->prior=p->prior;

free(p);

其他关于双向链表的操作在此不进行详细讲解，读者可自行完成相应的算法。

2.3.5 静态链表

在之前学习的链式结构中,可以用结点的数据域的值表示线性表中的元素,用指针域实现线性表元素间的逻辑关系。但并不是所有的高级语言都有指针类型，例如 Java，此时，要表示类似链式结构又应该如何处理？我们引入了静态链表的概念,它用数组来表示和实现一个链表，如图 2-22 所示。

图 2-22 是一个用数组表示的线性表 L={Zhao, Qian, Sun, Li, Zhou, Wu, Zheng, Wang}，数组的每个分量都是一个结点，结点包括两个域，一个是数据域 data，另一个是指针域 next。与链表不同的是，next 域中不再是链，而是下一个结点所在数组的下标，这个"指针"称为"静态指针"(或游标)，因此这样的链表称为"静态链表"。最后一个结点的 next 域应该为 NULL，在这里用−1 表示。第一个结点用一个数组下标为 0 的结点来指向,这个结点作为头结点。静态链表的使用像顺序表一样，需要预先分配一个较大的连续空间，但静态链表的插入和删除不用移动元素，只需要改变静态指针(或游标)即可。

0		1
1	Zhao	2
2	Qian	3
3	Sun	4
4	Li	5
5	Zhou	6
6	Wu	7
7	Zheng	8
8	Wang	−1
9		

图 2-22   静态链表

静态链表的定义如下：

```
#define maxsize 1000              //事先分配空间
Typedef struct
{
        Elemtype data;            //数据域
        int cur;                  //游标
} Slinkedlist[MAXSIZE];
```

假设 S 是定义的 Slinkedlist 类型的变量，则 S[0].next 指向的是第 1 个元素，若第 1 个元素的下标为 i，即 i=S[0].next，则第一个元素的值是 S[i].data，第 2 个元素的下标是 S[i].next。一般来说，i=S[i].next 的操作相当于链表中的 p=p->next 的操作。

图 2-23 表示了静态链表的插入操作。要在第 5 个元素前插入一个元素 Shi，操作为：将 Shi 按顺序存放在表尾，其结点 next 域修改为 5；然后修改第 4 个元素所在结点的 next 域中的值，指向 Shi 所在的位置(这里是 9)，从而完成插入。虽然元素还是顺序存放，但元素之间的逻辑关系并不由数组下标的先后顺序决定，而由其结点的 next 域决定。

同样图 2-24 表示了静态链表的删除操作。该图表示的是删除第 8 个元素的操作，只需要修改第 7 个元素的后继，即可完成删除，但若要释放空间，或保留删除的元素，还必须在修改 next 域之前，先完成保留被删除结点的 data 域中的值的操作。

0		1
1	Zhao	2
2	Qian	3
3	Sun	4
4	Li	9
5	Zhou	6
6	Wu	7
7	Zheng	8
8	Wang	—1
9	Shi	5

0		1
1	Zhao	2
2	Qian	3
3	Sun	4
4	Li	9
5	Zhou	6
6	Wu	8
7	Zheng	8
8	Wang	—1
9	Shi	5

图 2-23　静态链表的插入　　　　　　　　　　图 2-24　静态链表的删除

(在第 5 个元素前插入一个元素 Shi)　　　　　　(删除了第 8 个元素 Zheng)

在静态链表中，在经过多次插入和删除后，会造成静态链表的"假满"，即表中有很多空闲空间，但却无法再插入元素。造成这种现象的原因是未对已删除的元素所占的空间进行回收。解决该问题的方法是将所有未被分配的结点空间以及因删除操作而回收的结点空间用游标链成一个备用静态链表。当进行插入操作时，先从备用链表上取一个分量来存放待插入的元素，然后将其插入到已用链表的相应位置。当进行删除操作时，则将被删除的结点空间链接到备用链表上以备后用。算法 2.16～2.19 分别是备用链表分配空间、回收空间和完成插入、删除的过程。

算法 2.16　备用空间结点分配过程。

```
int Malloc_SL(SLinkList space[])
{               //若备用空间链表非空，则返回分配的结点下标，否则返回 0，结果是将备用
                //链表的头指针之后的开头第一个元素分配出去
```

```
            i = space[0].cur;
            if(space[0].cur)
            space[0].cur = space[i].cur;        //备用链表的头指针指向的第一个元素后移一个位置
            return i;
    }
```

算法 2.17　备用空间结点回收过程。

```
    void Free_SL(SLinkList space[], int k)
    {       //将下标为 k 的空闲结点回收到备用链表，该元素位于头指针之后的第一个位置上
        space[k].cur = space[0].cur;
        space[0].cur = k;
    }
```

算法 2.18　静态链表的插入过程。

```
    StaticLinkList    InserList(StaticLinkList L, int i , ElemType e)
    {
        int k = MAX_SIZE-1 ;
        if( i < 1 || i >Length(L)+1)
        return ERROR ;
        int j = Malloc_SSL(L) ;             //得到备用链表的第一个元素
        if (j)                              //如果元素存在
        {
            L[j].data = e ;
            for(int m = 1 ; m < i ; ++m)    //得到第 i−1 个元素的下标
            k = L[k].cur ;
            L[j].cur = L[k].cur;   //将第 i−1 个元素的 cur 设置为新加的这个结点的下标，将新加的
                                   //这个结点的下标设置为之前第 i−1 个元素存储的 cur 值
            L[k].cur = j ;
            return (L) ;
        }
        return ERROR ;
    }
```

算法 2.19　静态链表的删除过程。

```
    StaticLinkList DeleteLinkList(StaticLinkList L, int i )
    {
        if(i < 1 || i > ListLength(L))
        return ERROR ;
        int k = MAX_SIZE - 1 ;
        for(int j = 1; j < i; ++j)              //找到第 i−1 个元素
```

```
    k = L[k].cur;
    j = L[K].cur ;                          //得到第 i 个元素的下标
    L[k].cur = L[j].cur;                    //将第 i 个元素存储的 cur 值赋值给第 i-1 个元素的 cur
    Free_SSL(L,j);                          //释放掉第 i 个元素，第 i 个元素的下标为 j
    return(L);
}
```

2.4   线性表综合运用

2.4.1   一元多项式的加减法

在数学表达式中，一元多项式的表示和常见的相加运算是一个线性结构相对综合的例子。在数据中一元 N 次多项式一般按变量的升幂排列，表示如下：

$$P_n(x) = p_0 + p_1x + p_2x^2 + \cdots + p_nx^n$$

其中，p_i 表示第 i 项的系数，由此，该一元多项式是由 n+1 项系数确定的。这些系数组成了一个线性表，用 P 表示为

$$P = (p_0, p_1, \cdots, p_i, \cdots, p_n) \qquad (0 \leqslant i \leqslant n)$$

其中，每一项的指数就是其位置序号。两个多项式的加减运算的形式化描述为

$$P_n(x) = p_0 + p_1x + p_2x^2 + \cdots + p_nx^n, \quad Q_m(x) = q_0 + q_1x + q_2x^2 + \cdots + q_mx^m$$

$$R_n(x) = P_n(x) + Q_m(x)$$

$$R = (p_0 + q_0, p_1 + q_1, p_2 + q_2, \cdots, p_m + q_m, p_{m+1}, \cdots p_n) \quad (设 m<n)$$

一元多项式加减法运算的第一步是数据的表示和存储。不同的表示方法决定了在执行运算规则时具体操作的不同。若采用顺序结构存储，可以用一个顺序表，按变量的升幂依次存储每一项的系数，若没这一项则用 0 表示，如此，每项的指数其实就隐含在了顺序表的下标中。即 p[i]存储的是第 i(0≤i≤n)项的系数，i 是这一项的指数。在进行加减法运算时，只需要将两个顺序表按"下标相同，系数相加"的原则进行运算，结果放入其中一个顺序表中(即 a[i]=a[i]+b[i])，操作完成后，将第一个顺序表按下标从小到大的形式还原成多项式即可(注意：若运算后系统为 0，应自动忽略这项，进行下一项的表示)。这种存储方法简单易懂，但在运算中有可能会产生大量的零项，造成空间的浪费。

这时可以采用另一种存储方式，只存储多项式的非零项。每个非零项需要将其系数和指数都表示出来，形成一个二元组(p_i, e_i)，其中 p_i 和 e_i 表示第 i(0≤i≤n)项的系数和指数，按 e_i 的升序排列进行运算。

除了顺序结构外，一元多项式还可以用链式结构存储。多项式的每个非零项可以用一个结点表示，而这个结点包括三个域，分别是表示系数、指数的两个数据域和表示当前结点的下一个结点的指针域。以单链表为例，存储一个一元多项式的结点结构定义如下：

```
    Typedef struct PolyNode
    {
        float coef;                         //系数
```

```
        int exp;                    //指数
        struct PolyNode *next;      //指向后继项的指针
    }PolyNode,*PolyList;
```

例如有两个多项式 $P(x) = 4 + 5x^2 + 3x^3 + 2x^5$ 和 $Q(x) = 2 + 2x - 3x^3 + 4x^5$，采用链式存储的示意如图 2-25 所示。在图 2-25 中两个多项式链表都使用了头结点，方便对第一个结点进行操作。

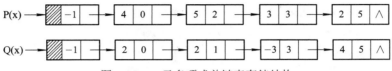

图 2-25　一元多项式单链表存储结构

用链式结构存储多项式进行加减运算分为两个步骤。第一步是建立多项式单链表存储结构，可以用前面提到的头插法或者尾插法创建链表，创立的函数段如算法 2.20 所示。第二步是进行多项式的加减法运算，如算法 2.21 所示。

按照多项式原则，两个多项式中所有指数相同的项的对应系数相加，若和不为零，则构成"和多项式"中的一项；所有指数不相同的项均复抄到"和多项式"中。那么，假设 p、q 分别是两个多项式的某一项，则可能有以下几种情况：

(1) 若 p->exp<q->exp，则结点 p 所指的结点应是"和多项式"中的一项，令指针 p 后移；

(2) 若 p->exp>q->exp，则结点 q 所指的结点应是"和多项式"中的一项，将结点 q 插入到结点 p 之前，且令指针 q 在原来的链表上后移；

(3) 若 p->exp=q->exp，则将两个结点中的系数相加，当和不为零时修改结点 p 的系数域，释放 q 结点；若和为零，则和多项式中无此项，从 P(x)中删去 p 结点，同时释放 p 和 q 结点。

算法 2.20　创建一元多项式。

```
    typedef struct polynode        //用单链表存储多项式的结点结构
    {
        int coef;                  //多项式的系数
        int exp;                   //指数
        struct polynode *next;     //next 是 struct polynode 类型中的一个成员，它又指向 struct
                                   //polynode 类型的数据，以此建立链表

    }node;                         //若定义为 node*list;，意即 node*与 list 同为结构指针类型

    node * create(void)            //指针函数，返回指针类型；用尾插法建立一元多项式的链表的函数
    {
        node *h,*r,*s;
        int c,e;
        h=(node *)malloc(LEN);     //建立多项式的头结点，为头结点分配存储空间
        r=h;                       //r 指针始终动态指向链表的当前表尾，以便于做尾插入，其
                                   //初值指向头结点
```

```
        printf("coef:");
        scanf("%d",&c);                 //输入系数
        printf("exp: ");
        scanf("%d",&e);                 //输入指针
        while(c!=0)                     //输入系数为 0 时，表示多项式的输入结束
        {
            s=(node *)malloc(LEN);      //申请新结点
            s->coef=c;                  //申请新结点后赋值
            s->exp=e;                   //申请新结点后赋值
            r->next=s;                  //做尾插，插入新结点
             r=s;                       //r 始终指向单链表的表尾
            printf("coef:");
            scanf("%d",&c);
            printf("exp: ");
            scanf("%d",&e);
        }
        r->next=NULL;                   //将表的最后一个结点的 next 置 NULL，以示表结束
        return(h);
    }
```

算法 2.21 一元多项式运算。

```
    void polyadd(node *polya, node *polyb)      //一元多项式相加函数，用于将两个多项式相加，
                                                //然后将和多项式存放在多项式 polya 中，并将多
                                                //项式 ployb 删除

    {
        ode *p,*q,*pre,*temp;
        int sum;
        p=polya->next;          //令 p 和 q 分别指向 polya 和 polyb 多项式链表中的第一个结点
        q=polyb->next;
        pre=polya;              //位置指针，指向和多项式 polya
        while(p!=NULL&&q!=NULL)  //当两个多项式均未扫描结束时，执行以下操作
        {
            if(p->exp<q->exp)   //若 p 指向的多项式指数小于 q 指向的指数
            {
                pre->next=p;    //将 p 结点加入到和多项式中
                pre=pre->next;
                p=p->next;
            }
        else
         if(p->exp==q->exp)                     //若指数相等，则相应的系数相加
```

```
    {
        sum=p->coef+q->coef;
        if(sum!=0)
        {
            p->coef=sum;
            pre->next=p;pre=pre->next;p=p->next;
            temp=q;q=q->next;free(temp);
        }
        else        //如果系数和为零，则删除结点 p 与 q，并将指针指向下一个结点
        {
            temp=p->next;free(p);p=temp;
            temp=q->next;free(q);q=temp;
        }
    }
    else                        //若 p 指数大于 q 指数
    {
        pre->next=q;            //p 结点不动，将 q 结点加入到和多项式中
        pre=pre->next;
        q=q->next;
    }
}
if(p!=NULL)                     //多项式 polya 中还有剩余，则将剩余的结点加入到和多项式中
    pre->next=p;
else                           //否则将 polyb 的结点加入到和多项式中
    pre->next=q;
}
```

2.4.2　约瑟夫环

约瑟夫问题是一个出现在计算机科学和数学中的问题。在计算机编程的算法中，类似问题又称为约瑟夫环，或称"丢手绢问题"。这个问题的抽象描述为：已知 n 个人(分别以编号 1，2，3，…，n 表示)围坐在一张圆桌周围；从编号为 k 的人开始报数，每数到 m 的那个人出列；他的下一个人又从 1 开始报数，数到 m 的那个人又出列；依此规律重复下去，直到圆桌周围的人全部出列，最后一个留下的人是谁？约瑟夫环有很多解法，在此我们介绍两种典型的方法，其他方法读者可以自行探讨。

1. 顺序存储结构解法

如果用顺序结构来解决这一问题，第一步需要将所有数据存储在顺序结构中，建立约瑟夫环。按问题考虑，该顺序表应该是一个大小为 n 的循环顺序表。第二步为出列操作，出列的实际操作就是删除，对于顺序结构的删除，需要频繁移动大量元素，因此，在这里，

我们使用了一个 flag 数组，当有出列的元素时，对应的 flag 值设为 1，同理，在计数时，只有 flag 为 0 的数值才能纳入计数范围，从而使顺序表结构没有大的变化。重复这个操作，直到表中只有一个 flag 为 0 的元素，该元素即最终解。代码 2.7 实现了顺序存储解决该问题的方法。

```c
/*************************************************
                代码 2.7——约瑟夫环顺序存储
**************************************************/
#include<stdio.h>
#include<stdlib.h>
#define Maxsize 30
struct SqList
{
        int Data[Maxsize];
        int length;
};
typedef struct SqList SqList;

void    InitList(SeqList *&L)
{
        L = (SeqList *)malloc(sizeof(SeqList));
        L->length = 0;
}
void CreateList(SqList *&L)
{
        int i;
        int people;
        printf("请输入参加报数的人数:\n");
        scanf("%d",&people);
        for (i=0; i<people; i++)
        {
                L->Data[i] = i + 1;
                printf("%d ", L->Data[i]);
        }
        printf("\n");
        L->length = people;
}


void DisplayList(SqList *L)        //显示结果
{
```

```
    int m, i, j;
    int k=0;
    printf("请输入报数出队的次数：  \n");
    scanf("%d", &m);
    for (i=L->length; i>0; i--)
    {
        k=(k+m-1)%i;
        printf("%d ",L->Data[k]);
        for (j=k;j<i-1; j++)
        {
            L->Data[j] = L->Data[j+1];
        }
        L->length = L->length - 1;
    }
    printf("\n");
}


void main()
{
    SqList *L;
    InitList(L);
    CreateList(L);
    DisplayList(L);
}
```

代码 2.7 的运行结果如图 2-26 所示。

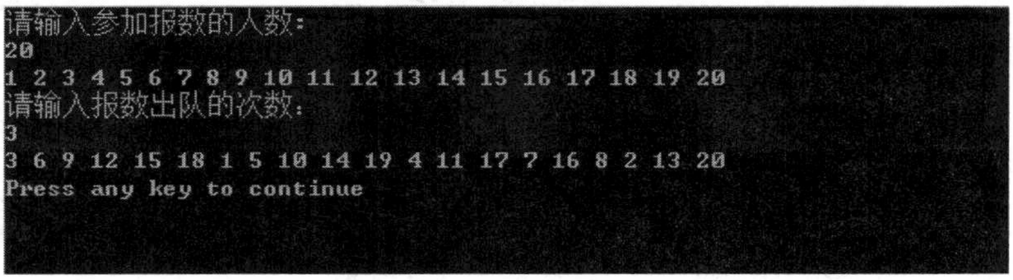

图 2-26　约瑟夫环的顺序存储结构解法程序运行结果

2. 链式结构解法

　　另一种方法则是使用链表来解决，利用链表解决该问题的第一步，仍然是数据的存储。此问题抽象出来，即 n 个元素以链式结构链接起来，形成一个单循环链表(可参考 2.3.2 节中创建链表的算法和程序)。第二步则是结点的删除，需要注意的是，在链式结构中结点的删除使用 p->next=p->next->next;语句即可实现(不保存删除结点时)，但若要删除第 i 个结点，计数只能计到 i−1 个结点。重复上述操作，直到链表中只剩下一个结点，此时 p->next=p;，则得到最终解。

　　链式结构的约瑟夫环问题的解决算法如算法 2.22 所示(创建单循环链表的方法参考 2.3.3 节的介绍，此处假设链表已建好，只完成其他操作)，读者可自行将其修改为一个完整的程序。

　　算法 2.22　约瑟夫环链式解法。

```
void jose(dlnode *h,int n )              //主算法
{
    dlnode *p=h,*q;
    int i;
    while(p->next!=p)                    //还剩下多于一个元素时
    {
        for(i=1;i<m-1;i++)              //计数器计算到 i-1 个位置
          p=p->next;
        if(p->next!=p)
        {
            q=p->next;
            p->next=q->next;            //删除结点（保存结点）
            free(q);
            p=p->next;                  //从下一个位置重新计数
        }
    }
    printf("最后一个结点"是":%d\n",p->data);
}
```

习　　题

　　1. 说明头指针、头结点的区别以及它们的作用。

　　2. 说明顺序结构和链式结构的特点以及它们适用的场合。

　　3. 对于一个具有 n 个结点的单链表，在已知 p 所指结点后插入一个新的结点的时间复杂度为_____，在值为 x 的结点后插入一个新结点的时间复杂度为_____。

　　4. 已知 L1 和 L2 分别指向两个单链表的头结点，且已知其长度分别为 m 和 n。试设计一算法将这两个链表连接在一起，从优化算法的角度分析时间复杂度。

　　5. 完成一个链表逆置的操作，即原来输入为 abc，逆置后的输出为 cba。

第 3 章　栈 和 队 列

　　栈和队列是两种重要的数据结构，属于操作受到限制的线性表。线性表允许在任何位置进行插入和删除操作，而栈只允许在表的一端进行插入和删除操作，队列只允许在表的一端进行插入操作，在另一端进行删除操作。

　　本章主要介绍栈和队列的基本概念、主要特性和它们的顺序、链式存储表示方法以及栈的应用实例。

3.1　栈的基本概念

3.1.1　栈的定义

　　栈(Stack)又称堆栈，是仅允许在表的一端进行插入和删除操作的线性表，该位置位于表尾，称为栈顶(Top)；相对地，另一端称为栈底(Bottom)。栈顶的第一个元素称为栈顶元素，向一个栈插入新元素称为进栈(push)或入栈，它是指把该元素放到栈顶元素的上面，使之成为新的栈顶元素。从一个栈删除元素称为出栈(pop)或退栈，它是指把栈顶元素删除，使其下面的相邻元素成为新的栈顶元素。没有元素的栈称为空栈。

　　由于栈的插入和删除运算仅在栈顶一端进行，后进栈的元素必定先出栈，所以又把栈称为后进先出表(Last In First Out，LIFO)。

　　例如，假设栈 S 为(a,b,c,d)，则称字符 d 为栈顶元素，字符 a 为栈底元素。若对 S 进行进栈操作，即向 S 压入一个元素 e，则 S 变为(a,b,c,d,e)，此时字符 e 为栈顶元素。若对 S 进行两次出栈操作，即从 S 中依次删除两个元素，则首先删除的是元素 e，接着删除的是元素 d，栈 S 变为(a,b,c)，栈顶元素为 c。栈中元素的变化如图 3-1 所示。

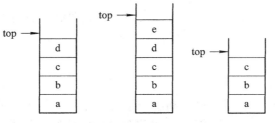

(a) 栈S的初始状态　　　(b) 元素e进栈　　　(c) 元素e、d出栈

图 3-1　栈 S 进栈、出栈操作时元素的变化

例 3-1　设栈的输入序列为 1，2，3，4，则(　　)不可能是其输出的栈序列。

(A) 1，2，4，3　　　　　　　　　　　(B) 2，1，3，4

(C) 1，4，3，2　　　　　　　　　　　(D) 4，3，1，2

分析：如果对栈进行如下操作：元素 1 进栈、元素 1 出栈、元素 2 进栈、元素 2 出栈、元素 3 进栈、元素 4 进栈、元素 4 出栈、元素 3 出栈，则其输出序列为 1，2，4，3。所以选项 A 是可能的。同理，选项 B、C 也都是一种可能的输出序列。在选项 D 中，元素 4 第 1 个出栈，此时，栈中的元素为(1，2，3)，所以元素 1 不可能先于元素 2 出栈，4，3，1，2 不可能是输出的栈序列。

答案：D。

3.1.2　栈的抽象数据类型

栈的基本操作除了在栈顶进行插入或删除之外，还有栈的初始化、判断为空、求栈的长度及取栈顶元素等操作。

栈的抽象数据类型表示了栈中的数据元素、数据元素之间的逻辑关系以及对栈的操作集合。其定义如下：

　　　　ADT Stack

数据：元素具有相同的类型，相邻元素具有前驱和后继关系，且只能在栈顶的一端进行插入和删除操作。

基本操作：

InitStack(&S)：初始化操作，构造一个空栈 S。

DestroyStack(&S)：若栈 S 存在，则销毁。

ClearStack(&S)：若栈 S 存在，则将栈清空。

StackEmpty(S)：判断栈 S 是否为空，若为空，返回 TRUE，否则返回 FALSE。

StackLength(S)：返回栈 S 的长度，即栈 S 中元素的个数。

GetTop (S, &e)：若栈 S 存在且非空，用 e 返回 S 的栈顶元素。

Push(&S, e)：若栈 S 存在，插入元素 e 为新的栈顶元素。

Pop(&S, &e)：若栈 S 存在且非空，删除 S 的栈顶元素，并用 e 返回其值。

3.2　栈的表示与实现

由于栈属于线性表，所以线性表的顺序存储和链式存储也适用于栈，分别称为顺序栈和链栈。

3.2.1　栈的顺序表示

顺序栈即栈的顺序存储表示，是指利用一组地址连续的存储单元依次存放自栈底到栈顶的数据元素，用指针 base 指示栈底元素在存储器中的位置，用指针 top 来指示栈顶元素在存储器中的位置，同时，用变量 stacksize 来指示当前栈的可用最大容量。

用 C 语言描述的顺序栈如下：

```
#define   STACK_INIT_SIZE   100;   //存储空间初始分配量
#define   STACKINCREMENT   10;   //存储空间分配增量
Typedef   struct
{
    SElemType *base;       //栈底指针，即栈的存储空间基地址，在构造之前和销毁之后，
                          //base 的值为 NULL
    SElemType *top;        //栈顶指针，指向栈顶元素的下一个位置
    int stacksize;         //当前已分配的存储空间，以元素为单位
} SqStack;
```

1．初始化顺序栈

初始化顺序栈就是构造一个空的顺序栈，需要初始化栈结构体中的三个分量，如算法 3.1 所示。

算法 3.1　初始化顺序栈。

```
Status InitStack(SqStack   &S)
{
    //初始化后，栈底指针为存储空间基地址
    S.base = ( SElemType * )malloc(STACK_INIT_SIZE * sizeof(SElemType));
    S.top = S.base;                  //空栈的栈顶指针与栈底指针相等
    S.stacksize = STACK_INIT_SIZE;   //初始分配的存储空间，以元素为单位
    return OK;
}
```

2．取栈顶元素

取栈顶元素是指如果顺序栈 S 存在且非空，用 e 返回 S 的栈顶元素，并且返回 OK，否则返回 ERROR。在该操作中，栈中元素本身并没有变化。如算法 3.2 所示。

算法 3.2　取栈顶元素。

```
Status GetTop(SqStack S，SElemType e)
{
    if(S.top == S.base)
    return   ERROR;        //如果栈空，则返回 ERROR
    e = *(S.top - 1);       //S.top - 1 指向栈顶元素
    return OK;
}
```

在图 3-1(a)中，top 指针指向元素 d 的下一个位置，进行 GetTop 操作的结果是把元素 d 的值赋给变量 e。

3．进栈

进栈是指判断所给的顺序栈是否已满，若满则重新申请存储空间，否则，插入元素 e 为新的栈顶元素。如算法 3.3 所示。

算法 3.3　进栈操作。

```
Status Push(SqStack &S，SElemType e)
{
    if(S.top – S.base >= S.StackSize)
    {    //如果栈已满，重新申请存储空间
        S.base=(SElemType*)realloc(S.base+(STACK_INIT_SIZE + STACKINCREMENT) *
            sizeof(SElemType));
        if(!S.base) exit (OVERLOW);          //重新申请存储空间，退出
        S.top = S.base + S.stackSize;        //栈顶指针赋值
        S.stactSize += STACKINCREMENT;       //栈分配的存储空间增加
    }
    *S.top++ = e;                            //插入元素 e 为新的栈顶元素，栈顶指针后移
    return OK;
}
```

4．出栈

出栈是指如果栈非空，则删除栈 S 的栈顶元素，用变量 e 返回其值，并返回 OK，否则，返回 ERROR，如算法 3.4 所示。

算法 3.4　出栈操作。

```
Status Pop(SqStack &S，SElemType e)
{
    if(S.top == S.base)
    return ERROR;                //如果栈为空，返回 ERROR
    e = *--S.top;                 //S.top 指针前移，指向栈顶元素，用变量 e 返回其值
    return OK;
}
```

例 3-2　编写一个算法，把顺序栈中的元素逆序存放。

分析：假设栈中元素的个数为 n，定义一个数组，把栈中的元素自栈顶到栈底依次存放在数组的前 n 个位置，然后从数组下标 1 开始，把数组中的元素依次压入栈中即可。

参考答案见算法 3.5。

算法 3.5　栈元素逆序存放。

```
Status Reverse(SqStack &S)
{
    int i,n,A[255];
    n=0;
    while(!StackEmpty(S))
    {
        n++;
        Pop(S，A[n]);
    }
```

```
for(i = 1; i <= n; i++)
{
    Push(S，A[i]);
}
}
```

3.2.2 栈的链式表示

栈的链式存储表示简称为链栈。与线性链表类似，链栈也用一组任意的存储单元来存储栈中的数据元素，栈中的每一个元素用一个结点表示，每个结点由一个数据域和指针域组成。其中，数据域用来存放数据元素，指针域用来存储直接后继的位置。同时设一个指针 top，用来指示栈顶元素所在结点的存储位置。

有时，在栈顶元素结点之前附设一个结点，称之为头结点。图 3-2(b)所示的是一个带头结点的链栈。当头结点的指针域为空时，表示空链栈，如图 3.2(a)所示。

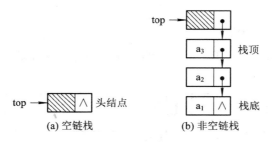

图 3-2 链栈示意图

用 C 语言描述的链栈如下：

```
typedef   struct   LSNode
{
    LSElemType data;              //数据域
    LSNode *next;                 //栈顶指针，指向栈顶元素的下一个位置
} LSNode, LinkStack;
```

1. 初始化链栈

初始化链栈就是构造一个空的链栈。空链栈就是只含头结点的链栈，因此先生成头结点，然后让 top 指针指向头结点。如算法 3.6 所示。

算法 3.6 初始化链栈。

```
Status InitStack(LinkStack &top)
{
    top =(LinkStack) malloc(sizeof(LSNode));      //产生头结点，并使 top 指向此头结点
    if(!top)                                      //存储分配失败
    exit(OVERFLOW);
    top ->next=NULL;                              //指针域为空
    return OK;
}
```

2．取栈顶元素

取栈顶元素是指如果链栈 top 存在且非空，用 e 返回 top 的栈顶元素，并且返回 OK，否则返回 ERROR。在该操作中，栈中元素本身并没有变化。如算法 3.7 所示。

算法 3.7 取链栈栈顶元素。

```
Status GetTop(LinkStack & top，LSElemType e)
{
        if(top ->next=NULL)
        return ERROR;                //如果栈空，则返回 ERROR
        p = top ->next;              //p 指向链栈的第一个数据元素
        e = p->data;
        return OK;
}
```

在图 3-2(b)中，top 指针指向头结点，进行 GetTop 操作的结果是把元素 a_3 的值赋给变量 e。

3．进栈

链栈的进栈操作如图 3-3 所示，进栈的操作步骤为先生成新的结点，并在栈顶位置插入新结点，如算法 3.8 所示。

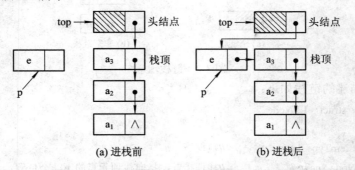

图 3-3　链栈的进栈操作示意图

算法 3.8 链栈进栈。

```
Status Push(LinkStack &top，LSElemType e)
{
        p = (LinkStack) malloc(sizeof(LSNode));  //产生新结点
        if(!p)                                   //存储分配失败
        exit(OVERFLOW);
            p->data = e;
            p->next = top->next;
            top->next = p;                       //在栈顶位置插入新结点
            *S.top++ = e;
            return OK;
}
```

4. 出栈

链栈的出栈操作是指如果栈非空，则删除栈 LS 的栈顶元素，用变量 e 返回其值，并返回 OK，否则返回 ERROR。如算法 3.9 所示。

算法 3.9 链栈出栈。

```
Status Pop(LinkStack &top，LSElemType e)

{

    if(top ->next=NULL)

    return ERROR;              //如果栈空，则返回 ERROR

    p = top ->next;            //p 指向链栈的第一个数据元素

    e = p->data;

    top->next = p->next;       //删除栈顶结点

    free(p);                   //释放被删结点所占的内存空间

    return   OK;

}
```

如果栈的使用过程中元素变化不可预料，需要频繁地进行进栈和出栈操作，最好采用链栈，如果栈中的元素基本上无变化，建议采用顺序栈。

3.3　栈 的 应 用

栈的引入简化了程序设计问题，划分了不同关注层次，使得思考范围缩小。由于栈本身具有的后进先出的特性，其在程序设计中的应用非常广泛。

3.3.1　整数的数制转换

数制也称计数制，是用一组固定的符号和统一的规则来表示数值的方法。人们通常采用的数制有十进制、二进制、八进制和十六进制。下面以整数的十进制到十六进制的转换为例来说明栈的作用。

例如：$(2639)_{10}=(A4F)_{16}$。其运算过程如下：

N	N/16	N%16
2639	164	F
164	10	4
10	0	A

可以看到，输出为 A4F，首先得到的应该是 F，然后才是 4，最后是 A，但是要逆序显示，自然就类似压栈出栈的数据结构了(数组也可以实现，但是没有体现其本质)。所以，只需要初始化栈后，将 N%n 不断地压入栈底。需要注意的是，如果要转换为十六进制，则需要将大于 9 的数字作为字符处理。如算法 3.10 所示。

算法 3.10 数制转换。

```
void convert(SeqStack &S,int N)

{
```

```
//对于输入的一个任意非负整数 N，输出与其对应的十六进制数
InitStack(S)
    {
            scanf("%d", N);
            while (N!=0)
            {
                push(S,N%16);
                N/=n;
            }
            while(!StackEmpty(S))
            {
                pop(S,e);
                if(e>9)
            {    //十六进制时输出字母
                e=e+55;
                printf("%c",e);
            }
            else
                printf("%d",e);
    }
        printf("\n");
    }
```

该算法对应的代码如代码 3.1 所示。

```
/***********************************************
            代码 3.1——十进制转换为八进制代码
***********************************************/
#include<stdio.h>
#include<malloc.h>
#include<stdlib.h>
    typedef int Status;             //Status 是函数的类型，其值是函数结果状态代码，如 OK 等
    typedef int Boolean;            //Boolean 是布尔类型，其值是 TRUE 或 FALSE
    typedef int SElemType;
    #define STACK_INIT_SIZE 10      //存储空间初始分配量
    #define STACKINCREMENT 2        //存储空间分配增量
    #define TRUE 1
    #define FALSE 0
    #define OK 1
    #define ERROR 0
    #define OVERFLOW -2
```

```
    struct SqStack
    {
        SElemType *base;              //在栈构造之前和销毁之后，base 的值为 NULL
        SElemType *top;               //栈顶指针
        int stacksize;                //当前已分配的存储空间，以元素为单位
    }; // 顺序栈

Status InitStack(SqStack &S)
{
    //构造一个空栈 S
    if(!(S.base=(SElemType *)malloc(STACK_INIT_SIZE*sizeof(SElemType))))
        exit(OVERFLOW);              //存储分配失败
    S.top=S.base;
    S.stacksize=STACK_INIT_SIZE;
    return OK;
}

Status StackEmpty(SqStack S)
{
    //若栈 S 为空栈，则返回 TRUE，否则返回 FALSE
    if(S.top==S.base)
    return TRUE;
    else
    return FALSE;
}

Status Push(SqStack &S,SElemType e)
{
    //插入元素 e 为新的栈顶元素
    if(S.top-S.base>=S.stacksize)         //栈满，追加存储空间
    {
        S.base=(SElemType *)realloc(S.base, (S.stacksize+STACKINCREMENT)* sizeof(SElemType));
        if(!S.base)
        exit(OVERFLOW);                   //存储分配失败
        S.top=S.base+S.stacksize;
        S.stacksize+=STACKINCREMENT;
    }
    *(S.top)++=e;
    return OK;
}
```

```
Status Pop(SqStack &S,SElemType &e)
{
    //若栈非空，则删除 S 的栈顶元素，用 e 返回其值，并返回 OK；否则返回 ERROR
    if(S.top==S.base)
    return ERROR;
    e=*--S.top;
    return OK;
}


void conversion()
{
    //对于输入的任意一个非负十进制整数，打印输出与其等值的八进制数
    SqStack S;
    unsigned n;                 //非负整数
    SElemType e;
    InitStack(S);               //初始化栈
    printf("Please input the Decimal Number n(>=0)=");
    scanf("%u",&n);             //输入非负十进制整数 n
    while(n)                    //当 n 不等于 0
    {
        Push(s,n%8);            //入栈 n 除以 8 的余数(八进制的低位)
        n=n/8;
    }
    while(!StackEmpty(s))       //当栈非空
    {
        Pop(s,e);              //弹出栈顶元素且赋值给 e
        printf("%d",e);        //输出 e
    }
    printf("\n");
}


void main()
{
    conversion();
}
```

其运行结果如图 3-4 所示。

```
Please input the Decimal Number n(>=0)=1000
1750
Press any key to continue
```

图 3-4   进制转换结果

3.3.2 判断字符串是否为回文

"回文字符串"就是正读倒读都一样的字符串。如奇数个字符：abcdedcba，该字符串从左到右读取和从右到左读取都是一样的；又如偶数个字符：abcddcba，也是回文字符串。使用链栈数据结构来判断字符串是否为回文的算法如下：

先找到字符串中间的结点，记得区分字符串中结点个数是奇数还是偶数。然后把字符串的前一半结点放入链栈之中，之后从中间结点的后一个结点开始，将此结点和栈顶结点所存储的值进行比较，如果相等则继续进行后续比较，直到字符串结尾。如果中间出现不相等的情况，则不是回文。读者可根据算法 3.11 自行完成代码。

算法 3.11 判断回文。

```
Status Palindrome(char *str)
{
    int length = StrLen(str);        //字符串长度
    int mid = 0;                     //mid 为字符串中间位置
    char *start = str;               //start 指向字符串的第一个字符
    char *end = str + length – 1;    // end 指向字符串的最后一个字符
    char *mid = length %2 == 0?( str + length / 2 – 1):( str + length / 2);
    InitStack(S);
    while(start <= mid – 1)
    {
        Push(S,*start);
        start++;
    }
    if(length % 2 == 0)
    {
        Push(S,*start);
    }
    while(!StackEmpty(S)&&start <= end)
    {
        Pop(S,e);
        if(e != *start)
        {
            return FALSE;
            break;
        }
        start ++;
    }
    return TRUE;
}
```

3.4 队　列

　　和栈类似，队列也是一种辅助性质的数据结构，主要用于协调和配合一些较为复杂的算法过程，从而使其简单化。和栈一样，队列在计算机的硬件系统设计和软件的各种应用中也具有广泛和频繁的运用。例如，在主机将数据输出到打印机时，会出现主机速度与打印机的打印速度不匹配的问题。这时，主机就要停下来等待打印机。很明显，这样会降低主机的使用效率。为此，计算机系统的设计者想出来一个办法，即为打印机设置一个数据缓冲区。当主机需要打印数据时，先将其依次写入这个缓冲区，写满之后主机转去做其他的事情，而打印机则从缓冲区里按照先写先读的原则依次把数据读出来慢慢打印。等打印结束之后打印机又会向主机提出申请，获取下一部分要打印的数据。在这个设计中，打印机的数据缓冲其实就是一个队列结构。在网络上收发数据包时，因为主机的处理速度和网络的传输速度完全不在一个数量级上，会面临同样的问题。所以通常情况下，会在网卡中设置一个缓冲区，当收到一定数量的数据包时，一次性交付给计算机进行处理。这个缓冲区就是一个很典型的队列结构。除此之外，还有很多典型算法都需要队列的帮助，这里就不一一列举了。

3.4.1　队列的基本定义与抽象数据类型

　　队列(Queue)是只允许在一端进行插入操作，而在另外一端进行删除操作的线性表。只允许插入的一端称为**队尾**(rear)，只允许删除的一端称为**队头**(front)①。事实上，在队列中，这两种操作已经不再称为"插入"和"删除"，而是称为"入队"和"出队"，如图 3-5 所示。

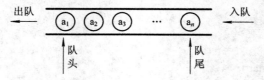

图 3-5　队列的示意图

　　队列是一种先进先出(First-In First-Out，FIFO)的结构，具有很强的顺序特征。队列会记录下零散无序的数据进入队列的顺序，并且在出队的时候保持这个顺序，以方便程序算法对其进行利用。

　　队列中不允许对除了队头和队尾之外的其他元素进行任何形式的操作。这种限制使得队列虽然名义上是一种线性表，但是它已经几乎丧失了线性表的所有特点，无法对其进行线性表的大部分操作。例如对图 3-5 中 a_2、a_3、…、a_{n-1} 等元素，都不允许直接访问、插入或者删除，而合并、排序等都已经无法进行。队列就像一个管道一样，将位于管道中间的数据保护起来，只留下管道的两端可供程序员进行操作。对于刚经历过第 2 章艰苦学习的初学者来说，这无疑是一个利好的消息，因为这意味着初学者在学习本节时，只需要掌握

---

① "尾进头出"，这和"链队列中数据在表尾进行插入，在表头进行删除"是一致的。

少数几个队列的基本操作就可以了。

队列的操作与栈的操作类似，也有 8 种，不同的是，栈的数据增减都在同一端，而队列是增在一端，减在另一端。仅此而已。

在给出队列的抽象数据类型定义之前，需要特别说明几点：

(1) 基本操作的说明中，对于各种操作的名称及参数名，只是作者为方便读者理解而建议命名的标识符，并非必须如此命名。

(2) 在基本操作的说明中，对各种操作的描述采用的是非常粗略的伪代码形式，并非真实代码。操作的参数和返回值类型等均需要在真实代码中根据实际问题定义。

(3) 在基本操作的说明中，程序员可以根据实际需要来选择是否增删或者调整操作。本节只作建议，并未作硬性要求。

(4) 在基本操作的说明中，请留意所有带有**标记的参数。这些参数都必须采用地址传递的方式。请思考为什么必须如此。

队列的抽象数据类型定义如下：

ADT Queue

数据：同线性表。元素具有相同的类型，相邻元素具有前驱和后继关系。

基本操作：

InitQueue(**ppQ)；

　　　初始条件：队列的存储结构定义已知。

　　　操作结果：按照该存储结构的定义需要，创建队列结构并初始化设置。

　　　备　　注：该操作返回指向队列的二重指针 ppQ。

DestroyQueue(**ppQ)；

　　　初始条件：指向队列的存储结构的二重指针 ppQ 非空。

　　　操作结果：释放该存储结构的所有内存空间，并将指针 ppQ 复位为 NULL。

　　　备　　注：无。

ClearQueue(*pQ)；

　　　初始条件：pQ 指针所指向的队列存在。

　　　操作结果：清空队列中的数据，使其恢复为空队列的状态。

　　　备　　注：根据选择的存储结构的不同，在清空操作时可能会伴随着释放结点空

　　　　　　　　间的操作。

QueueIsEmpty(*pQ)；

　　　初始条件：指针 pQ 指向的队列存在。

　　　操作结果：判断队列 Q 是否为空。如果为空，表示是空队列，返回 1，否则返回 0。

　　　备　　注：无。

GetQueueHead(*pQ, *e)；

　　　初始条件：指针 pQ 指向的队列存在且非空。

　　　操作结果：用参数 e 返回队列的队头元素的值。

　　　备　　注：队列数据保持不变。

EnQueue(*pQ, e)；

　　　初始条件：指针 pQ 指向的队列存在。

操作结果：入队列，即插入新元素 e 到队列中。

备　　注：从队尾插入。

DeQueue(*pQ, *e)；

初始条件：指针 pQ 指向的队列存在且非空。

操作结果：出队列，即删除队列的队头元素，并用 e 返回其值。

备　　注：从队头删除。

GetQueueLength(*pQ)；

初始条件：指针 pQ 指向的队列存在。

操作结果：返回队列的元素个数。

备　　注：无。

上面讲述的都是队列的逻辑结构，在具体实现时，根据数据存储基本结构的不同，可以将队列的存储结构分为链队列和循环队列两种。链队列和循环队列都能很好地实现上面抽象数据类型中提到的 8 种操作，但是各具优缺点。我们在下面的小节中分别对这两种存储结构进行讲解。

3.4.2　链队列

对于进入队列的 n 个数据，可以采用一个单向链表来存储。但是，我们需要按照队列的基本要求对这个单链表做一些限制，除了最常规的创建并初始化、销毁、置空等基本操作之外，只提供队尾插入元素的入队列操作、队头删除元素的出队列操作和访问队头元素等，而不提供单链表的其他操作给队列的使用者。所以，在链队列的设计中，我们提供两个指针 front 和 rear，专门分别指向队头和队尾，以方便队列元素的进出操作，如图 3-6 所示。这两个指针构成一个结构体，代表了一个链队列。

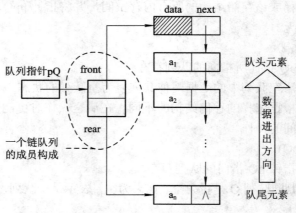

图 3-6　链队列结构示意图

链队列的结构定义如代码 3.2 所示。

```
/**********************************************

    代码 3.2——链队列的结构定义

    文件名：LinkQueue.c (第 1 部分，共 9 个部分)

**********************************************/
```

```
#include "stdio.h"
#include "malloc.h"
typedef int QElemType;                  //假设队列元素类型为 int，读者可更换为其他类型

typedef struct QNode                    //定义单向链表的结点类型名为 QNode，并定义指向
                                        //这种类型的指针的类型名称为 QueuePtr
{
    QElemType data;
    struct QNode *next;
}QNode, *QueuePtr;


/*将队头指针和队尾指针打包封装，定义出新的结构体类型，即链队列的数据类型，
   取名为 LinkQueue*/
typedef struct
{
    QueuePtr front;                     //队头指针
    QueuePtr rear;                      //队尾指针
} LinkQueue;
```

　　从上面的代码可以看出，一个 LinkQueue 类型的结构体变量就具备一个队头指针和一个队尾指针，代表了一个队列。如果需要定义两个队列，则可以用 LinkQueue Q1, Q2; 来描述。

　　从图 3-6 可以看出，队列数据的进出方向和单向链表的数据进出方向正好是相反的。为什么会有这样的设定呢？为何不能"尾进头出"？假设链队列采取在单链表表头位置插入，在表尾位置删除，会出现什么效果？一个非常直接的麻烦就是当删除 a_n 结点时，rear 指针需要指向新的表尾，即 a_{n-1}。但是在单向链表中，根据 a_n 很难逆向找到 a_{n-1} 结点的地址，除非从表头开始遍历到表尾，这样会造成出队的时间复杂度变成 O(n)。所以，在数据结构领域，对链队列的处理，都是"头进尾出"，这样可确保出队和入队操作的时间复杂度都是 O(C)级。

　　下面针对上一小节中的 8 种操作，逐一进行分析讲解。

1．创建并初始化链队列

　　现在需要设计一个函数，通过这个函数，能够构造出一个新的链队列，并使其处于空队列的准备状态。我们将空队列的示意图分为 A、B 和 C 三部分，如图 3-7 所示。在进行创建操作之前，我们需要先知道已知什么。一般只有两种情况：已知 A，需要在创建函数中建立起 B 和 C；已知 A 和 B，需要在创建函数中建立起 C 部分。

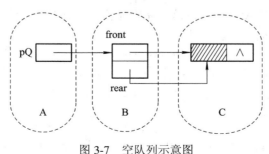

图 3-7　空队列示意图

pQ(类型为 LinkQueue *)初始值是 NULL。经过本函数之后，B 和 C 部分会从无到有，同时 pQ 会指向 B 部分，而 B 部分的两个指针会指向 C 部分，从而实现关联。最终，函数需要将 pQ 指针的信息提供给外层主调函数，以方便外界使用队列。在本例中，采用较为复杂的参数传递的方式来实现[①]，具体如代码 3.3 所示。

```
/* *********************************************
代码 3.3——链队列的创建和初始化操作
文件名：LinkQueue.c(第 2 部分，共 9 个部分)
说  明：以指向 LinkQueue 结构体的二重指针 ppQ 为参数，构建 B 和 C 部分，实现关联
************************************************/
int InitQueue(LinkQueue **ppQ)
{
    (*ppQ)=(LinkQueue *)malloc(sizeof(LinkQueue));
    if(!(*ppQ))
        return -1;
    (*ppQ)->front=(*ppQ)->rear=(QueuePtr)malloc(sizeof(QNode));
    if(!(*ppQ)->front)
        return -2;
        (*ppQ)->front->next=NULL;
    return 0;
}
```

在调用该函数的时候，采取下面的方法：

```
int   main()
{
    LinkQueue *pQ= NULL;
    InitQueue(&pQ);
    ⋮
    return 0;
}
```

这样，在外层函数中，就可以使用 pQ 指针指向的这个链队列了。

2. 判断队列是否为空

从上一个操作可以看出，空的链队列有一个非常明显的特征，那就是队列的 front 指针和 rear 指针都指向同一个地址，即单链表的表头结点。如果一个队列头和尾都相同，只能说明这个队列里面什么都没有。所以这也是在本函数中对空队列的重要判断条件。判断队列是否为空的具体实现如代码 3.4 所示。

```
/************************************************************
代码 3.4——链队列的"判断是否为空"操作
文件名：LinkQueue.c（第 3 部分，共 9 个部分）
```

---

① 本例采用的是二重指针传递的方式，读者可结合代码 5.14 中对二重指针的详细说明来理解。如果初学者觉得这种模式较为复杂，也可以采用函数返回值的形式返回指向队列的一重指针来解决。

说　明：以指向 LinkQueue 结构体的一重指针 pQ 为参数，如果参数
　　　　有误，则返回–1；若 Q 为空队列，则返回 1，否则返回 0
***/

```
int QueueIsEmpty(LinkQueue *pQ)
{
    if (pQ==NULL)
        return -1;
    if(pQ->front==pQ->rear)
        return 1;
    else
        return 0;
}
```

3. 读取队头元素

读取队头元素操作要求队列存在且非空。正常情况下获取队头元素的值并返回 0，但是不改变队列内的数据；参数有误时放弃操作并返回异常值–1。这是对该函数的基本分析，按照这种分析编写的代码如代码 3.5 所示。

/***

代码 3.5——链队列的"读取队头元素"操作
文件名：LinkQueue.c(第 4 部分，共 9 个部分)
说　明：以指向 LinkQueue 结构体的一重指针 pQ 为参数，如果队列存在且
　　　　非空，获取队头元素的值，以地址传递的方式通过 e 传出；如果参
　　　　数有误，返回–1
***/

```
int GetQueueHead(LinkQueue *pQ,QElemType *e)
{
    if(QueueIsEmpty(pQ)!=0)
        return -1;
    *e=pQ->front->next->data;    //对指针理解薄弱者，可以将本行拆成多句来理解
    return 0;
}
```

4. 入队列

入队列是队列的重要而常用的操作之一。实现方法是在链队列内的单链表表尾进行插入，并调整队尾 rear 指针，如图 3-8 所示。整个过程与链队列的 front 指针无关。

入队列操作的具体实现如代码 3.6 所示。

/***

代码 3.6——链队列的"入队列"操作
文件名：LinkQueue.c(第 5 部分，共 9 个部分)
说　明：以指向 LinkQueue 结构体的一重指针 pQ 为参数，如果队列不存在或
　　　　操作异常，返回负数；反之，成功操作返回 0
***/

```
int EnQueue(LinkQueue *pQ,QElemType e)
{
    QueuePtr R;
    if (pQ==NULL)
        return -1;
    //为新进元素 e 申请结点空间，并让指针 R 指向该结点
    R=(QueuePtr)malloc(sizeof(QNode));
    if(!R)
        return -2;                      //内存申请失败，返回-2
    R->data=e;
    R->next=NULL;
    //进行入队的指针关联
    pQ->rear->next=R;
    pQ->rear=R;
    return 0;
}
```

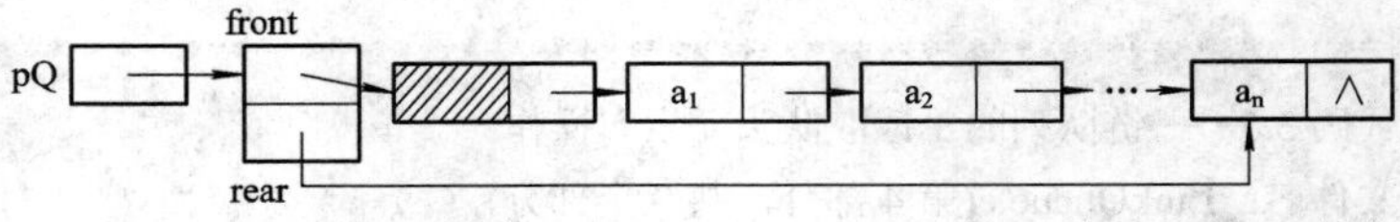

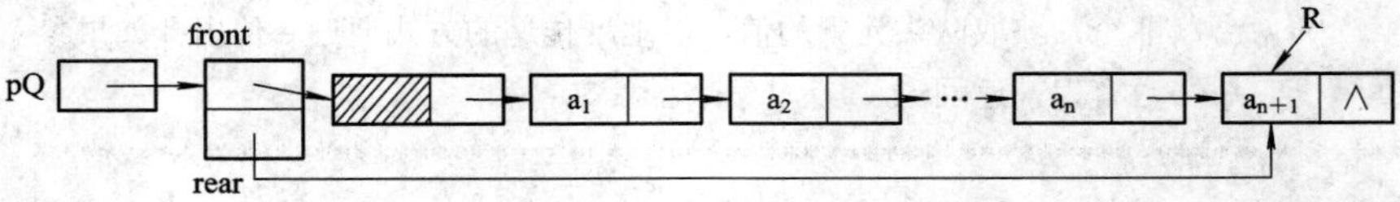

图 3-8　链队列的"入队列"示意图

5. 出队列

出队列也是队列的重要而常用的操作之一。实现方法是删除链队列内的单链表表头后的第一个数据结点，并在删除前将该元素的值通过参数的形式存储返回。在出队列之后，需要调整 front 指针指向新的队头元素，如图 3-9 所示。整个过程正常情况下不需要 rear 指针的参与，但是当出队的元素既是队头元素也是队尾元素时(唯一一个元素出队)，删除该结点会使得 rear 指针无从指向，所以此时也需要调整 rear 指针。

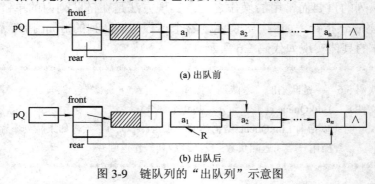

图 3-9　链队列的"出队列"示意图

出队列操作的具体实现如代码 3.7 所示。

```
/**********************************************************************
        代码 3.7——链队列的"出队列"操作
        文件名：LinkQueue.c(第 6 部分，共 9 个部分)
        说    明：以指向 LinkQueue 结构体的一重指针 pQ 为参数，参数 pe 为地址传递形式，
                将队头元素用指针 e 返回。若是唯一元素，需调整 rear 指针。如果队列不
                存在或队列为空，返回负数；反之，成功操作返回 0
**********************************************************************/
int DeQueue(LinkQueue *pQ,QElemType *pe)
{
    QueuePtr R;
    if (pQ==NULL)
        return -1;                      //队列不存在，返回-1
    if(pQ->front==pQ->rear)             //队列为空，返回-2
        return -2;
    R=pQ->front->next;                  //令 R 指向表头后的第一个结点
    *pe=R->data;
    pQ->front->next=R->next;
    if(pQ->rear==R)                     //如果第一个结点也是最后一个结点
    pQ->rear=pQ->front;
    free(R);
    return 0;
}
```

6．求队列长度

求队列长度即求队列后单链表的数据结点个数。具体实现如代码 3.8 所示。

```
/***************************************************************
        代码 3.8——链队列的"求队列长度"操作
        文件名：LinkQueue.c(第 7 部分，共 9 个部分)
        说    明：以指向 LinkQueue 结构体的一重指针 pQ 为参数
***************************************************************/
int GetQueueLength (LinkQueue *pQ)
{
    QueuePtr p;
    int count=0;
    p=pQ->front;
    while(p!=pQ->rear)
    {
        count++;
```

```
            p=p->next;
        }
        return count;
    }
```

7. 清空队列

清空队列的含义是将队列中的所有数据全部清除，但是队列本身要存在。所以，在操作时，需要删掉链队列内单链表的所有数据结点，但是要保留表头结点。具体实现如代码3.9所示。

```
/***********************************************************
        代码 3.9——链队列的"清空队列"操作
        文件名：LinkQueue.c(第 8 部分，共 9 个部分)
        说　明：以指向 LinkQueue 结构体的一重指针 pQ 为参数，清空后，
                front 和 rear 指针均指向表头结点
 ***********************************************************/
int ClearQueue(LinkQueue *pQ)
{
    QueuePtr p,q;
     if (pQ==NULL)
        return -1;
    pQ->rear = pQ->front;            //rear 指针归位
    p=pQ->front->next;              //p 指针指向表中第一个数据结点
    pQ->front->next = NULL;         //表头结点的 next 域归位
    while(p! = NULL)                //循环释放每个数据结点的空间
    {
        q=p;
        p=p->next;
        free(q);
    }
    return 0;
}
```

8. 销毁队列

销毁队列的操作，是在清空队列的基础上，进一步销毁 front 和 rear 指针本身，同时销毁表头结点(即销毁空队列的 B 和 C 部分，如图 3-7 所示)，然后将 pQ 指针归位。具体实现如代码 3.10 所示。

```
/***********************************************************
        代码 3.10——链队列的"销毁"操作
        文件名：LinkQueue.c(第 9 部分，共 9 个部分)
        说　明：以指向 LinkQueue 结构体的二重指针 ppQ 为参数，在函数内先
```

清空队列数据，然后销毁空队列的 B、C 部分，并归位队列指针

```
*********************************************************/
int DestroyQueue(LinkQueue **ppQ)
{
    if (ClearQueue(*ppQ)==-1)
        return -1;
    free((*ppQ)->front);
    free(*ppQ);
    ppQ= NULL;
    return 0;
}
```

关于这 8 种操作的时间复杂度分析比较简单，留给读者自行思考。

将 LinkQueue.c 的 9 个部分的内容拼起来，并编写测试代码如下：

```
int main()
{
    int k, k1;
    LinkQueue *pQ= NULL;
    InitQueue(&pQ);
    printf("请随意输入若干个整数元素进队列：(假设输入"-999"表示输入结束)\n");
    scanf("%d", &k);
    while (k!= -999)
    {
        EnQueue(pQ, k);
        scanf("%d", &k);
    }
    printf("队列长度为：%d\n", GetQueueLength(pQ));
    printf("现在连续出队，顺序如下：\n");
    while (QueueIsEmpty(pQ)== 0)
    {
        GetQueueHead(pQ, &k);
        printf("队头元素为：%d, ", k);
        DeQueue(pQ, &k1);
        printf("将 %d 出队!\n", k1);
    }
    printf("当前队列长度为：%d\n", GetQueueLength(pQ));
    DestroyQueue(&pQ);
    return 0;
}
```

测试结果如图 3-10 所示。

图 3-10　链队列常用函数测试结果

　　链队列因为采用单向链表作为数据的基本承载结构，因此不可避免地会承袭单向链表在数据表示上的一些弱点，例如存在一定的空间开销(因为设置了表头结点以及每个结点都有 next 指针域)，求队列长度、清空和销毁队列等都需要线性级复杂度。但是因为链队列的额外空间开销并不算很大，而上述三种操作往往也不可能高度频繁地执行，所以，链队列的缺点总体来说是可以容忍的。

　　同时，单向链表这种数据载体结构也给链队列带来了一定的优势，即可以不用考虑队列中数据满的上溢情况，对于实际应用来说，这往往是一个很切实的好处，使得系统更加稳健。链队列是现在队列的主流存储结构。

3.4.3　循环队列

　　用数组来作为队列元素的基本载体结构，这是循环队列的实现模式。因为数组的两端都是固定的，所以要实现"一端进，另一端出"的这种逻辑结构，必然会存在一些问题需要解决。

　　长期的数据进进出出，会使得数据的存储区域朝着队尾方向前移，直到到达数组的某一端。这个时候如果再继续进队列，则必然会造成数据访问的越界，形成"假上溢"的状态。看似好像数组无法实现这种"一端进，另一端出"的结构，但是实际上未必。稍微细心一点的读者就会发现，只要数据个数小于数组的长度，那么虽然队尾到达了数组的某一端，但是数组另一端却是空闲的。新进元素如果能通过调整，让其存储在数组的另外一端，则问题迎刃而解，如图 3-11 所示。

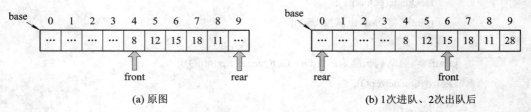

(a) 原图　　　　　　　　　　　　　　　　(b) 1次进队、2次出队后

图 3-11　循环队列进出队示意图

　　针对图 3-11，需要提醒读者注意的事项有两点：

(1) 数组中 rear 和 front 界定范围之外的数组元素，不一定肯定都是空或者 0，但是因为队列只认可 rear 和 front 之间的数据内容(即只认可队尾到队头之间的内容)，所以范围之外的数据无论其值为多少，都不影响程序正常运行，无需强行对其清空。图 3-11 中用 "…"来表示这些不确定的内容。

(2) 在图 3-11 中，rear 指向下一个即将填入的元素的下标，所以真正的队尾元素其实位置应该在 rear 的循环前一个位置上，即下标为(rear-1+MAXSIZE)%MAXSIZE。所以本方案中，进队列的操作必然是先填元素值，再对 rear 以循环方式右移。初学者应该要知道：必然还存在另外一种方案，即在图 3-11(a)中让 rear 指向数组 8 号位，在图 3-11(b)中让 rear 指向数组 9 号位[①]。在这种方案下，进队列的操作必定是先对 rear 以循环方式右移一位，然后再进行填值操作。两种方案都可行，相应地，在队列实现的 8 种操作中会有一些微小的代码差异。本书中采用图 3-11 这种方案。另一种方案以及相关状态的判断条件等留给读者自行研究。

在图 3-11 中，通过编程让新进的元素 "28" 存储在数组的 9 号位，同时将 rear 指针调整指向数组的 0 号位，则可以将 "整盘死棋重新变活"。

在解决了上面这个问题之后，我们来看看用数组作为队列的基本承载结构，需要具备哪些条件。首先，连续存储的数组结构是必需的，可以通过直接定义一个数组，或者定义一个指针并在初始化时动态分配数组空间，这都是可以的。除此之外，还需要定义 rear 和 front 来表示队尾元素和队头元素在数组中的位置。但是，初学者需要知道，要表示一个元素在数组中的位置，不一定非要定义成指针，用整数来表示其下标位置也是一个不错的办法。本书为了让初学者能够更集中精力在队列上，采用较为简单的整数来表示，即将 front 和 rear 定义为 int 型，如代码 3.11 所示。

```
/*********************************************************

      代码 3.11——顺序结构下的循环队列基本结构定义
      文件名：SeqQueue.c(第 1 部分，共 9 个部分)
*********************************************************/
#include "stdio.h"
#include "malloc.h"
#define MAXQSIZE 10        //假定数组长度为 10

typedef int QElemType;        //假定队列元素为比较简单的 int 型
typedef struct
{
    QElemType *base; //连续存储空间需要在创建函数中申请，此处只是定义了指向该空间的指针
    int front;          //队头指针，若队列不空，指向队列头元素的下标
    int rear;           //队尾指针，若队列不空，指向队列尾元素的下一个空位的下标
}SeqQueue;
```

---

① 这种方案下，当 front=rear 时，不确定当前是否为空队列或是队列中只有一个元素，需要额外添加标志位变量来区分。但是这种方案下队列能存储 MAXSIZE 个元素。

在这种结构下，front 为队头元素的下标值，rear 为队尾元素的下一个空位的下标值。所以，空队列可用"front=rear"来判断，而满队列用"(rear+1)%MAXSIZE= front"来判断，如图 3-12 所示。根据队列固有的特点，有进才能有出，所以 rear 肯定走得比 front 要快。

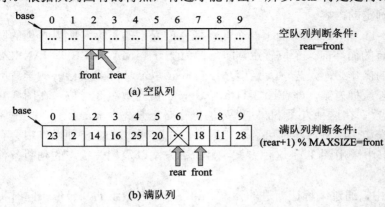

图 3-12　循环队列示意图

如果 rear 走到了 front 的左边一格，说明队列满。此时，rear 所指的位置上并没有存储数据，这个位置是浪费掉了的。也就是说，数组有 MAXSIZE 个位置，按本方案来编程，队列实际的最大长度为 MAXSIZE−1。

下面我们对循环队列的 8 种操作进行讲解。

1. 创建并初始化

```
/***************************************************************

    代码 3.12——顺序结构下的"创建并初始化队列"操作
    文件名：SeqQueue.c（第 2 部分，共 9 个部分）
    说　明：因为涉及可能更改指向队列的指针值，所以采用二重指针 ppQ 为
    　　　　参数，以便返回

***************************************************************/

int InitQueue(SeqQueue **ppQ)

{

    //创建循环队列的基本结构，诞生 base、front 和 rear
    *ppQ= (SeqQueue *)malloc(sizeof(SeqQueue));
    if (!*ppQ)
        return -1;
    //创建循环队列的数组载体结构，诞生 base 指向的数组空间
    (*ppQ)->base=(QElemType *)malloc(MAXQSIZE*sizeof(QElemType));
    if(!(*ppQ)->base)      //如果申请空间失败，则恢复原样，放弃操作
    {
        free(*ppQ);
        return -1;
    }
```

//front 和 rear 相等，初始化设其都为 0(也可以不从 0 开始)

    (*ppQ)->front=(*ppQ)->rear=0;

    return 0;

}

2．销毁队列

销毁队列是创建队列的反向操作，需要把数组和队列所占空间都释放掉，如代码 3.13 所示。

```
/***********************************************************
        代码 3.13——顺序结构下的"队列销毁"操作
        文件名：SeqQueue.c（第 3 部分，共 9 个部分）
        说    明：因为涉及可能更改指向队列的指针值，所以采用二重指针 ppQ 为
                参数，以便返回
 ***********************************************************/
int DestroyQueue(SeqQueue **ppQ)
{
    if((*ppQ)->base)
        free((*ppQ)->base);
    if(*ppQ)
        free(*ppQ);
    *ppQ= NULL;
    return 0;
}
```

3．清空队列

需要注意的是，清空顺序结构下的队列，并不需要对数组中的所有元素进行清空，其实只需要让 front 和 rear 都归位即可。因为队列只认可 rear 和 front 之间的数据，数组其他空间里的数据无论为什么值，对该队列来说，都可视为不存在。

```
/***********************************************************
        代码 3.14——顺序结构下的"清空队列"操作
        文件名：SeqQueue.c(第 4 部分，共 9 个部分)
        说    明：函数要求队列本身是已存在的
 ***********************************************************/
int ClearQueue(SeqQueue *pQ)
{
    if (pQ==NULL)
        return -1;
    pQ->front=pQ->rear=0;        //注意，并不需要将数组中已存在的元素置为 0 或空
    return 0;
}
```

4．判断队列是否为空

具体实现如代码 3.15 所示，非常简单，不用多讲。

```
/*********************************************************************
            代码 3.15——顺序结构下的"判断队列是否为空"操作
            文件名：SeqQueue.c(第 5 部分，共 9 个部分)
            说  明：函数要求队列本身是已存在的，否则返回-1；
                    若队列 pQ 为空队列，则返回 1，否则返回 0
**********************************************************************/
int QueueIsEmpty(SeqQueue *pQ)
{
    if (pQ== NULL)
        return -1;
    if(pQ->front==pQ->rear)          //链队列为空的判断条件
        return 1;
    else
        return 0;
}
```

5．获取队列元素个数

在计算队列元素个数时，需要注意，因为队列是循环队列，所以 rear 的值可能在 front 的前面，也可能在 front 的后面，最好的解决办法就是将二者的差值加上 MAXSIZE 之后再对 MAXSIZE 取余。

```
/*********************************************************************
            代码 3.16——顺序结构下的"获取队列元素个数"操作
            文件名：SeqQueue.c(第 6 部分，共 9 个部分)
            说  明：函数要求队列本身是已存在的，否则返回-1
**********************************************************************/
int GetQueueLength(SeqQueue *pQ)
{
    int length;
    if (pQ== NULL)
        return -1;
    //循环队列中，rear 的值有可能会小于 front，故要加上 MAXQSIZE 再取余
    length= (pQ->rear-pQ->front+MAXQSIZE)%MAXQSIZE;
    return length;
}
```

6．读取队头元素的值

因为需要从队列中读取值，并在函数外使用，所以函数的 pe 参数必须是指向该元素的指针形式，即地址传递形式。

```
/*************************************************************
```
            代码 3.17——顺序结构下的"获取队头元素的值"操作

            文件名：SeqQueue.c(第 7 部分，共 9 个部分)

            说   明：将队头元素的值存储到地址为 pe 的空间中，并返回 0；

                     若队列为空或者队列不存在，则返回−1
```
*************************************************************/
int GetHead(SeqQueue *pQ,QElemType *pe)
{
        if(pQ->front==pQ->rear || pQ == NULL)
                return -1;
        *pe=pQ->base[pQ->front];
        return 0;
}
```

7．进队列

根据"尾进头出"的原则，进队操作基本上和 front 变量没有关系，除了在判断队列满的时候需要读取 front 的值之外。需要注意新进队一个元素后，rear 变量的变化，循环加 1 后的值，是由原值加 1 并取余得来的。另外，在进队列操作中，有一个难以避免的问题，就是队列满后造成的上溢问题，这是循环队列难以避免的软肋。具体实现如代码 3.18 所示。

```
/*************************************************************
```
            代码 3.18——顺序结构下的"进队列"操作

            文件名：SeqQueue.c(第 8 部分，共 9 个部分)

            说   明：插入元素 e 为 pQ 的新的队尾元素

                     队列不存在，返回−1；队列满，返回−2；正常进队返回 0

                     注意此时进队元素是普通的值传递方式
```
*************************************************************/
int EnQueue(SeqQueue *pQ, QElemType e)
{
        if (pQ== NULL)
                return -1;
        if((pQ->rear+1)%MAXQSIZE==pQ->front)    //如果队列满，产生真上溢，放弃操作
                return -2;
        pQ->base[pQ->rear]=e;                    //先填值，注意，入队列和 front 无关
        pQ->rear=(pQ->rear+1)%MAXQSIZE;          //再循环加 1
        return 0;
}
```

8．出队列

出队列操作需要注意的地方和进队列类似，可以对照学习。其具体实现如代码 3.19 所示。

```
/*******************************************************************
          代码 3.19——顺序结构下的"出队列"操作
          文件名：SeqQueue.c(第 9 部分，共 9 个部分)
          说   明：队列不存在，返回-1；队列空，返回-2；正常出队返回 0
                    注意此时参数 pe 采用的是地址传递方式
   *******************************************************************/
   int DeQueue(SeqQueue *pQ,QElemType *pe)
   {
       if (pQ== NULL)
           return -1;
       if(pQ->front==pQ->rear)                    //如果队列为空，直接放弃操作
           return -2;
       *pe=pQ->base[pQ->front];                   //先读值，出队列操作与 rear 无关
       pQ->front=(pQ->front+1)%MAXQSIZE;          //再循环加 1
       return 0;
   }
```

关于这 8 种操作的时间复杂度，请读者自行分析。

我们将 SeqQueue.c 的 9 个部分的内容拼起来，并编写测试代码如下：

```
   int main()
   {
       int k, k1;
       SeqQueue *pQ= NULL;
       InitQueue(&pQ);
       printf("请随意输入若干个整数元素进队列：\n");
       printf("假设输入\"-999\"表示输入结束，且总个数在 10 个以内\n");
       scanf("%d", &k);
       while (k!= -999)
       {
           EnQueue(pQ, k);
           scanf("%d", &k);
       }
       printf("队列长度为：%d\n", GetQueueLength(pQ));
       printf("现在连续出队，顺序如下：\n");
       while (QueueIsEmpty(pQ)== 0)
       {
           GetHead(pQ, &k);
           printf("队头元素为：%d, ", k);
           DeQueue(pQ, &k1);
           printf("将  %d  出队!\n", k1);
```

```
        }
        printf("当前队列长度为：%d\n", GetQueueLength(pQ));
        DestroyQueue(&pQ);
        return 0;
    }
```

得到的测试结果如图 3-13 所示。

图 3-13 循环队列常用函数测试结果

循环队列的空间利用率非常高，几乎没有冗余的存储空间，这是它的优点。但是循环队列因为采用数组作为数据载体结构，所以必然会有"上溢"的顾虑。在图 3-13 中，如果输入元素的个数超过 10 个，则程序就会出现问题。上溢的问题不能得到根本性解决，使得不少程序员在面对复杂多变的实际应用问题时，往往还是选择采用链队列而避开循环队列。

习 题

1．5 个数 1、2、3、4、5 依次入栈，其可能的所有出栈顺序有哪些？

2．若用一个大小为 6 的数组来实现循环队列，且当前 rear 和 front 的值分别为 0 和 3，当从队列中删除一个元素再加入两个元素后，rear 和 front 的值分别为多少？

3．回文是指一个字符串从左往右读和从右往左读，其结果是完全一样的。假设键盘录入一个字符串，以#结尾。请借助栈和队列编写一个程序，判断键盘录入的字符串是否为回文。

4．现有一个结构体类型及指向该结构体类型的指针类型定义如下：

```
    typedef struct Node
    {
        int data;
        struct Node *Lch, *Rch;
    }Node, *PNode;
```

编写一个链队列，实现链队列的 8 种基本操作，要求队列中的元素是 PNode 类型。

5．针对第 4 题中的 PNode 类型，编写一个循环队列来实现其 8 种基本操作。

第 4 章　数　　组

前几章讨论了线性表、栈、队列等线性结构，本章讨论的数组并非是某种新的线性结构，而是一种逻辑上的线性结构的推广。本章将讨论数组的逻辑结构、存储结构、基本运算和典型应用，以及矩阵的压缩存储操作。

4.1　数组的概念

数组是数据结构中最基本的结构类型，是存储同一类型数据的数据结构，是一种静态的内存空间配置，即在程序设计时必须给出所需大小和数据类型。

数组是类型相同的数据元素构成的有序集合，每个数据元素称为一个数组元素，每个元素在 n 个线性关系中的序号 $i_1, i_2, \cdots, i_n$ 表示该元素的下标，可以通过下标访问该数据元素。因为数组中每个元素处于 $n(n \geqslant 1)$ 个线性关系中，所以称这类数组是 n 维数组。数组是值和下标的偶对，一维数组可以看成一个线性表，其中每个数据元素是原子型；二维数组可以看作以 m 行 n 列的矩阵表示，它也可以看作一个线性表：

$$A = (\alpha_1, \alpha_2, \cdots, \alpha_{n-1})$$

其中，每个数据元素是一个列向量的线性表：

$$\alpha_j = (\alpha_{0j}, \alpha_{1j}, \cdots, \alpha_{(m-1)j}), \qquad 0 \leqslant j \leqslant n-1$$

也可以看作另一个线性表：

$$A = (\beta_0, \beta_1, \cdots, \beta_{m-1})$$

其中，每个数据元素是一个行向量的线性表：

$$\beta_i = (\alpha_{i0}, \alpha_{i1}, \cdots, \alpha_{i(n-1)j}), \qquad 0 \leqslant i \leqslant m-1$$

即二维数组中，每个元素都属于两个向量：第 i 行的行向量和第 j 列的列向量，每个元素有两个前驱结点 $a_{i-1, j}$ 和 $a_{i, j-1}$，以及两个后继结点 $a_{i+1, j}$ 和 $a_{i, j+1}$(若这些结点存在的话)。特别地，a_{00} 是开始结点，没有前驱结点，$a_{m-1, n-1}$ 是终端结点，它没有后继结点。

综上所述：一个 $n(n > 1)$ 维数组可以定义为其数据元素为 $n-1$ 维数据类型的一维数组类型。

对于数组而言，一般不进行插入、删除等操作，数组建立以后，一般元素的个数和维数都不会发生变化。对于数组，比较典型的操作包括：

(1) Getvalue(A,e,i,j)：给定一组下标 i, j，获取相应数据元素中的值。

(2) Changevalue(A,e,i,j)：给定一组下标 i, j，修改对应数据元素中的值。

4.2 数组的顺序存储

由于数组一旦定义，其结构和元素间的关系不再发生改变，因此，采用顺序存储结构表示数组是比较合适的。但由于地址的存储单元是一个一维的结构，而有的数组是多维的结构，则用一维数组存放数组中的元素时就存在次序的问题。例如，针对二维数组的存放一般有以下两种方式：

第一种方式：将数组按行向量排列，即第 i+1 行紧接在第 i 行后存储，在 C、BASIC、PASCAL 等语言中使用这种以行序为主序的存储结构，存储方式如图 4-1 所示；另一种存储方式是列优先存储，即将数组元素按列向量排列，第 i+1 列紧接在第 i 列后存储，FORTRAN 语言使用该种存储方式，如图 4-2 所示。

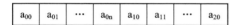

图 4-1 以行序为主序的存储结构　　　　图 4-2 以列序为主序的存储结构

按照数组的存储特点，需要提前分配存储空间，因此只要给出一组下标值便可求得相应数组元素的存储位置。下面以行序优先的存储结构为例说明。

设一个二维数组 A 为

$$A[c_1 \cdots d_1, c_2 \cdots d_2] \qquad (c_1 \leqslant i \leqslant d_1, c_2 \leqslant j \leqslant d_2)$$

其中 c_1、c_2 和 d_1、d_2 分别为二维数组 A 的边界的下界和上界。设每个数组元素占用 S 个存储单元，则该二维数组中任一元素的存储位置可以由以下公式得到：

$$\text{Loc}(i, j) = \text{Loc}(c_1, c_2) + [(i - c_1) \times (d_2 - c_2 + 1) + (j - c_2)] \times S \qquad (4\text{-}1)$$

其中，$\text{Loc}(i, j)$ 是 a_{ij} 的存储位置，$\text{Loc}(c_1, c_2)$ 是 $a_{c_1 c_2}$ 的存储位置，即二维数组的起始位置，也就是基地址。若在 C 语言中，c_1、c_2 约定为 0，即假设一个二维数组 A[m][n]，则数组元素 a_{ij} 的下标取值范围是 $0 \leqslant i \leqslant m-1$，$0 \leqslant j \leqslant n-1$，将 $d_1 = m-1$，$d_2 = n-1$ 代入式(4-1)，则式(4-1)可以缩减为

$$\text{Loc}(i, j) = \text{Loc}(0, 0) + (i \times n + j) \times S \qquad (4\text{-}2)$$

例 4-1 C 语言中，有二维数组 A[6][8]，每个元素占 6 个字节，顺序存放，A[0][0]的起始地址是 1000，当按行优先存放时，元素 A[1][4]的起始地址是多少？

按照式(4-2)，公式描述为

$$A[1][4] = 1000 + (8 \times 1 + 4) \times 6 = 1072$$

同理也可以得到列优先存储的地址计算方法。

4.3 矩阵的压缩存储

矩阵是很多科学与工程计算中研究的数学对象。在高级语言编程中都用二维数组来存储矩阵元，有的程序设计语言中还提供了各种矩阵运算，便于用户使用。然而，在数值分析中经常出现高阶矩阵，同时在矩阵中有许多值相同的元素或者零元素。有时为了节省存

储空间，可以对这类矩阵进行压缩存储。所谓压缩存储，是指为多个值相同的元只分配一个存储空间，对零元不分配空间。

假若值相同的元素或者零元素在矩阵中的分布有一定规律，则称这类矩阵为特殊矩阵。

4.3.1　对称矩阵

若 n 阶矩阵 A 中的元素满足 $a_{ij} = a_{ji}$，$0 \leq i$，$j \leq n-1$，则称 A 为 n 阶对称矩阵，如图 4-3 所示。

从图 4-3 中可以看出，对称矩阵中几乎有一半的元素是相同的，因此为了节省存储空间，可以为每一对相同元素分配一个存储空间，从而将 n^2 个元素压缩存储到 n(n+1)/2 个元素空间中。但作为数组，必须做到随机地存取，因此，最终存储的地址与矩阵中元素的关系必须是有规律可循、可计算的。以行序为主序为例，沿对称矩阵对角线将其下三角(包括对角线)中的元素存储到一个大小为 n(n+1)/2 的数组中，如图 4-4 所示。

$$
\begin{bmatrix}
10 & 5 & 3 & 17 \\
5 & 7 & 12 & 4 \\
3 & 12 & 20 & 23 \\
17 & 4 & 23 & 14
\end{bmatrix}
$$

0	1	2	3	4	5	6	7	8	9
10	5	7	3	12	20	17	4	23	14

图 4-3　对称矩阵　　　　　　　　　图 4-4　对称矩阵的下三角存储

可以看出存储数组中的每个元素与矩阵中元素 a_{ij} 之间存在着一一对应的关系：

$$
k = \begin{cases}
\dfrac{i(i-1)}{2} + j - 1, & \text{当 } i \geq j \\[2mm]
\dfrac{j(j-1)}{2} + i - 1, & \text{当 } i < j
\end{cases} \tag{4-3}
$$

由此，可根据式(4-3)存储一个对称矩阵，并给定下标对对称矩阵中的任意值进行读取或修改。其中，读取对称矩阵中某元素的算法如算法 4.1 所示。

算法 4.1　读取对称矩阵中某元素。

```
int ij_to k(int i,int j)                    //数组下标与存储地址的一一对应转换
{
        if(i<1||j<1)return(-1);
        if(i>=j)return (i(i-1)/2+j-1);
        else
                return(j(j-1)/2+i-1);
}

Elemtype getelem(elemtype a[],int I,int j, elemtype &e)   //读取指定元素
{
        k=ij_to k(i,j);                     //调用转换函数
        if (k>=0)
        {
```

```
                e=a[k];
                return ok;
            }
        else
        return error;
    }
```

4.3.2　稀疏矩阵

如果一个矩阵中非零元素个数远远少于矩阵元素个数(N<<m×n)，且分布没有规律，这样的矩阵被称为稀疏矩阵。那么如何对稀疏矩阵进行存储呢？显然，稀疏矩阵中的非零元素才是需要存储的元素，因此只需要存储非零元素。由于稀疏矩阵中非零元素分布是不规律的，因此，存放非零元素时必须同时记录非零元素所在的位置，即将非零元素的两个下标(i，j)和非零元素值 a_{ij} 一起存放。这样可以得到每个非零元素对应的一个三元组(i,j,a_{ij})。反之，一个三元组也唯一确定了稀疏矩阵中的一个非零元素。

例 4-2　有一稀疏矩阵如图 4-5 所示，其三元组的表示为(1,2,12)、(1,3,9)、(3,1,–3)、(3,6,14)、(4,3,24)、(5,2,18)、(6,1,15)、(6,4,–7)。用三元组表示稀疏矩阵时有两种方法，一种为三元组的顺序存储即三元组表，如图 4-6 所示，另一种是链式存储即十字链表。

i	j	v
6	7	8
1	2	12
1	3	9
3	1	−3
3	6	14
4	3	24
5	2	18
6	1	15
6	4	−7

$$\mathbf{M} = \begin{bmatrix} 0 & 12 & 9 & 0 & 0 & 0 & 0 \\ 0 & 0 & 0 & 0 & 0 & 0 & 0 \\ -3 & 0 & 0 & 0 & 0 & 14 & 0 \\ 0 & 0 & 24 & 0 & 0 & 0 & 0 \\ 0 & 18 & 0 & 0 & 0 & 0 & 0 \\ 15 & 0 & 0 & -7 & 0 & 0 & 0 \end{bmatrix}$$

图 4-5　稀疏矩阵　　　　　　　　图 4-6　稀疏矩阵的三元组顺序存储表示

根据图 4-6 的描述，三元组表的存储定义可以表示为：

```
typedef struct
{
    int   i, j;
    ElemType e;
}Triple;
typedef struct
{
    Triple   data[MAXSIZE+1];
}
```

在三元组表的表示中，最常见的操作是完成矩阵的转置。所谓矩阵转置，是将原矩阵 **M** 的行换成同序数的列得到的矩阵。图 4-5 表示的矩阵的转置矩阵如图 4-7 所示。

对于一个 m×n 的矩阵 **M**，它的转置矩阵 **N** 是一个 n×m 的矩阵，且必须满足 $M_{ij}=N_{ji}$。

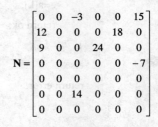

$$N = \begin{bmatrix} 0 & 0 & -3 & 0 & 0 & 15 \\ 12 & 0 & 0 & 0 & 18 & 0 \\ 9 & 0 & 0 & 24 & 0 & 0 \\ 0 & 0 & 0 & 0 & 0 & -7 \\ 0 & 0 & 0 & 0 & 0 & 0 \\ 0 & 0 & 14 & 0 & 0 & 0 \\ 0 & 0 & 0 & 0 & 0 & 0 \end{bmatrix}$$

图 4-7　**M** 转置后的矩阵

以下讨论求一个矩阵 **M** 的转置矩阵 **N** 的一般解法：

(1) 矩阵行列值转换，原有的 **M×N** 矩阵要变为 **N×M** 的矩阵。

(2) 每个三元组中的 i，j 位置互换，即原来的 M_{ij} 对应 N_{ji}。

(3) **M** 中三元组的排列以原矩阵的行号为主序，而 **N** 中三元组的排列以原矩阵的列号为主序。

图 4-8 表示图 4-5 的稀疏矩阵转置前后三元组表的变化，其算法如算法 4.2 所示。

i	j	v		i	j	v
6	7	8		7	6	8
1	2	12		1	3	−3
1	3	9		1	6	15
3	1	−3		2	1	12
3	6	14		2	5	18
4	3	24		3	1	9
5	2	18		3	4	24
6	1	15		4	6	−7
6	4	−7		6	3	14

图 4-8　矩阵转置的三元组表的变化

算法 4.2　矩阵算法的转置。

```
TSMatrix  TransposeSMatrix (TSMatrix H，TSMatrix &T)
{
    //采用三元组表存储表示，求稀疏矩阵 M 的转置矩阵 T
    T.mu=M.nu；T.nu=M.mu；T.tu=M.tu；   //nu 表示列，mu 表示行，tu 表示元素个数
    if(T.tu)
    {
        q=1;                          //b 组，0 号位存其他的信息
        for(col=1；col<=M.nu；++col)
        for(p=1；p<=M.tu；  ++p)       //p 是 a 组的下标
        if (M.data[p].j= =col)
        {
            T.data[q].i=M.data[p].j;
            T.data[q].j=M.data[p].i;
            T.data[q].e=M.data[p].e;
            q++;
```

```
            }
        }
        return OK;
    }    // TransposeSMatrix
```

其对应的 C 语言代码如代码 4.1 所示。

```
/*****************************************
        代码 4.1——稀疏矩阵普通转置
*****************************************/
#include <stdio.h>
void InputMatrix(int (*a)[4], int, int );
void OutputMatrix(int (*b)[3], int, int );
void MatrixTranspose(int (*a)[4], int (*b)[3]);

int main(int argc, char *argv[])
{
    int a[3][4],b[4][3];
    printf("please input 3*4 matrix\n");
    InputMatrix(a, 3, 4);
    MatrixTranspose(a, b);
    printf("the transpo*** Matrix is\n");
    OutputMatrix(b, 4, 3);
    return 0;
}

void InputMatrix(int (*a)[4], int n, int m)
{
    int i,j;
    for(i = 0; i < n; i++)
    {
        for(j = 0; j < m; j++)
        {
            scanf("%d",*(a + i) + j);
        }
    }
}
void OutputMatrix(int (*b)[3], int n, int m)
{
    int i,j;
    for(i = 0; i < n; i++)
```

```
        {
            for(j = 0; j < m; j++)
            {
                printf("%d ",*(*(b + i) + j));
            }
            printf("\n");
        }
    }

    void MatrixTranspose(int (*a)[4], int (*b)[3])
    {
        int i,j;
        for(i = 0; i < 4; i++)
            for(j = 0; j < 3; j++)
                b[i][j] = a[j][i];
    }
```

代码 4.1 运行结果如图 4-9 所示。

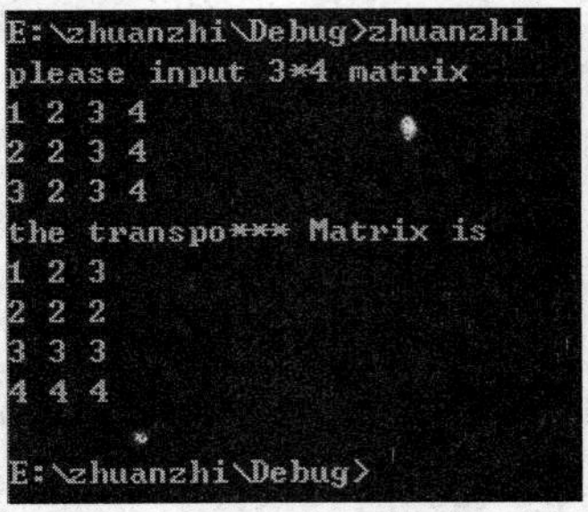

图 4-9　矩阵转置测试结果

从算法以及对应代码可以看出，该算法的思想是"直接取，顺序存"，即从 **M** 矩阵的第一个元素开始，找寻它填入其转置矩阵 **N** 中的位置，每处理一列就要查遍三元组表 M.data 一次，工作量较大，因此在算法中出现了双重循环，算法的时间复杂度为 $O(M.nu \times M.tu)$，即与 **M** 矩阵的列数和非零元素个数的乘积成正比，即 $O(mu \times nu)$。

由于该算法时间复杂度较大，我们引入了快速转置的思想。快速转置的思想是按照三元组表 M.data 中元素的次序进行转置，预先确定矩阵 **M** 中每一列(即 **N** 中每一行)的第一个非零元素在 N.data 中应有的位置，那么在对 M.data 中的三元组依次进行转置时，便可直接放到 N.data 中恰当的位置上去。

在此需要附设两个向量 num 和 pos。num[col]表示矩阵 **M** 中第 col 列中非零元素的个数；pos[col]表示 **M** 中第 col 列的第一个非零元素在 N.data 中的恰当位置。可以用以下公式表示元素的位置：

$$\begin{cases} pos[1] = 1 \\ pos[col] = pos[col-1] + num[col-1], \quad 2 \leqslant col \leqslant M.nu \end{cases} \tag{4-4}$$

对应图 4-5，按照式(4-4)可以得到每个元素在转置后的矩阵中的位置，如图 4-10 所示。

col	1	2	3	4	5	6	7
num[col]	2	2	2	1	0	1	0
pos[col]	1	3	5	7	8	8	9

图 4-10 矩阵 **M** 的向量 pos 值

矩阵的快速转置如算法 4.3 所示。

算法 4.3 矩阵的快速转置。

```
TSMatrix FastTransposeSMatrix
(TSMatrix M，TSMatrix ＆T)
 {
        //采用三元组顺序表存储表示，求稀疏矩阵 M 的转置矩阵 T
        T.mu=M.nu；
        T.nu=M.mu；
        T.tu=M.tu；
        if( T.tu)
         {
              for (col=1；col<=M.nu；++col)
              num[col]=0；
              for (t=1；t<=M.tu；++t)  ++num[M.data[t].j]        //求 M 中每一列含非零元素个数
              cpot[1]=1；
              //求第 col 列中第一个非零元素在 T.data 中的序号
              for(col=2；    col<=M.nu；++col)
              cpot[col]=cpot[col-1]+num[col-1]；
              for(p=1；p<=M.tu；++p)
              {
                    col=M.data[p].i；
                    q=cpot[col]；
                    T.data[q].i=M.data[p].j；
                    T.data[q].j=M.data[p].i；
                    T.data[q].e=M.data[p].e；
                    ++cpot[col]；
              }//for
        return OK；
    } FastTransposeSMatrix
```

代码 4.2 描述的是图 4-8 中矩阵三元组快速转置的过程。

```
/**********************************************
                代码 4.2——矩阵快速转置操作
**********************************************/
```

```
#include "malloc.h"
#include "stdio.h"
#define MAXSIZE 8
#define ROW_ 7
#define COL_ 6

typedef struct
{
    int row,col;
    int e;
}Triple;

typedef struct
{
    Triple data[MAXSIZE+1];
    int m,n,len;
}TSMatrix;


void FastTransposeTSMatrix(TSMatrix A,TSMatrix *B)
{
    int num[MAXSIZE],pos[MAXSIZE];
    int i,col,p;
    B->n=A.m;
    B->m=A.n;
    B->len=A.len;
    if(B->len)
{
    for(col=1;col<=A.n;col++)
    {
        num[col]=0;
    }
    for(i=1;i<=A.len;i++)
      {
          num[A.data[i].col]++;          //计算每列非零元素
      }
    pos[1]=1;
    for(i=2;i<=A.len;i++)
    {
      pos[i]=pos[i-1]+num[i-1];          //计算元素的位置
```

```
                }
            for(i=1;i<=A.len;i++)
            {
                //进行转置
                col=A.data[i].col;
                p=pos[col];
                B->data[p].col=A.data[i].row;
                B->data[p].row=A.data[i].col;
                B->data[p].e=A.data[i].e;
                pos[col]++;
            }
        }
    }


void main()
{
    int i,j;
    int num[ROW_][COL_]={0};
    int a[8]={1,1,3,3,4,5,6,6};            //三元组行
    int b[8]={2,3,1,6,3,2,1,4};            //三元组列
    int c[8]={12,9,-3,14,24,18,15,-7};     //三元组值
    TSMatrix A,*B;
    A.m=ROW_-1;
    A.n=COL_-1;
    A.len=8;

    for(i=1;i<=A.len;i++)
    {
        A.data[i].row=a[i-1];
        A.data[i].col=b[i-1];
        A.data[i].e=c[i-1];
        num[a[i-1]][b[i-1]]=c[i-1];
    }
    printf("\n");
    printf("转换之前:\n\n");
    printf("\n 三元组表:\n\nrow col E\n");
    for(i=1;i<=A.len;i++)
        {
            printf(" %d    %d    %d\n",A.data[i].row,A.data[i].col,A.data[i].e);
        }
```

```
        B=(TSMatrix *)malloc(sizeof(TSMatrix));
        FastTransposeTSMatrix(A,B);
        for(i=1;i<ROW_;i++)
        {
            for(j=1;j<COL_;j++)
            {
                num[i][j]=0;
            }
        }

        for(i=1;i<=B->len;i++)
        {
            num[B->data[i].row][B->data[i].col]=B->data[i].e;
        }

        printf("转换之后:\n\n");                    //转换之后的结果
        printf("\n 三元组表:\n\nrow col E\n");
        for(i=1;i<=B->len;i++)
        {
            printf(" %d    %d    %d\n\n",B->data[i].row,B->data[i].col,B->data[i].e);
        }
    }
```

代码 4.2 运行结果如图 4-11 所示。

图 4-11 矩阵快速转置测试结果

在代码 4.2 中，仅完成了三元组的转置，若要还原为矩阵样式，则需要先规定好维数，避免全 0 行的输出遗漏。读者可在该代码的基础上进行修改，完成转置前后矩阵的输出表示。

利用三元组表示稀疏矩阵时，若矩阵的运算使非零元素的个数发生变化，例如两个矩阵求和、求差、求乘积等，就必须对三元组表进行插入、删除的操作，也就是会移动三元组表中的元素。由于三元组采用的是顺序存储结构，这样的移动就需要花费大量时间，因此，对于稀疏矩阵还可以采用链式结构来表示，即十字链表。

在十字链表中，数组中每一行的非零元素的结点由 5 个域构成，如图 4-12 所示。其中 i、j 和 e 三个域分别表示该非零元素所在的行、列和非零元素的值，向右域 right 用以链接同一行中下一个非零元素，向下域 down 用以链接同一列中下一个非零元素。

图 4-12　十字链表结点结构

由此，每一行的非零元素构成一个带头结点的单循环表，每一列的非零元素也构成一个带头结点的循环链表。这样，同一个非零元素结点既处在某一行的链表中，又处在某一列的链表中。图 4-14 是图 4-13 的稀疏矩阵的十字链表表示。在实际操作中，每一行、每一列的头结点为了操作方便，也可以设置为与非零元素结点同样的结点类型。

$$\mathbf{M} = \begin{bmatrix} 3 & 0 & 0 & 5 \\ 0 & -1 & 0 & 0 \\ 2 & 0 & 0 & 0 \end{bmatrix}$$

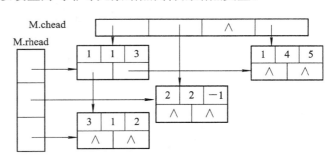

图 4-13　稀疏矩阵 **M**　　　　　　　　图 4-14　稀疏矩阵的十字链表表示

稀疏矩阵的十字链表结点类型说明如下：

```
typedef struct OLNode
{
    int i，j;
    ElemType e;
    struct OLNode *right，*down;
} OLNode；*OLink;
    typedef struct
{
    OLink   *rhead，*chead;   //行和列链表头指针向量，基址由 CreateSMatrix 分配
    int mu，nu, tu;           //稀疏矩阵的行数、列数和非零元个数
} CrossList;
```

　　稀疏矩阵采用十字链表法表示后，在完成插入、删除等操作时实际就是对同一结点的两根不同的链完成链表的插入和删除操作。读者可自行完成相关的操作代码，本书不再深入研究。

习　　题

　　1．数组 A 中，每个元素的长度为 3 个字节，行下标从 1 到 8，列下标从 1 到 10，从首地址 SA 开始，连续存放在存储器中。该数组按行存放时，元素 A[8][5]的起始地址为（　　）。

　　A．SA+140　　　　　　B．SA+144　　　　C．SA+222　　　　D．SA+225

　　2．二维数组 A[6][8]，每个元素占 6 个字节存储，且 A[0][0]的存储地址是 1000。

　　若按行先存放，元素 A[1][4]的起始地址是＿＿＿＿；

　　若按列先存放，元素 A[4][7]的起始地址是＿＿＿＿。

　　3．将下列稀疏矩阵分别用三元组和十字链表的形式表示。

$$\begin{bmatrix} 3 & 0 & 0 & 0 & 7 \\ 0 & 0 & -1 & 0 & 0 \\ -1 & -2 & 0 & 0 & 0 \\ 0 & 0 & 0 & 0 & 0 \\ 0 & 0 & 0 & 2 & 0 \end{bmatrix}$$

第 5 章　树

　　树是计算机领域中常用的一种重要数据结构。直观来看，树主要体现了元素相互之间的一种包含、隶属的层次关系。换而言之，数据之间若存在很明显的层次关系，则必然可以用树来对其关系进行表达。这种关系在现实生活中广泛存在，所以，树结构在计算机领域中得到了广泛运用，例如公司/组织与下属多个子公司/分支机构之间的关系、家族谱等。树形结构中一个元素可以和多个元素之间产生很明显的层次关系。

　　本章重点讨论树和二叉树的存储结构及各项操作的实现，研究树、森林与二叉树之间的转换方式，然后介绍一些重要的应用实例。

5.1　树的相关基本概念

5.1.1　树的定义与基本术语

　　树(Tree)是 n(n≥0)个结点的有限集。从递归的角度来理解，在任意一棵树中：

　　(1) 当 n=0 时，树为空，或者说不存在该树(这种情况一般来说没有意义，不允许)；

　　(2) 当 n=1 时，该元素就称为树的**根结点**；

　　(3) 当 n>1 时，必有一个元素为根结点，而其余结点可分为 m 个非空且互不相交的有限集 $T_1, T_2, \cdots, T_m$，其中每个集合本身又是一棵树，称之为根的**子树**(SubTree)。

　　例如，在图 5-1(a)中，在具有 13 个结点的树中，A 是根结点，其余结点分成三个互不相交的子集：T_1={B, E, F, K, L}，T_2={C, G}，T_3={D, H, I, J, M}。这三个子集都是根结点 A 的子树，其本身也是一棵树。例如 T_1，其根结点为 B，其余结点分为两个互不相交的子集：T_{11}={E, K, L}，T_{12}={F}。T_{11} 和 T_{12} 都是 B 的子树。E 是 T_{11} 这棵子树的根结点，{K}和{L}是 E 的两棵互不相交的子树，其本身又是只有一个根结点的树。

　　树结构体现的是元素之间的一种包含、隶属的层次关系。所以，只要能准确地表达出这种关系的表现形式，就可以称为树结构。图 5-1(a)是传统的树结构形式表示法；图 5-1(b)采用的是嵌套集合的表达形式；图 5-1(c)采用的是凹入表示法(类似于书的目录)；图 5-1(d)采用的是广义表的形式，根结点写在表的左边。图 5-1(b)、(c)和(d)这三种表示形式均能恰当准确地体现出元素之间的层次关系，所以它们也是树结构的表示法之一。需要特别指出的一点是：在上述四种表示形式中，图 5-1(a)、(c)和(d)都能体现出子结点的先后顺序，所以可以用来表示有序树；而图 5-1(b)不能体现出子结点的顺序概念，所以只能用于表示无序树。若无特殊说明，本书默认以图 5-1(a)的形式来表示树结构。

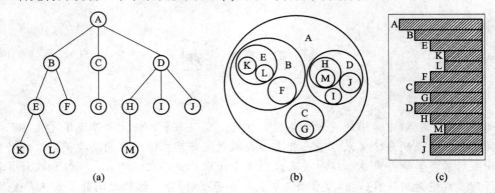

(A(B(E(K, L), F), C(G), D(H(M), I, J)))

(d)

图 5-1　树的四种表示法示例

下面介绍树结构中的一些基本术语。

树的结点包含一个数据元素[①]及若干指向其子树的分支。结点拥有的子树称为结点的**度** (Degree)。例如，在图 5-1(a)中，结点 A 的度为 3，C 的度为 1，F 的度为 0。度为 0 的结点 称为**叶子**(Leaf)或者**终端结点**。图 5-1(a)中的结点 K、L、F、G、M、I、J 都是叶子结点。 度不为 0 的结点称为**分支结点**或者**非终端结点**。

一棵树有多个结点，每个结点都有自己的度。一棵树中各个结点的度的最大值，称为 **该树的度**。例如图 5-1(a)中，因为结点 A 和 D 的度都为 3，大于其他所有结点的度，所以 该树的度为 3。

结点的子树的根结点，称为该结点的**孩子结点**(Child)。同时，该结点称为孩子的**双亲 结点**(Parent)。例如，在图 5-1(a)所示的树中，D 是 A 的子树 T_3 的根，则 D 是 A 的孩子结 点，A 是 D 的双亲结点。同一个双亲结点的孩子结点之间互称**兄弟**(Sibling)。例如，H、I 和 J 互为兄弟，E 和 F 互为兄弟，但是 E、G 和 H 之间并不是兄弟关系，而是**堂兄弟关系**。 将这个关系进一步推广，可以认为 D 是 M 的祖父。结点的**祖先**是指从根到该结点所经分支 上的所有结点。例如，M 的祖先是 A、D 和 H。反之，以某结点为根的子树中的任一结点 都称为该结点的**子孙**。如 B 的子孙为 E、K、L 和 F。

在一棵树中，每个结点有自己的**层次**(Level)。其层次的顺序为：根结点位于第 L 层， 其孩子结点位于第 2 层，孩子的孩子结点位于第 3 层，依此类推。如果某结点位于第 L 层， 则其孩子结点(如果存在)位于第 L+1 层，双亲结点(如果存在)位于第 L−1 层。树中结点的 最大层次值，称为树的**深度**(Depth)或者**高度**。图 5-1(a)所示的树的深度/高度为 4。

在一棵树中，如果同层的孩子结点左右互换位置会使得其表达的意思发生变化，则该

---

① 因为树结构通常都映射为现实生活中的某些问题，所以数据元素的值往往都是字符串或者数值形式， 甚至可能是一个结构体。本书为了表达方便，通常用单个字母来随意表示元素的值。但是读者应该明 白：元素的值之间并没有顺序概念。

树为**有序树**。反之，如果同层的孩子结点左右互换位置后，其表达的意思并无任何差别，则该树为**无序树**。例如，在家族谱对应的树结构中，因为需要体现人的长幼关系，所以孩子结点相互不允许互换，这是一棵有序树。但是在一个公司内部部门结构关系树中，一个机构下属的多个分部门相互之间都是同级关系，不存在谁高谁一等，故这种树是无序树。有序树和无序树的区分不在于树结构本身，而在于其所表达或映射的实际问题。

在数据结构领域中，树具有以下几个基本特征：

(1) 一棵由 n 个结点组成的树，其边的数目必定是 n–1。如果少于 n–1，则无法将 n 个结点连接；如果多于 n–1，则必定会产生回路，从而由树变成下一章我们要讲的图。

(2) 在一棵树中，从任意一个结点到另外的任意一个结点之间的路径有且仅有一条。

如果一个实际问题在建模时无法用一棵树来表达而必须采用多棵互不相交的树来表达，那么这多棵互不相交的树的集合就称为**森林**(Forest)。

对于图 5-1(a)这样的树结构，可以思考一个问题：在这样的结构下，可以有一些什么样的基本操作？哪些操作可能属于常用操作呢？

5.1.2　树的抽象数据类型定义

根据上一个小节中关于树的结构定义，加上树的一些基本操作，就构成了抽象数据类型中树的定义。

在学习树的抽象数据类型定义之前，请参阅 3.4.1 小节中队列抽象数据类型定义的相关说明。

基本操作：

CreateTree(&T)；

　　　　初始条件：树的存储结构的定义已知。如果采取某种需要即时录入元素值的存储
　　　　　　　　　结构，其所有结点的值已知。

　　　　操作结果：按照树的某种存储结构的定义方式，在内存中"从无到有"地创建出
　　　　　　　　　该结构。

　　　　备　　注：该操作返回一个指向该存储结构的指针 T，可采用函数返回或者参数
　　　　　　　　　地址传递的方式返回。

InitTree(&T)；

　　　　初始条件：指向树的存储结构的指针 T[1]非空(即该树的存储结构在内存中存在)。

　　　　操作结果：按照该存储结构的定义需要，对其相关的数据进行初始化设置或准备。

　　　　备　　注：无。

DestroyTree(&T)；

　　　　初始条件：指向树的存储结构的指针 T 非空。

　　　　操作结果：释放该存储结构在内存中所占空间，并将指针 T 复位。

　　　　备　　注：无。

ClearTree(&T)；

---

① 为了表述方便，有时将其简单称为"树 T"。

初始条件：树 T 非空。

操作结果：清空该存储结构中树的结点，使其成为空树。

备　注：根据选择的存储结构的不同，在清空操作时可能会伴随着释放结点空间的操作。

TreeIsEmpty(T)；

初始条件：无。

操作结果：判断树 T 是否存在。如果为空，表示是空树，返回 1，否则返回 0[①]。

备　注：根据指针 T 是否为空来判断。

GetTreeDepth(T)；

初始条件：树 T 非空。

操作结果：返回树 T 的深度。

备　注：无。

GetNodeValue(T, cur_e)；

初始条件：树 T 非空，指向树中某结点的指针 cur_e 非空。

操作结果：返回该结点元素的值。

备　注：无。

SetNodeValue(T，&cur_e，value)；

初始条件：树 T 非空，指向树中某结点的指针 cur_e 非空。

操作结果：设置该结点元素的值。

备　注：无。

GetNodeParent(T, cur_e)；

初始条件：树 T 非空，指向树中某结点的指针 cur_e 非空。

操作结果：若 cur_e 是树的非根结点，则返回它的双亲结点地址，否则返回空。

备　注：无。

GetNodeLeftChild(T, cur_e)；

初始条件：树 T 非空，指向树中某结点的指针 cur_e 非空。

操作结果：若 cur_e 是非叶子结点，则返回它的最左孩子的结点地址，否则返回空。

备　注：无。

GetNodeRightSibling(T, cur_e)；

初始条件：树 T 非空，指向树中某结点的指针 cur_e 非空。

操作结果：若 cur_e 有右兄弟，则返回它的右兄弟的结点地址，否则返回空。

备　注：无。

TraverseTree(T, Visit())；

初始条件：树 T 非空，Visit()是对结点操作的应用函数。

操作结果：按某个顺序对 T 的每个结点调用函数 Visit()一次。一旦 Visit()失败，则本操作失败。

---

① C99 标准新增的头文件 stdbool.h 中引入了 bool 类型，与 C++中的 bool 兼容。此处将该函数返回类型设置为 bool 类型也行，但需要 include 该头文件。

备 注：无。

5.1.3 树的存储结构表示

在大量的应用中，人们曾使用多种形式的存储结构来表示普通的多叉树。这里，我们介绍三种常见的多叉树的存储结构①。

1. 双亲表示法

双亲表示法是假设以一组连续存储空间来存储树的所有结点的值，同时在每个结点中附设一个指示器指示其双亲结点在本连续空间中的下标位置，如代码5.1所示。

```
/**********************************************

        代码 5.1——多叉树的双亲表示法结构定义

**********************************************/
#define   MAX_TREE_SIZE   100        //设置连续存储空间能保存的树结点的最大数目
/*定义一个结构体类型 PTNode，内含 data 和 parent 两个成员(可根据情况适当添加成员)，
    并将该结构体类型 PTNode 取别名为 PTNode，即同名。
    注意：PTNode 是结构体类型名称，不是结构体变量名。PTNode、data 和 parent 这三个名字
        可由程序员自行修改*/
typedef struct PTNode
{
        char data;
        int parnet;        //parent 表示该结点的双亲结点在本连续空间中的下标位置
} PTNode;
/*定义一个结构体类型，类型名字为 PTree，内含一个 nodes 数组以及 iRootPos 和 n 变量*/
typedef struct
{
PTNode nodes[MAX_TREE_SIZE];    //数组元素的类型名必须和上述结构体类型名保持一致
        int iRootPos;                //根结点在本连续存储结构中的下标编号
        int n;                        //本存储结构当前存储的树结点总数
}PTree;
```

这种存储结构利用了树结构中每个结点(除了根结点之外)都只有唯一的双亲的性质，用一维结构体数组来存放树的所有结点，并设置 parent 域，建立起结点和其双亲结点的唯一映射关系。

例如，图 5-2 展示了一棵树及其双亲表示法的存储结构示意图。根据该图可以看出，iRootPos 变量的值为 6，n 为 10。需要引起注意的是，图 5-2(a)并未明确给出所有结点的编

---

① 为了突出讲授重点，本小节特对树的结点元素的类型做了一定简化，假设为 char 类型。另外，本小节只展示出了数据结构定义所必需的相关代码，对结构下的各种操作方法和测试代码并未展示。读者若想延伸学习，可以在学完 5.3 节之后，根据二叉树的常用操作代码，获得一定启发，进而去尝试将下列三种存储结构的操作方法补充完善。

号顺序。所有结点的编号顺序是其存储在图 5-2(b)所示数组时，数组下标的先后顺序。也就是说：结点在内存中的编号与其数组下标一一对应。思考一个问题：如果程序员拿到的树形结构图中每个结点均附带有编号信息，那么他该如何存储才能使结点在内存中按要求正确编号呢？

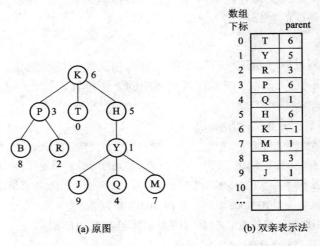

图 5-2　树的双亲表示法示例

初学者往往容易将数组下标列误看作是双亲表示法的一列，这是对其定义的一种误读。可以思考一下：如果要用程序实现双亲表示法存储树结构的过程，应该如何编码？

我们现在对这种存储表示法再进行深层次的分析，看看在这种存储结构下，如果要实现树这一逻辑结构的各种常用操作，具有哪些优点，存在哪些问题。

可以看出：根据定义，给定一个结点，可以很容易地找到其双亲结点的位置和值(该操作算法复杂度为常数级 O(c))；而且，在这种结构下，要遍历一棵树的所有结点非常容易，只需要对数组进行从上到下的遍历即可。增加或者删除结点只需在数组的相应数据块内进行设置即可。

但是，该存储结构无法区分有序树中孩子结点的左右依次关系，所以不能表示有序树。该表示法能够确定一个结点的度和所在层次，但是算法复杂度均为线性级的 O(n)。该表示法要想寻找一个指定结点的所有孩子结点，需要遍历整个数组，算法复杂度为线性级的 O(n)。由于数组固有缺点的限制，其能够表达的树结点总数受数组最大长度 MAX_TREE_SIZE 的限制。

2．孩子表示法

由于树中每个结点可能有多棵子树，因此可用多重链表，即每个结点具有多个指针域，其中每个指针指向一个孩子结点。此时链表中的结点可以有图 5-3 所示的两种结点格式。

data	child1	child2	...	child d

data	degree	child1	child2	...	child x

图 5-3　孩子表示法的两种不可行的设计结构

若采用第一种结点格式，则多重链表中的结点是同构的，其中 d 为树的度。由于树中很多结点的度小于 d，所以链表中有很多空链域，造成存储空间的浪费。不难推出，在一棵有 n 个结点，度为 k 的树中必有 n(k-1)+1 个空链域。若采用第二种结点格式，则多重链表中的结点是不同构的，其中 x 为结点的度，degree 域的值等于 x。虽然这种方式能节约存储空间，但是其定义的过程及元素的变动会非常麻烦。

另一种办法是把每个结点的孩子结点排列起来，看成是一个线性表，且以单链表作存储结构，则 n 个结点有 n 个孩子链表(叶子结点的孩子链表为空表)。而 n 个头指针又组成一个线性表。为了方便查找，这个线性表可以采用顺序存储结构。这种存储结构针对度不同的结点仍然是同构的，而且能根据实际情况节省一定的存储空间。这种存储结构定义的代码如代码 5.2 所示。

```
/*************************************************
            代码 5.2——多叉树的孩子表示法结构定义
 *************************************************/
#define MAX_TREE_SIZE   100      //设置连续存储空间能保存的树结点的最大数目

/*定义一个指向结构体的指针的类型，类型名称为 ChildPtr，该指针类型的变量指向类型名称为
    CTNode 的结构体变量，CTNode 结构体内含 child 和 next 两个成员(可根据情况适当添加成员)。
 注意：CTNode 和 ChildPtr 都是结构体类型名称，不是结构体变量名。CTNode、child 和 next
        这三个名字可由程序员自行修改*/
typedef struct CTNode
{
    int    hild;                //child 表示该孩子结点在本连续存储空间中的下标位置
    struct  CTNode  * next;     //指向同双亲的下一个孩子，即本孩子结点的兄弟结点
} *ChildPtr;


/*定义一个结构体类型，内含 data 变量及指向其孩子链表的指针变量，类型名称为 CTBox*/
typedef   struct
{
    char    data;
    ChildPtr   firstchild;      //指向 data 元素的第一个孩子，相当于该孩子链表的头指针
}CTBox;


/*定义一个结构体类型，类型名称为 CTree，内含一个 nodes 数组以及 iRootPos 和 n 变量*/
typedef   struct
{
    CTBox nodes[MAX_TREE_SIZE];
    int   iRootPos;             //根结点在本连续存储结构中的下标编号
    int   n;                    //本存储结构当前存储的树结点总数
}CTree;
```

需要注意的是：初学者在定义代码 5.2 中的三种结构体类型时，其先后顺序不能混乱。

图 5-4(a)是图 5-2(a)中树的孩子表示法。与双亲表示法不同，孩子表示法能够很方便地实现那些涉及孩子结点的操作，但是却不适合定位其双亲结点。我们可以把双亲表示法和孩子表示法结合起来，即将双亲表示法和孩子链表结合起来。图 5-4(b)就是这种存储结构的例子，它和图 5-4(a)表示的是同一棵树。

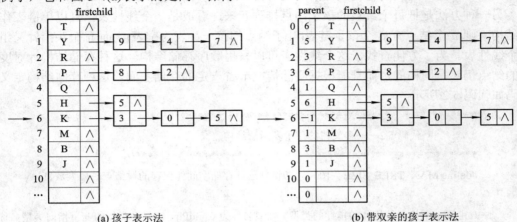

(a) 孩子表示法   (b) 带双亲的孩子表示法

图 5-4   图 5-2(a)中树的另外两种表示法

和双亲表示法的注意事项一样，在 nodes 数组中，元素的数组下标编号就体现出了其在现实中对树结点的编号信息。给定一个结点，可以很容易地找到其孩子结点的位置和值(该操作算法复杂度为 O(n))。在这种结构下，要遍历一棵树的所有结点同样非常容易，只需要对数组进行从上到下的遍历即可。增加或者删除结点只需在数组的对应数据块内进行数据的设置即可。

与双亲表示法不同，该存储结构可以根据孩子链表中结点的先后顺序来区分孩子结点的左右依次关系，所以可以表示有序树[①]。该表示法能够很方便地确定一个结点的度，算法复杂度为 O(n)。但是如果要确定一个结点的层次，却相当困难。该表示法要想寻找一个指定结点的所有双亲结点，需要遍历整个数组中所有孩子链表中的所有结点，算法复杂度为 O(n²)。由于数组固有缺点的限制，其能够表达的树结点总数同样受数组最大长度 MAX_TREE_SIZE 的限制。

3. 孩子兄弟表示法

孩子兄弟表示法又称为二叉树表示法，或者二叉链表表示法，即以二叉链表作为树的存储结构。链表中结点的两个链域分别指向该结点的第一个孩子和下一个兄弟，分别命名为 firstchild 域和 nextsibling 域，如代码 5.3 所示。

```
/*********************************************************
        代码 5.3——多叉树的孩子兄弟表示法
 *********************************************************/
```

[①] 需要引起注意的是：如果用于表示有序树，孩子链表在添加新孩子结点的时候，应该采用单链表的尾插法；如果用于表示无序树，头插法和尾插法均可，但因为头插法更简单，故更常被采纳。

/*定义一个结构体类型，名称为 CSNode，同时定义一个指向该种结构体的指针的类型，类型名称为 CSTree，该指针类型的变量指向类型名称为 CSNode 的结构体变量。CSNode 这种结构体内含 data、firstchild 和 rightchild 三个成员(可根据情况适当添加成员)。

注意：CSNode 和 CSTree 都是结构体类型名称，不是结构体变量名。结构体类型名和三个成员变量名可由程序员自行修改*/

```
typedef   struct   CSNode
{
        char    data;             //child 表示该孩子结点在本连续存储空间中的下标位置
        struct CSNode *firstchild，*rightchild;      //firstchild 和 rightchild 分别指向左、右孩子
} CSNode，   *CSTree;
```

图 5-5 是图 5-2(a)中树的孩子兄弟表示法示意图。

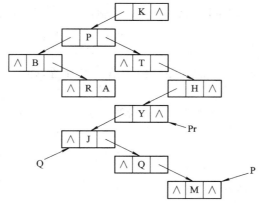

图 5-5　图 5-2(a)中树的孩子兄弟表示法

在这个结构中，需要特别指出的是：

(1) 若要访问多叉树结点 K 的第 i 个孩子，则只要先从该表示法的 K 的 firstchild 域找到第 1 个孩子结点，然后沿着孩子结点的 nextsibling 域连续走 i–1 步，便可找到 K 的第 i 个孩子。

(2) 如果为每个结点增设一个 parent 域，则同样能很方便地找到任意一个指定结点的双亲结点和长兄结点。如果要访问多叉树结点 P 的长兄结点，则需要沿 P 的 parent 域向上找，且确保每次上溯时当前结点都是其双亲结点的右孩子。

(3) 如果要访问多叉树结点 P 的双亲结点，则应先找到 P 结点的长兄结点 Q(具体做法参见上一条)，然后根据长兄结点 Q 的 parent 域，找到其双亲结点 Pr，则 Pr 在多叉树中既是 Q 结点，也是 P 结点的双亲结点。

5.2　二　叉　树

在讨论一般树的存储结构及其操作之前，我们首先研究一种称为二叉树的结构。

5.2.1　二叉树的定义

二叉树(Binary Tree)是另一种树形结构，其特点是每个结点至多只有两棵子树(即二叉

树中不存在度大于 2 的结点)。而且，二叉树的子树有左右之分，其次序不能任意调换。即二叉树是一种有序树。

二叉树是普通多叉树的一种特例。其抽象数据类型的定义与树极为相似。在阅读下列文字时，请参阅 3.4.1 小节中关于抽象数据类型的相关说明。

ADT　BinaryTree{

基本操作：

CreateTree(&T)；

　　初始条件：二叉树的存储结构的定义已知。如果采取某种需要即时录入元素值的存储结构，其所有结点的值已知。

　　操作结果：按照二叉树的存储结构的定义，在内存中"从无到有"地创建出该结构。

　　备　　注：该操作返回一个指向该存储结构的指针 T 或地址，可采用函数返回或者参数地址传递的方式返回。

InitTree(&T)；

　　初始条件：指向二叉树的存储结构的指针 T[1]非空(即二叉树的存储结构在内存中存在)。

　　操作结果：按照该存储结构的定义需要，对其相关的数据进行初始化设置或准备。

　　备　　注：无。

DestroyTree(&T)；

　　初始条件：二叉树 T 非空。

　　操作结果：释放该存储结构在内存中所占空间，并将指针 T 复位。

　　备　　注：无。

ClearTree(&T)；

　　初始条件：二叉树 T 非空。

　　操作结果：清空该存储结构中二叉树的结点，使其成为空树。

　　备　　注：根据选择的存储结构的不同，在清空操作时可能会伴随着释放结点空间的操作。

TreeIsEmpty(T)；

　　初始条件：无。

　　操作结果：判断二叉树 T 是否存在。如果为空，表示是空树，返回 1，否则返回 0。

　　备　　注：根据指针 T 是否为空来判断。

GetTreeDepth(T)；

　　初始条件：二叉树 T 非空。

　　操作结果：返回二叉树 T 的深度。

　　备　　注：无。

GetNodeValue(T, cur_e)；

　　初始条件：二叉树 T 非空，指向二叉树中某结点的指针 cur_e 非空。

---

① 为了表述方便，本书有时将其简单称为"二叉树 T"。

　　　　　操作结果：返回该结点元素的值。

　　　　　备　　注：无。

　　SetNodeValue(T，&cur_e，value)；

　　　　　初始条件：二叉树 T 非空，指向二叉树中某结点的指针 cur_e 非空。

　　　　　操作结果：设置该结点元素的值。

　　　　　备　　注：无。

　　GetNodeParent(T, cur_e)；

　　　　　初始条件：二叉树 T 非空，指向二叉树中某结点的指针 cur_e 非空。

　　　　　操作结果：若 cur_e 是二叉树的非根结点，则返回它的双亲结点的地址，否则返回空。

　　　　　备　　注：注意，返回的是结点的地址，而不是值。另外，若存储结构是二叉链表，此操作极为麻烦。可考虑采用三叉链表。

　　GetNodeLeftChild(T, cur_e)；

　　　　　初始条件：二叉树 T 非空，指向二叉树中某结点的指针 cur_e 非空。

　　　　　操作结果：若 cur_e 是非叶子结点，则返回它的左孩子的结点地址，否则返回空。

　　　　　备　　注：注意，返回的是结点的地址，而不是值。

　　GetNodeRightChild(T, cur_e)；

　　　　　初始条件：二叉树 T 非空，指向二叉树中某结点的指针 cur_e 非空。

　　　　　操作结果：若 cur_e 是非叶子结点，则返回它的右孩子的结点地址，否则返回空。

　　　　　备　　注：注意，返回的是结点的地址，而不是值。

　　GetNodeLeftSibling(T, cur_e)；

　　　　　初始条件：二叉树 T 非空，　指向树中某结点的指针 cur_e 非空。

　　　　　操作结果：若 cur_e 有左兄弟，则返回它的左兄弟的结点地址，否则返回空。

　　　　　备　　注：无。

　　GetNodeRightSibling(T, cur_e)；

　　　　　初始条件：二叉树 T 非空，指向树中某结点的指针 cur_e 非空。

　　　　　操作结果：若 cur_e 有右兄弟，则返回它的右兄弟的结点地址，否则返回空。

　　　　　备　　注：无。

　　DeleteChild(T, cur_e, LR)；

　　　　　初始条件：二叉树 T 非空，结点指针 cur_e 非空，　LR 值为 0 或者 1。

　　　　　操作结果：根据 LR 为 0 或者 1，删除 T 中 cur_e 所指结点的左或者右子树。

　　　　　备　　注：无。

　　PreOrderTravBiTree(T, Visit())；

　　　　　初始条件：二叉树 T 非空，Visit()是对结点操作的应用函数。

　　　　　操作结果：先序遍历二叉树 T，对每个结点调用函数 Visit()一次。一旦 Visit()失败，则本操作失败。

　　　　　备　　注：无。

　　InOrderTravBiTree(T, Visit())；

　　　　　初始条件：二叉树 T 非空，Visit()是对结点操作的应用函数。

操作结果：中序遍历二叉树 T，对每个结点调用函数 Visit()一次。一旦 Visit()失败，则本操作失败。

备　　注：无。

PostOrderTraverseTree(T, Visit());

初始条件：二叉树 T 非空，Visit()是对结点操作的应用函数。

操作结果：后序遍历二叉树 T，对每个结点调用函数 Visit()一次。一旦 Visit()失败，则本操作失败。

备　　注：无。

LevelOrderTraverseTree(T, Visit());

初始条件：二叉树 T 非空，Visit()是对结点操作的应用函数。

操作结果：按层遍历二叉树 T，对每个结点调用函数 Visit()一次。一旦 Visit()失败，则本操作失败。

备　　注：无。

}ADT　BinaryTree

5.2.2　二叉树的性质

二叉树具有下列重要性质[①]。

性质 1　在二叉树的第 i 层上至多有 2^{i-1} 个结点($i \geq 1$)。

利用归纳法很容易证得此性质。

当 $i = 1$ 时，只有一个根结点。显然，$2^{i-1} = 2^0 = 1$ 是对的。

现在假定对所有的 $k(1 \leq k < i)$命题成立，需要证明当 $k = i$ 时命题也成立。

由归纳假设得知，第 $i-1$ 层上至多有 2^{i-2} 个结点。由于二叉树的每个结点的度至多为 2，故在第 i 层上的最大结点数为第 $i-1$ 层上的最大结点数的 2 倍，即 $2^{i-2} \times 2 = 2^{i-1}$。

性质 2　深度为 k 的二叉树至多有 $2^i - 1$ 个结点。($k \geq 1$)

由性质 1 可知，深度为 k 的二叉树的最大结点数为

$$\sum_{i=1}^{k}(\text{第i层上的最大结点数}) = \sum_{i=1}^{k} 2^{i-1} = 2^i - 1$$

性质 3　对任何一棵二叉树 T，如果其终端结点数为 n_0，度为 2 的结点数为 n_2，则有 $n_0 = n_2 + 1$。

设 n_1 为二叉树 T 中度为 1 的结点数。因为二叉树中所有的结点的度均小于或者等于 2，也就是说，对任意的一棵二叉树，其结点总数总是满足下式：

$$n = n_0 + n_1 + n_2 \tag{5-1}$$

设 B 为二叉树的边的总数目。根据树的基本性质，对于任意一棵多叉树，边和结点的数目关系始终满足：

---

① 在学习这些性质的时候，需要注意的是有些性质适用于任意二叉树，而有些性质只适用于完全二叉树，应予以区分。读者不必死记硬背这些公式，画一个例子，稍作推导，就能看出其中规律。

$$n = B+1 \tag{5-2}$$

现在进一步研究总边数 B 和总结点数 n 之间的关系。因为在树中，任何一条边都是从结点向下射出去的。度为 1 的结点向下射 1 条边(无论左还是右)，那么，n_1 个度为 1 的结点向下总共就会产生 n_1 条边；度为 2 的结点向下射 2 条边，那么 n_2 个度为 2 的结点向下总共就会产生 $n_2 \times 2$ 条边；度为 0 的结点向下不产生任何边(否则就不是度为 0 了)。所以，会有如下式子成立：

$$B = n_1 + 2 \times n_2 \tag{5-3}$$

将式(5-1)、(5-2)和式(5-3)联立，可得

$$n_0 = n_2 + 1$$

完全二叉树和满二叉树是两种特殊形态的二叉树。

一棵深度为 k 且有 2^k-1 个结点的二叉树称为**满二叉树**。如图 5-6(a)所示是一棵高度为 4 的满二叉树，这种树的特点是每一层上的结点数都是最大结点数。直观地来看，任何高度大于 1 的满二叉树都必然会呈现出如等腰三角形△的形状，很容易辨别。

可以对满二叉树的结点进行连续编号，约定编号从根结点开始，从上到下，从左到右，由此可引出完全二叉树的定义。深度为 k、有 n 个结点的二叉树，当且仅当其每一个结点都与深度为 k 的满二叉树中编号从 1 至 n 的结点一一对应时，称之为**完全二叉树**。如图 5-6(b)所示为一棵深度为 4 的完全二叉树。显然，这种树的特点是：(1) 叶子结点只可能在层次最大的两层上出现；(2) 对任一结点，若其有分支下的子孙的最大层次为 m，则其左分支下的子孙的最大层次必为 m 或者 m+1。如图 5-6(c)、(d)就不是完全二叉树。

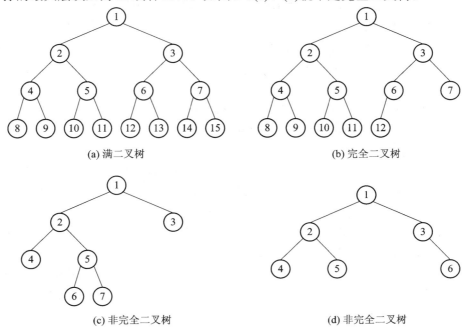

(a) 满二叉树   (b) 完全二叉树

(c) 非完全二叉树   (d) 非完全二叉树

图 5-6 特殊形态的二叉树

下面介绍完全二叉树的两个重要特性。

性质 4 具有 n 个结点的完全二叉树的深度为 $\lfloor lbn \rfloor +1$。

证明：假设该完全二叉树深度为 k，因为深度为 k 的完全二叉树的结点可以看作一个深度为 k−1 的满二叉树加上第 k 层的所有叶子结点。根据性质 2，可以得知深度为 k−1 的满二叉树的结点总数为 $2^{k-1}-1$，第 k 层的所有叶子结点的数目最少应为 1(不能为 0，否则就没有第 k 层了)，最多为 2^{k-1}。

$$(2^{k-1}-1) + 1 \leqslant n \leqslant (2^{k-1}-1) + 2^{k-1} = 2^k - 1$$

即

$$2^{k-1} \leqslant n < 2^k$$

两边取对数，有 $k-1 \leqslant lbn < k$，因为 k 是整数，所以 $k = \lfloor lbn \rfloor + 1$。

性质 5　如果对一棵有 n 个结点的完全二叉树的结点按层序编号(从第 1 层到第 $\lfloor lbn \rfloor + 1$ 层，每层从左到右)，则对任一结点 $i(1 \leqslant i \leqslant n)$，有[①]

(1) 如果 i = 1，则结点 i 是二叉树的根，没有双亲；如果 i>1，则其双亲结点编号为 $\lfloor i/2 \rfloor$。

(2) 如果 2i>n，则结点 i 没有左孩子；否则其左孩子编号必为 2i。

(3) 如果 2i + 1>n，则结点 i 没有右孩子；否则其右孩子编号必为 2i + 1。

关于二叉树和完全二叉树的这五个性质，希望读者能够认真掌握并熟练运用。在后续章节中，很多内容会以此为基础。

5.2.3　二叉树的存储结构

在 5.2.1 小节中，我们已经讲述了二叉树的定义及其逻辑操作。在本节中，我们将讨论二叉树的两种存储结构，并研究这些逻辑操作在这两种存储结构中的实现。

1．顺序存储结构

二叉树的顺序存储表示结构定义如代码 5.4 所示。其中 1～3 行是 SeqBiTree.c 文件在运行后续功能时所需要的头文件，第 11 行加载一个顺序栈以备后用，初次阅读可以暂时不看。

```
/***********************************************************

        代码 5.4——二叉树的顺序存储表示结构定义
        文件名：SeqBiTree.c（第 1 部分，共 10 部分）

***********************************************************/
1    #include   "stdio.h"      //scanf 函数和 printf 函数需要用到该头文件
2    #include   "malloc.h"     //如果代码中需要用到 malloc 函数，则需要该头文件
3    #include   "string.h"     //memset 和 strcpy 函数需要该头文件
4    #define   MAX_TREE_SIZE 100   //限制本例表示的二叉树最大结点数目不超过 100 个
5    typedef   struct   TelmType   //假定在实际问题中，元素类型为结构体，类型名为 TelmType，
                                   //且内含一个字符串成员 name 和一个整型成员 number
6    {
7      char   name[20];
8      int   number;
```

---

① 本性质的证明过程因过于繁琐，偏离本书重点，故省略。读者可仔细观察图 5-6 中结点和其双亲、孩子结点的编号的规律，不难得出此性质。

9　　} TelmType;

10　　typedef TelmType SeqBiTree[MAX_TREE_SIZE];

　　　　　　　　　　/*定义一个数组类型，名为 SeqBiTree，内含 MAX_TREE_SIZE 个元素，

　　　　　　　　　每个元素都属于 TelmType 类型。TelmType 根据实际类型，在编码时替换*/

11　　#include　"iSeqStack.c"

　　按照顺序存储结构的定义，在此约定，用一组地址连续的存储单元依次从上到下、从左到右存储完全二叉树上的结点元素，即将完全二叉树上编号为 i 的结点元素存储在如上定义的一维数组中下标为 i−1 的分量中。例如图 5-6(b)、5-6(c)的二叉树的顺序存储结构分别如图 5-7(a)、5-7(b)所示，图中以"0"表示不存在该结点。

　　现在我们来分析一下顺序存储结构的存储效率。当普通二叉树的形态比较接近或者就是完全二叉树这种"矮胖"形态时，这种顺序存储的存储效率会非常高，不需要多余的辅助存储空间，存储效率接近 100%。但是，当二叉树为如图 5-7(c)中深度为 k、只有 k 个结点且全为右分支的单支树(树中不存在度为 2 的结点)时，存储效率却出奇地差。如图 5-7(d)所示，随着 k 的增加，所需要的存储空间呈现指数级(2^k)增长，而存储效率却低至 $k/2^k$，到了不能容忍的地步。

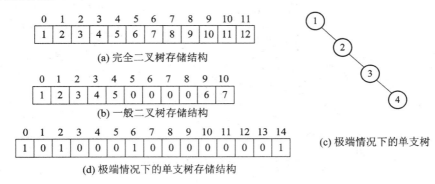

（a）完全二叉树存储结构

（b）一般二叉树存储结构

（d）极端情况下的单支树存储结构

（c）极端情况下的单支树

图 5-7　二叉树的顺序存储结构

　　在判断一种结构是否可以作为一种逻辑结构所对应的存储结构时，一个非常重要的判断依据就在于这种存储结构能否完全实现对应逻辑结构所要求的各种基本操作。

　　下面我们来分析二叉树这种逻辑结构所对应的基本操作在顺序存储结构中具有什么样的优缺点。不难看出，一般结构都应具备的创建、初始化、清空、销毁、判断是否存在等常规基本操作，在该结构中都易于实现。求树的深度可根据完全二叉树的性质 4 轻松实现，复杂度为常数级 O(c)。在已知指定结点地址编号的情况下对其进行读取或者改写的操作，根据顺序存储的"直接存取"特点，也能轻松解决。对于二叉树中比较麻烦的求双亲、求左/右孩子、求左/右兄弟等操作，根据完全二叉树的性质 5 很容易实现，复杂度为常数级 O(c)。对于结点的增加和删除操作，在深度不增加的情况下，原数组不会越界；如果深度增加，则很容易出现数组越界的情况，进而只能通过重新申请空间和数组的整体搬移来实现。对于二叉树常用的深度遍历操作，在顺序存储结构中同样适用；对广度遍历，采用顺序存储更为简单，只需将数组的非 0 元素从头到尾输出即可。综合来看，对于形态接近完全二叉树的这种二叉树，顺序存储结构具有较高的存储效率和运算效率。

2. 链式存储结构

由二叉树的定义得知，二叉树的结点由一个数据元素和分别指向其左、右子树的两个分支组成，则表示二叉树的链表中的结点至少包含三个域：数据域和左、右指针域，如图5-8(a)所示。有时，为了方便找到结点的双亲，还可以在结点结构中增加一个指向双亲结点的指针域，如图5-8(b)所示。

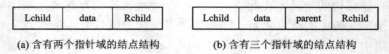

| (a) 含有两个指针域的结点结构　　　　　　(b) 含有三个指针域的结点结构 |

图 5-8　二叉树的结点及其存储结构

利用这两种结点结构构成的二叉树存储结构，分别被称为**二叉链表**和**三叉链表**，如图5-9所示。容易证得，在含有 n 个结点的二叉链表中有 n+1 个空指针域。在后面章节中我们将会看到，可以利用这些空指针域存储其他有用信息，从而得到另一种链式存储结构——线索二叉树。

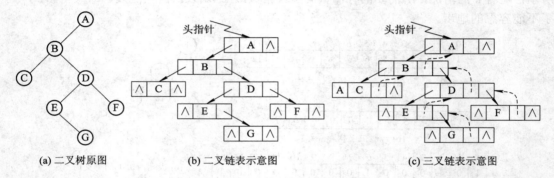

(a) 二叉树原图　　　　　　(b) 二叉链表示意图　　　　　　(c) 三叉链表示意图

图 5-9　二叉树的链式存储结构

现在我们来分析二叉链表和三叉链表结构的一些特点。

从存储效率来看，二叉链表每个结点都存储一个元素，无论二叉树呈现什么样的形态，其存储效率始终稳定在

$$\frac{sizeof(TelmType)}{4 + sizeof(TelmType) + 4}$$

三叉链表多一个指针，所以存储效率是

$$\frac{sizeof(TelmType)}{4 + sizeof(TelmType) + 4 + 4}$$

当 sizeof(TelmType)值比较大时，链式存储结构的存储效率还是较为理想的，比较适合存储那些结点相对比较少而高度值较大的二叉树。

因为二叉链表是非线性结构，所以，创建、初始化、清空、销毁、判断二叉树是否存在、求树的深度等基本操作，在二叉链表结构下的实现过程会具有一定的难度，大都需要对二叉链表进行遍历操作。在给定结点地址的情况下对元素的值进行读取或者改写操作，可以轻松解决。对于二叉树中常用的求双亲、求左/右孩子、求左/右兄弟等操作，在二叉链表中实现起来不太方便，需要加入特殊的辅助结构或机制才能完成。对于结点或子树的插

入操作，只需要进行相应指针的赋值操作即可，不必在意树的深度变化问题。对于结点或子树的删除操作，则需要调用子树的销毁操作，对子树的所有结点进行空间释放。对于二叉树常用的深度遍历和广度遍历操作，在二叉链表存储结构中因为缺乏结点与双亲结点之间的映射关系，所以需要借助递归机制或者辅助结构才能完成。综合来看，对普通的稀疏二叉树，二叉链表比顺序存储结构更为适用，尤其是对于呈现出"瘦高"形态的二叉树。

针对二叉链表在使用过程中经常遇到的"缺乏与上层结点的映射关系"的缺点，引入三叉链表的存储结构，能够有效地改善这一缺陷，方便地访问到已知结点的双亲结点，也能方便地访问其兄弟结点，从而使得二叉树在各种常规遍历中可以不必依赖栈、队列或者递归等辅助结构或机制，但是其时间复杂度并未有明显改善。

除了上述的两种二叉树专用存储结构之外，在 5.1.3 小节中讲到的树的通用存储结构在二叉树中同样适用。我们已经对其做了相关的分析，此处不再重复讲解。

综上所述，程序员在选择二叉树的存储结构时，需要了解二叉树的实际形态以及实际问题中经常可能需要执行二叉树的什么基本操作，从而才能决定选择哪种存储结构更为方便。这实际上也是根据逻辑结构选择存储结构的一个通用规则。不存在绝对好的存储结构，只存在更适用的存储结构。

5.3　二叉树常用操作

二叉树的常用操作主要包括创建、求高度、求左/右孩子、求双亲、深度遍历和广度遍历等。本节主要从顺序存储和二叉链表这两种存储结构来分析这些操作。由于二叉链表从存储结构上来看更贴近二叉树的逻辑结构，理解起来更容易，所以下面先介绍二叉链表结构下的常用操作，然后再介绍顺序存储结构下的操作。

5.3.1　二叉链表结构下的常用操作

在二叉链表存储结构下，首先进行结构的定义。在本节，不再假设元素类型为 int 了，我们来假设一个在实际运用中更具有代表性的类型，即结构体类型。本节假设元素类型为结构体，内含一个字符数组成员和一个 int 成员①。我们新建一个文件 BiLinkTree.c 来完成二叉链表下的所有算法。但是因为在后续的非递归创建和遍历操作中需要用到链队列和链栈，其存储的数据元素都是指向二叉链表结点的指针，所以，为了编程方便，本书在此处统一将二叉链表的结构定义代码写在 BiTree.h 文件中。具体的关联写法如代码 5.5 所示，请注意细节。

```
/******************************************************
    代码 5.5——二叉树的顺序存储表示结构定义
    文件名：BiLinkTree.c(第 1 部分，共 10 部分)
******************************************************/
#include    "stdio.h"        //scanf 函数和 printf 函数需要用到该头文件
```

① 在实际运用中，结构体的成员可能会远不止两个，但是原理不变。

```
    #include "malloc.h"      //如果代码中需要用到 malloc 函数，则需要该头文件
    #include "string.h"      //如果代码中需要用到字符串相关函数，则需要该头文件
    #include "BiTree.h"      //内含对 TelmType、BiTNode 和 BiTree 这三个类型的定义
    #include "LinkQueue.h"   //二叉链表非递归创建函数需要用链队列来辅助完成，故此处引入
                            //链队列
    #include "LinkStack.h"   //二叉链表的非递归遍历函数需要用到链栈来辅助完成，故此处引入
                            //链栈
```

而 BiTree.h 的完整内容如下：

```
    #ifndef _BT_H           //避免被重复加载
    #define _BT_H
    typedef struct TelmType  //本行的 TelmType 可以不写或写为其他名字
    {
        char    name[20];   //假设字符数组长度为 20
        int     number;
    } TelmType;
    typedef struct BitNode   /*定义一个结构体新类型，名为 BitNode，内含一个 TelmType 类型
                            成员 name 和两个指向自己类型的指针成员 lch 和 rch；同时，指向
                            这种新结构体类型的指针的类型取名为 BiTree。注意：BitNode 和
                            BiTree 都是类型名字，不是变量名*/
    {
        TelmType data;
        struct   BitNode *Lch, *Rch;
    }   BiTNode, *BiTree;
    #endif
```

在 LinkQueue.h 和 LinkStack.h 文件内，因为需要用到二叉链表的结点定义，所以必然会有如下代码[①]：

```
        ⋮
    #include "BiTree.h"
        ⋮
```

1. 二叉树的创建

在上面的代码中可以看出，我们只是定义了二叉链表中每个结点的类型，并没有定义二叉链表的实体。一个空的二叉链表实际上就是一个 BiTree 指针，指针变量本身占 4 个字节，但是它不指向任何有效的内存空间(即这 4 个字节内存放的地址信息为全 0 或为乱码)。在 C 语言中，我们通过数组名称来表示整个数组，通过头指针 head 来表示整个单链表或者双向链表。同样的道理，我们用指向二叉树根结点所在结构体的指针变量来表示整个二叉链表或者二叉树。

---

① 由于篇幅原因，本书就不在此处粘贴这两个头文件的源代码了。读者可参考第 3 章的课后习题自行编写。

struct BitNode*类型和 BiTree 类型从语法上来说是相同的，但是从逻辑意义上来讲，二者是有差别的[1]。把一个指针定义为 struct BitNode*类型，表示该指针可以指向任何 BitNode 类型的结构体变量；如果将其定义为 BiTree 类型，则我们习惯于将其指向二叉链表的根结点对应的结构体变量，并不将其指向其他结点。程序员在定义指针时，建议尽量根据其用途来选择恰当的指针类型，避免阅读和理解的歧义。

在函数中，程序员编写代码，以实现"在数据录入时，为每个数据分配对应结点的内存空间，通过程序实现结点之间指针的关联，构建起完整无误的二叉链表"的功能。函数需要录入有限个元素的每个成员域的值，所以放弃采用参数传递的方式，改为运行时使用 scanf 函数或者读文件的方式，函数返回指向该二叉链表根结点的指针。

在一些比较复杂的算法操作过程中，有时候为了突出算法重点而简化输入输出，算法设计人员可制订出一些规则，并要求数据录入员去遵从这些规则(比如：数据输入的预处理、数据输入的约定开始和结束特征)。

在编写代码前，我们需要先对二叉树的数据进行预处理。首先，人工对非线性的二叉树结构示意图进行结点编号，然后根据其结构关系确定出双亲、孩子、左/右标记这样的序偶关系，如图 5-10(a)所示。n 个结点的二叉树，可以得到 n 对这样的序偶关系。然后我们对序偶中的"双亲"字段按照完全二叉树的"从上到下、从左到右"的编号顺序进行排序，并约定好数据输入的开始和结束标记，得到一个完整的数据预处理结果，如图 5-10(b)所示[2]。读者需要明白的是，图 5-10(b)并不是一个数组，而是写在草稿纸上或者程序员脑海里的一个数据简表。我们现在需要做的事情是以这个简表的数据为算法输入，来实现二叉链表的创建操作。

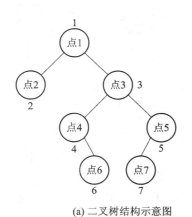

	par		data		LR
空	0	点1	10		L
点1	10	点2	20		L
点1	10	点3	30		R
点2	30	点4	40		L
点3	30	点5	50		R
点4	40	点6	60		R
点5	50	点7	70		L
空	0	空	0		L

(a) 二叉树结构示意图　　　　(b) 数据简表

图 5-10　非递归的二叉链表创建操作数据预处理示意图

该算法对应的流程图如图 5-11 所示。可以看出，该函数需要一个队列数据结构 Q 来辅助执行。需要引起注意的是，该队列 Q 的基本数据类型是指向 BiTNode 结构体的指针的类

---

[1] 初学或编码基础不太好的读者可暂时先忽略这二者的区别。

[2] 为了方便演示和程序调试，在本例中，我们对输入数据的值做了一定的假定。例如第 3 号点，其 name 成员的值为"点 3"，对应的 number 值为 30。空结点的 name 成员的值为"空"，number 成员的值为 0。

型，即 BiTNode *。在以前的学习中，读者对队列元素类型为 int 或者 char 非常熟悉，现在对元素类型本身为指针类型的情况，是否能够举一反三，决定了初学者能否顺利完成该算法的编码实现工作。

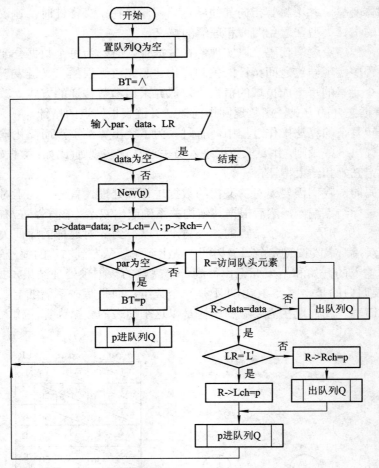

图 5-11　非递归的二叉链表创建操作流程图

因为在本例中，我们假设二叉树中元素的类型为一个多成员的结构体类型 TelemType，内含一个字符数组成员和一个 int 类型的成员，所以此处需要编写一个名为 ElemIsEmpty 的函数来对"元素为空"的标准做出规定：name 域为"空"且 number 域为 0，表示元素为空，具体实现如代码 5.6 所示。

```
/***********************************************************
        代码5.6——非递归的二叉链表创建和初始化操作
        文件名：BiLinkTree.c(第2部分，共10部分)
***********************************************************/
int ElemIsEmpty(TelemType e)
{
    if (strcmp(e.name, "空")==0 && e.number==0)
        return 1;
```

```
        else
            return 0;
    }
```

// N_CreateBitree 函数要求运行时以"双亲结点值，当前元素值，左右标记"的形式接受每个结
点的信息

```
    BiTree N_CreateBitree()
    {
        LinkQueue Q;
        BiTNode *P= NULL, *R= NULL;
        BiTree   bt;
        TelemType par, data;
        char LR;
        InitQueue(&Q);
        bt=NULL;
        printf("请按顺序输入节点的双亲、节点及 LR 标记值：");
        scanf("%s%d", par.name,    &par.number);
        scanf("%s%d", data.name, &data.number);
        scanf("%c", &LR);
        while(LR !='L' && LR !='R')
            scanf("%c", &LR);

        while (! ElemIsEmpty(data))
        {
            P= (BiTNode*)malloc(sizeof(BiTNode));
            strcpy(P->data.name, data.name);
            P->data.number= data.number;
            P->Lch= NULL;
            P->Rch= NULL;
            if (ElemIsEmpty(par))
            {
                bt= P;
                EnQueue(&Q, P);
            }
            else
            {
                GetHead_Q(Q, &R);                    //访问队头元素，赋给 R
                while(strcmp(R->data.name, par.name)!=0)
                {
                    DeQueue(&Q, &R);
```

```
                GetHead_Q(Q, &R);
            }
            if (LR=='L')            //将新结点 P 挂接到二叉链表中
            {
                R->Lch= P;
            }
            else
            {
                R->Rch= P;
                DeQueue(&Q, &R);
            }
            EnQueue(&Q, P);
        }
        printf("请按顺序输入节点的双亲、节点及 LR 标记值: ");
        scanf("%s%d", par.name,  &par.number);
        scanf("%s%d", data.name, &data.number);
        scanf("%c", &LR);
        while(LR !='L' && LR !='R')
            scanf("%c", &LR);
    }
    return bt;
}
```

对于该函数的调用，可在 **BiLinkTree.c** 文件尾部添加如下的测试代码:

```
int   main()
{
    BiTree BT;
    BT= N_CreateBitree();
    return 0;
}
```

对于上述代码，在 **VC6.0** 中编好之后，按下工具栏中的 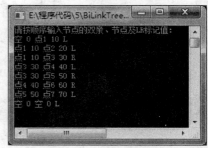 按钮(或按下 **F5**，即在调试状态下运行程序)，按照图 5-10(b)整理出来的结果录入数据，其界面如图 5-12 所示。需要特别指出的一点是: 本课程中有较多的算法在运行时需要录入较多的数据，而且往往对数据的输入并未做非常严格的类型校验或人性化设置，使得初学的读者经常因为键盘录入错误导致程序数据接收错误而被迫重新运行和录入; 同时，为了调试一个函数，经常需要反复多次地运行程序，使得数据录入烦不胜烦。

图 5-12   非递归的二叉链表创建函数
          数据录入界面

　　在这里我们介绍一个小的技巧，可以避免反复录入数据的烦恼。首先，将需要录入的数据按照录入的先后顺序和所要求的格式，写在一个文本文件中(或直接以块注释的形式附在代码源文件的末尾)。当我们运行程序后，需要录入数据时，可以在文本文件里选中需要录入的数据，复制。然后，在运行结果的控制台窗口中，用鼠标点击窗口左上角的图标，在弹出的菜单中选择"编辑"菜单中的"粘贴"子菜单，就能将多行数据一次性地录入到程序中。

　　代码 5.6 中的 ElemIsEmpty 函数是一个创建函数，判断其运行结果是否正确有两种办法：第一种办法是将其结果输出到控制台窗口上直观地验看；第二种办法是利用 VC6.0 的程序调试功能在运行过程中验看相关结果。此处因为二叉链表较为复杂，第一种办法对初学者可能会造成一定的编码难度，所以我们采用更常见、更为通用的第二种方法。

　　首先将光标停在代码 5.6 第 5 行任意位置，按下 VC6.0 工具栏中的 👆 按钮(或按下 F9 键)，以成功设置一个断点。然后按下 F5，在调试状态下运行程序。当录入数据完毕之后，程序会在运行到第 5 行之前暂停下来，此时黄色箭头会指向 "return 0;" 这一行代码。此时在 VC6 中依次单击菜单 "View" → "Debug Windows" → "Watch"，在对应窗口的 name 栏输入实参名字 "BT"，即可查看 BT 指针下的所有信息，如图 5-13 所示。在这个结构中，点开每一个 "⊞" 号，就能看到整个二叉链表内结点之间的相互关系，从而判断出程序结果是否正确。

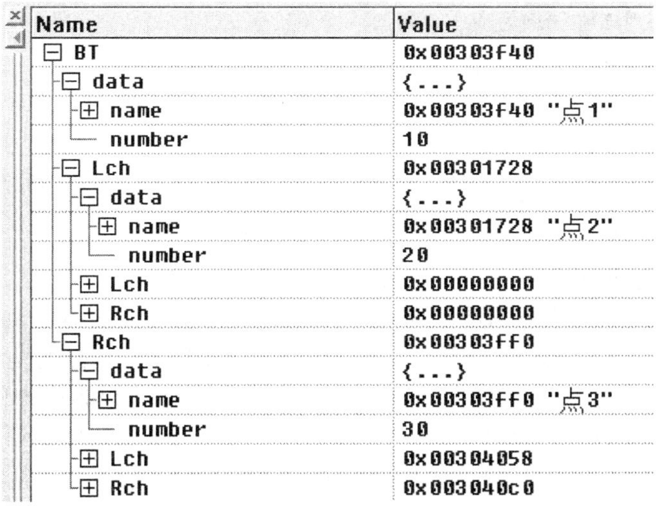

Name	Value
⊟ BT	0x00303f40
⊢⊟ data	{...}
⊢⊞ name	0x00303f40 "点1"
└ number	10
⊢⊟ Lch	0x00301728
⊢⊟ data	{...}
⊢⊞ name	0x00301728 "点2"
└ number	20
⊢⊞ Lch	0x00000000
⊢⊞ Rch	0x00000000
⊢⊟ Rch	0x00303ff0
⊢⊟ data	{...}
⊢⊞ name	0x00303ff0 "点3"
└ number	30
⊢⊞ Lch	0x00304058
⊢⊞ Rch	0x003040c0

图 5-13　非递归的二叉链表创建函数执行后的 Watch 展示图

　　从图 5-11 和代码 5.6 可以看出，代码表示比流程图要繁琐一些，但是流程图才是整个算法的精髓所在。在学习或者开发一个新算法时，在已经确定数据结构的情况下，应该从算法的设计和流程着手，理解算法操作的主要环节和流程跳转。尤其是对于像"非递归条件下的二叉链表的创建"这种操作，如果不经过算法流程设计，直接编码的难度会非常大，很容易使得一些编程语言基础薄弱的初学者感觉无从下手。在认真理解和体会流程图含义的情况下，结合对应的代码，体会其写法，可以使得初学者慢慢从强调对编码运行的感性认识到学会脱离对代码的依赖，专注于程序逻辑的理解，形成良性循环，最终使得学生具备面对新的现实问题，开发出一种适合的新算法的能力，避免死记硬背，缺乏举一反三能力的情况。

2. 判断树是否为空

在二叉树的二叉链表存储结构下，要判断一棵树/子树是否为空，可以通过判断二叉链表的根结点是否有值或是否存在来实现。对于一个结构正常的二叉链表，如果其根结点不存在，或者虽然存在但值为空，则我们都视这个根结点代表的二叉树为空。具体实现如代码 5.7 所示。

```
/*************************************************************
            代码 5.7——二叉链表存储结构下的判断树是否为空操作
            文件名：BiLinkTree.c(第 3 部分，共 10 部分)
*************************************************************/
int   TreeIsEmpty(BiTree   bt)
{
      //参数有效性检验：如果 bt 指针无效，则视其表达的树为空树
      if (bt == NULL)
            return   1;
      /*若 bt 指针指向某个 name 域为"空"且 number 为 0 的结点，则视该根结点为空，
        进而视该树/子树为空 */
      if (strcmp(bt->data.name, "空")==0 && bt->data.number==0)
            return 1;
      else
            return 0;            //若上述判断条件均不满足，则视该树/子树存在
}
```

3. 求左/右孩子结点地址

在二叉树中给定某个结点的地址信息，求其左/右孩子结点的地址信息，这是二叉树的常用操作之一。在二叉链表存储结构中，一个结点的左/右孩子结点的地址存放在该结点的 Lch 和 Rch 两个域中。下面我们以求左孩子结点地址的实际代码为例来展示算法过程。

```
/*************************************************************
            代码 5.8——二叉链表存储结构中的求左孩子地址操作
            文件名：BiLinkTree.c(第 4 部分，共 10 部分)
*************************************************************/
BiTree   GetNodeLeftChild(BiTree   bt)
{
      if( bt == NULL)
            return   NULL;
      else
            return   bt->Lch;
}
```

需要注意的是，在二叉链表结构中求一个结点的双亲结点是比较麻烦的，需要借助栈之类的辅助结构，而且算法复杂度也较高。如果应用场合中需要频繁使用求双亲操作，则程序员应该尽可能考虑三叉链表或者顺序存储结构。

4．对二叉树进行遍历操作

在二叉树的一些应用中，常常要求对树中全部结点逐一进行某种处理。这就提出了一个**遍历二叉树**(traversing binary tree)的问题，即如何按照某条搜索路径寻访树中的每个结点，使得每个结点均被访问一次，且仅被访问一次。"访问"的含义很广，可以是对结点做各种处理，如输出结点的信息等。遍历对线性结构来说比较简单，但是对二叉树这种非线性结构来说则不然。由于二叉树的每个结点都有可能有两棵子树，因此需要寻找一种规律，以便使任意二叉树的结点位置都映射到一个线性顺序上，从而便于遍历。

从二叉树的基本定义来看，二叉树是由三个基本单元组成：根结点、左子树和右子树。因此，若能一次遍历这三个部分，便是遍历了整个二叉树。假如以 L、D、R 分别表示遍历左子树、访问根结点、遍历右子树，则可有 DLR、LDR、LRD、DRL、RDL、RLD 这六种遍历二叉树的方案。如果限定先左后右，则只有前三种方案，分别称之为先序遍历、中序遍历和后序遍历[①]。遍历二叉树的递归算法定义如下。

(1) 先序遍历二叉树的操作定义为：
若二叉树为空，则空操作；否则
① 访问根结点；
② 先序遍历左子树；
③ 先序遍历右子树。

(2) 中序遍历二叉树的操作定义为：
若二叉树为空，则空操作；否则
① 中序遍历左子树；
② 访问根结点；
③ 中序遍历右子树。

(3) 后序遍历二叉树的操作定义为：
若二叉树为空，则空操作；否则
① 后序遍历左子树；
② 后序遍历右子树；
③ 访问根结点。

关于递归代码的编写，很多初学者都觉得似乎没什么思路。其实，递归代码在编写的时候是非常简单的，几乎就只是将算法规则从汉字表达形式变成程序代码表达形式而已，初学者所困惑的递归代码执行规律，在编写的时候并不会直接涉及。

为了便于读者理解，降低不必要的理解难度，在下面的代码中，我们假定"访问"操作的具体内容是"在屏幕上打印元素的各个分量的值"。

---

① 有的教材上也称为先根遍历、中根遍历和后根遍历，其中先根遍历也称为前序遍历。

1) 先序遍历算法

根据先序遍历的基本定义，我们可以先写出其对应的递归代码如代码 5.9 所示。

/***

代码 5.9——递归实现的二叉链表先序遍历操作

文件名：BiLinkTree.c(第 5 部分，共 10 部分)

***/

```c
int   PreOrderTravBiTree (BiTree bt)     //注意函数头格式，与二叉链表下的有所不同
{
    if (TreeIsEmpty(bt))            //递归函数首先应处理特殊情况，该情况下必定不需要再递归
        return 1;
    else
    {
        printf("%s ", bt->data.name);          // "访问" 该树/子树的根节点
        printf("%d\n", bt->data.number);
        PreOrderTravBiTree (bt->Lch);          //先序遍历该树/子树的左子树
        PreOrderTravBiTree (bt->Rch);          //先序遍历该树/子树的右子树
        return 1;
    }
}
```

现在我们以一个实际的例子来分析该先序遍历递归代码的执行情况。

如图 5-14 所示，针对如图 5-14(a)所示的四个节点的二叉树，按照 N_CreateBitree 函数的输入格式要求进行数据录入，得到如图 5-14(b)所示的二叉链表存储结构。根据先序遍历的定义，该二叉树的先序遍历结果应为 1、3、6、7。

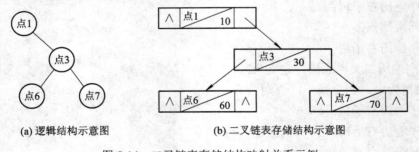

(a) 逻辑结构示意图   (b) 二叉链表存储结构示意图

图 5-14   二叉链表存储结构映射关系示例

对于图 5-14(a)的二叉树，编写测试代码如下：

```c
int    main()
{
    BiTree BT;
    BT= N_CreateBitree();
    printf("先序遍历的结果序列为：\n");
    PreOrderTravBiTree (BT);
```

```
        return 0;
    }
```

则其递归实现的先序遍历结果输出如图 5-15 所示。

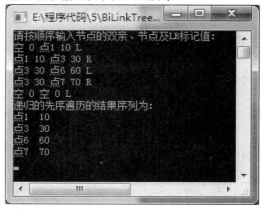

图 5-15 代码 5.9 的测试结果

可以看到，这个测试结果与我们之前的分析是一致的。

如图 5-16 所示，本算法采用递归调用的方式，假设 x 表示结点在完全二叉树中的编号值，P(x)表示对以该结点为根结点的树/子树进行递归先序遍历。虚线表示函数的调用和返回。在图 5-16 中，产生了递归调用的函数执行过程，用 3 个空心粗箭头夹 2 个实心小圆圈表示；没有产生递归调用的函数执行过程，用实线箭头表示。

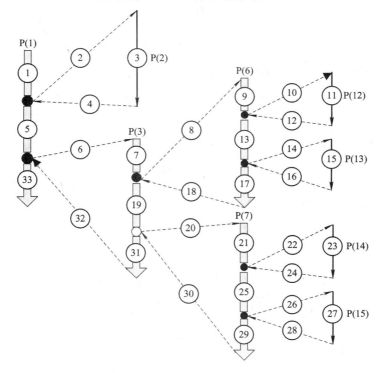

图 5-16 两个递归调用点的三层调用示例图

从图 5-16 中可以看出，因为点 1 并没有左孩子，所以 P(2)并没有产生新的递归调用；而 P(3)、P(6)、P(7)都各产生了两次递归调用。从图 5-16 中可以看出，虽然 PreOrderTravBiTree 函数只有不到 10 行代码，但是在执行 P(1)时，却产生了 9 次函数调用(包括本身 P(1)这次)。如果图 5-14(a)中的二叉树结点数 n 稍微多一些，高度值 h 稍微大一些，则图 5-16 中的递归调用的层数会更多，从而函数调用次数会呈现 2^h 的指数级增长，从而使得 CPU 和内存资源的使用量等都会呈现指数级增长。这使得递归调用函数(尤其是多递归调用点的函数)的实用意义大打折扣。如果二叉树的结点数成百上千，则该递归实现方法是没有实际使用价值的。在这种情况下，我们迫切需要研究一种新的非递归的思路来完成对二叉树的遍历操作。

在研究非递归算法思路之前，首先要对复杂二叉树的遍历顺序非常熟悉，才能从中伺机寻找到规律。

假设现在二叉树 T(如图 5-17(a)所示)已经用二叉链表或者顺序存储结构存放在内存中，那么当调用 PreOrderTravBiTree(T)时，我们来看看程序是如何运行的。

(1) 调用 PreOrderTravBiTree (T)，T 根结点不为空，所以访问 A，如图 5-17(b)所示。

(2) 调用 PreOrderTravBiTree (T->Lch)，因为 T-> Lch，即 A 结点的左孩子 B 不为空，所以访问 B，如图 5-17(c)所示。

(3) 此时再调用 PreOrderTravBiTree (T-> Lch)，访问 B 结点的左孩子，即访问结点 D，如图 5-17(d)所示。

(4) 再调用 PreOrderTravBiTree (T-> Lch)，访问 D 结点的左孩子，即访问结点 H，如图 5-17(e)所示。

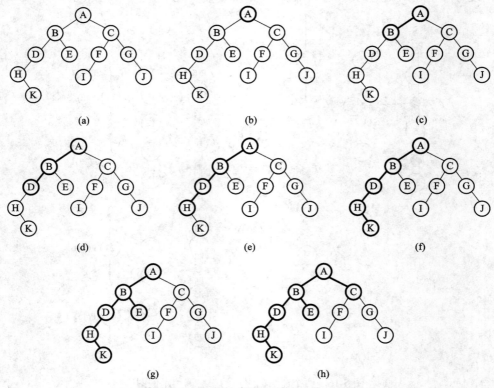

图 5-17　二叉树先序遍历顺序过程示意图

(5) 再调用 PreOrderTravBiTree (T-> Lch)，访问 H 结点的左孩子，但是因为 H 结点无左孩子，所以 T==NULL，返回此函数，此时递归调用 PreOrderTravBiTree (T-> Rch)，访问 H 结点的右孩子，即访问 K 元素，如图 5-17(f)所示。

(6) 再次递归调用 PreOrderTravBiTree (T-> Lch)，访问 K 结点的左孩子(K 无左孩子，返回)和右孩子(K 无右孩子，返回)之后，此函数执行完毕，返回到上一级递归的函数，即打印 H 结点时的函数，也执行完毕，返回到访问结点 D 时的函数，调用 PreOrderTravBiTree (T-> Rch)，访问 D 结点的右孩子(D 无右孩子，返回)之后，以 D 为根结点的子树的先序遍历访问完毕，也就意味着以 B 为根结点的子树的左子树访问完毕，所以现在需要访问 B 子树的右子树，即以结点 E 为根结点的子树。因为只有一个结点 E，故直接访问并输出结点 E。如图 5-17(g)所示。

(7) 当第(6)步执行完之后，以 A 为根结点的树的左子树的先序遍历就执行完毕了。现在需要对其右子树进行先序遍历，即对以 C 为根结点的子树进行遍历。先输出结点 C，如图 5-17(h)所示。然后再依次输出 F、I、G、J，此处不再继续说明。

综上所述，先序遍历这棵二叉树的结点序列为：A B D H K E C F I G J。

经过对二叉树的非递归先序遍历算法思路的研究，可以看出，它和多分支结构下的回溯法的求解思路是非常类似的[①]。此处，对于最多只有两个分支的二叉树结构的先序深度遍历，我们可以借助栈结构来实现。

二叉链表存储结构下的非递归先序遍历算法的流程图如图 5-18 所示。可以看出，该算法若要正确编码执行，除了要提供正确的二叉树存储结构变量之外，还需要提供各个常用的栈操作函数、二叉树求左/右孩子和二叉树判空函数等。因为本操作需要将结点的位置信息压栈，所以栈元素为 BiTNode * 这种指针类型。

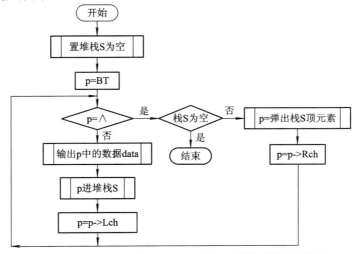

图 5-18 　二叉链表结构下的二叉树先序遍历算法流程图

[①] 计算机在对多分支条件下的非线性结构进行遍历时所采用的回溯法的思想，可以被借鉴用来处理二叉树的遍历问题。回溯法在对所有分支进行遍历时，在栈的帮助下，按照一定的顺序，对所有分支进行不重复、不遗漏的访问。关于回溯法的思想和求解办法，我们会在后续的算法设计与实现等相关课程中正式介绍。

该算法流程图所对应的代码如代码 5.10 所示。

```
/************************************************************
          代码 5.10——非递归实现的二叉链表先序遍历操作
          文件名：BiLinkTree.c(第 6 部分，共 10 部分)
*************************************************************/
int N_PreOrderTravBiTree(BiTree BT)
{
    LinkStack S;
    BiTNode *p;

    InitStack(&S);
    ClearStack(&S);
    p=BT;
    while(1)
    {
        if (p==NULL)
        {
            if (StackIsEmpty(&S))
            {
                return 0;
            }
            else
            {
                Pop(&S, &p);
                p= p->Rch;
            }
        }
        else
        {
            printf("(%s,%d)\n", p->data.name, p->data.number);
            Push(&S, p);
            p= p->Lch;
        }
    }
}
```

我们以图 5-17(a)的二叉树信息为输入[①]，在 BiLinkTree.c 末尾加上下面的测试代码，结果如图 5-19 所示。可以看出，这个结果和我们刚才分析的“A B D H K E C F I G J”是一致的。

---

① 为了方便调试，突出重点，在本例测试中我们故意忽略每个元素的 number 成员，设其全为 100。数据输入方法请参照 5.3.1 小节，先写在文本文件中，然后再复制、粘贴，参见图 5-12。

```
int   main()
{
    BiTree BT;
    BT= N_CreateBitree();
    printf("非递归的先序遍历的结果序列为：\n");
    N_PreOrderTravBiTree (BT);
    return 0;
}
```

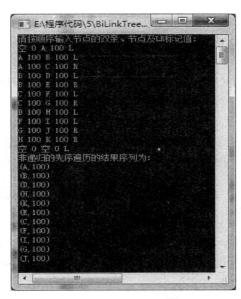

图 5-19 代码 5.10 的测试结果

2) 中序遍历算法

研究了二叉树的先序遍历之后，下面我们来看看二叉树的中序遍历算法如何设计和实现。根据中序遍历的"左中右"基本定义，递归的二叉链表结构下的中序遍历算法实现如代码 5.11 所示。

```
/********************************************************
        代码 5.11——递归实现的二叉链表中序遍历操作
        文件名：BiLinkTree.c(第 7 部分，共 10 部分)
********************************************************/
int InOrderTravBiTree( BiTree   bt)
{
    if (TreeIsEmpty( bt))   //递归函数首先应处理特殊情况，该情况下必定不需要再递归
        return   0;
    else
    {
        InOrderTravBiTree (bt->Lch);             //中序遍历左子树
```

```
        printf("%s   ",   bt[iRootPos -1].name);        // "访问" 根节点
        printf("%d\n",   bt[iRootPos -1].number);
        InOrderTravBiTree (bt->Rch);                    //中序遍历右子树
        return   0;
    }
}
```

同样,针对图 5-17(a)所示的二叉树 T,我们来看看当调用 InOrderTravBiTree(T)函数时,程序是如何运行的。

(1) 调用 InOrderTravBiTree(T),T 的根结点不为 NULL,于是调用 InOrderTravBiTree(T->Lch),即对以 B 结点为根结点的子树进行中序遍历。同样,因为 B 结点不为 NULL,于是调用 InOrderTravBiTree(T->Lch),即对以 D 结点为根结点的子树进行中序遍历。D 结点不为 NULL,继续调用 InOrderTravBiTree(T->Lch),即对以 H 结点为根结点的子树进行中序遍历。因为该子树只有两个结点,很明显,输出顺序为先 H 后 K。如图 5-20(a)、(b)所示。

(2) 在输出 K 之后,以 H 结点为根结点的子树的中序遍历完毕,即以 D 结点为根结点的子树的左子树遍历完毕,根据中序遍历的定义,此时应该访问输出根结点(即 D 结点),如图 5-20(c)所示。

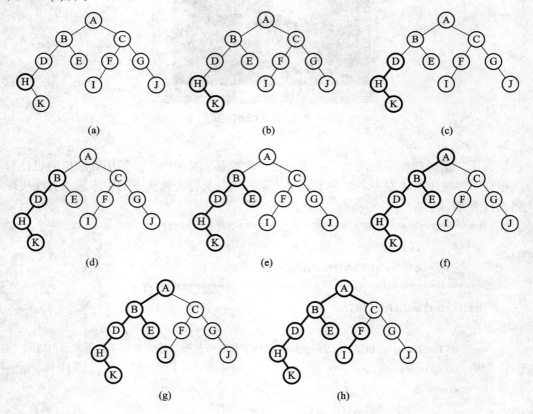

图 5-20　二叉树中序遍历顺序过程示意图

(3) 在输出 D 之后，以 D 结点为根结点的子树的中序遍历已经结束(因为结点 D 没有右孩子)，即以 B 结点为根结点的子树的左子树遍历完毕，根据中序遍历的定义，此时应该访问输出根结点(即 B 结点)，如图 5-20(d)所示。

(4) 在输出结点 B 之后，下一步应该是中序遍历 B 子树的右子树，即以结点 E 为根结点的子树。因为该子树只有 E 这一个结点，故直接访问输出结点 E，如图 5-20(e)所示。

(5) 在输出 E 之后，以 B 结点为根结点的子树的中序遍历已经结束，即以 A 结点为根结点的子树的左子树遍历完毕，根据中序遍历的定义，此时应该访问输出根结点(即 A 结点)，如图 5-20(f)所示。

(6) 在输出结点 A 之后，下一步应该是中序遍历 A 子树的右子树，即以结点 C 为根结点的子树。根据中序遍历的定义，此时需要先中序遍历以 F 为根结点的子树，即应先输出 I，然后再输出 F，接着才是结点 C、G 和 J，如图 5-20(g)、(h)所示。此处不再一一说明。

综上所述，中序遍历二叉树 T 的结点序列为 H K D B E A I F C G J。

二叉链表结构下中序遍历的非递归算法流程图如图 5-21 所示。

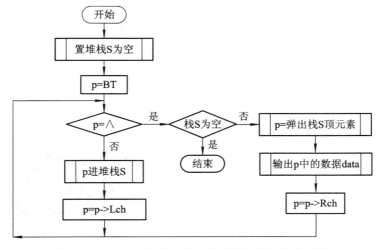

图 5-21　二叉链表结构下中序遍历的非递归算法流程图

可以看出二叉树中序遍历的算法流程和先序遍历极为相似，如代码 5.12 所示。

```
/********************************************
    代码 5.12——非递归的二叉链表中序遍历操作
    文件名：BiLinkTree.c(第 8 部分，共 10 部分)
********************************************/
int   N_InOrderTravBiTree(BiTree BT)
{
    LinkStack S;
    BiTNode *p;

    printf("该二叉树的中序遍历结果为：\n");
    InitStack(&S);
```

```
                ClearStack(&S);
                p=BT;
                while(1)
                {
                    if (p==NULL)
                    {
                        if (StackIsEmpty(&S))
                        {
                            return 0;
                        }
                        else
                        {
                            Pop(&S, &p);
                            printf("(%s,%d)\n", p->data.name, p->data.number);
                            p= p->Rch;        //和先序遍历相比，只有此行位置不同
                        }
                    }
                    else
                    {
                        Push(&S, p);
                        p= p->Lch;
                    }
                }
            }
```

　　我们仍然以图 5-17(a)的二叉树信息为输入[①]，在 BiLinkTree.c 末尾加上下面的测试代码，得到结果如图 5-22 所示。

```
            int main()
            {
                BiTree BT;
                BT= N_CreateBitree();
                printf("递归的中序遍历的结果序列为：\n");
                InOrderTravBiTree (BT);
                printf("非递归的中序遍历的结果序列为：\n");
                N_InOrderTravBiTree (BT);
                return 0;
            }
```

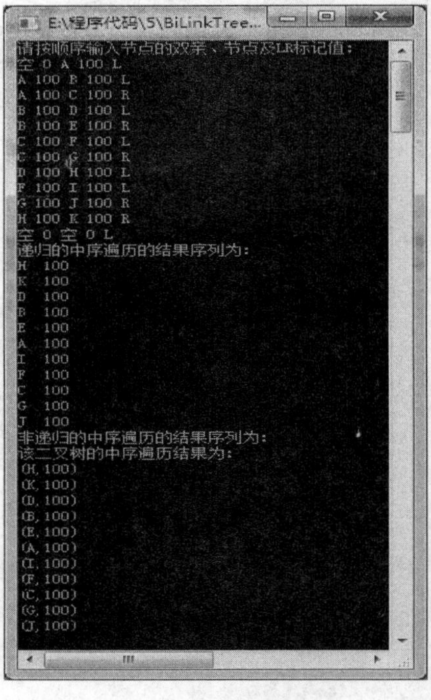

图 5-22　代码 5.11 和 5.12 测试结果对比

---

① 数据处理和输入方式与先序遍历相同，此处不再复述。

可以看到，上述的递归和非递归函数的结果是一致且正确的。

3) 后序遍历算法

关于二叉链表结构的后序遍历的递归算法，因为和先序遍历、中序遍历极为相似，我们不再讲述，读者可自行练习编写。图 5-17(a)所示二叉树 T 的后序遍历的结点序列为 K H D E B I F J G C A。对于二叉树的后序遍历的非递归算法，需要先访问左子树，再访问右子树，最后才访问根结点，这样的顺序若只靠一个堆栈的辅助，算法逻辑会比先序遍历和中序遍历复杂一些。非递归的二叉链表结构下的后序遍历算法流程如图 5-23 所示。

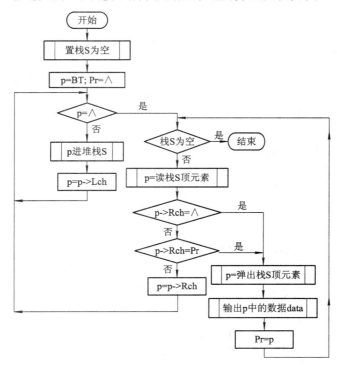

图 5-23　二叉链表结构下后序遍历的非递归算法流程图

从图 5-23 来看，后序遍历的非递归算法的流程的确和先序、中序遍历不同，新添加了一个 Pr 指针，专门负责指向上一个刚被访问过的结点地址。初学者在分析该算法的时候，应该尽量先从算法的流程图着手，充分理解算法的逻辑之后，再对代码进行学习和理解。同一个流程图，在代码实现时可以有各种表现形式，没有必要死记硬背代码。

顺序存储结构下的后序遍历的非递归算法实现如代码 5.13 所示。读者需要明白的是，本书中的所有代码都只是参考，并不是唯一代码。读者完全可以根据自己的理解和习惯来编写，只要其功能、性能等各方面符合一个优秀算法的基本要求即可。

```
/*********************************************

代码 5.13——非递归的二叉链表后序遍历操作
文件名：BiLinkTree.c(第 9 部分，共 10 部分)
说　明：正常遍历结束返回 0，非正常遍历结束返回–1

*********************************************/
```

```
int   N_PostOrderTravBiTree(BiTree   BT)
{
    LinkStack S;
    BiTNode *p,   *Pr;

    if (BT == NULL)
        return  -1;
    InitStack(&S);
    p= BT;
    Pr=NULL;
    while(1)
    {
        if (p!=NULL)
        {
            Push(&S, p);
            p= p->Lch;
        }
        else
        {
            if (StackIsEmpty(&S))   return 0;
            GetTop(&S, &p);
            while(p->Rch==NULL || p->Rch==Pr)
            {
                Pop(&S,   &p);
                printf("%s   ",   p->name);
                printf("%d\n",   p->number);
                Pr= p;
                if (StackIsEmpty(&S))   return   0;
                GetTop(&S, &p);
            }
            p= p->Rch;
        } //end of if
    }   //end of while
}
```

　　"遍历"是二叉树各种操作的基础，可以在遍历过程中对结点进行各种操作，如：对于一棵已知树可求结点的双亲、求孩子结点、判断结点所在的层次、计算树高、计算树的当前结点总数、寻找树中所有的叶子结点等。反之，也可以在遍历过程中生成结点，通过这种方式来建立二叉链表。

　　例如，下列算法是一个按照先序序列来组织输入的数据，从而建立起正确的二叉链表的过程。对图 5-24(a)所示二叉树，按先序遍历的顺序接收字符可建立相应的二叉链表。具体顺序如图 5-24 所示。

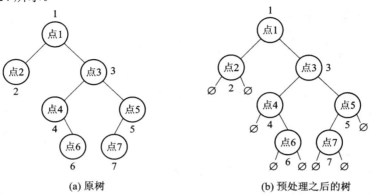

(a) 原树　　　　　　　　　　　　　　(b) 预处理之后的树

1, 2, ∅, ∅, 3, 4, ∅, 6, ∅, ∅, 5, 7, ∅, ∅, ∅

(c) 根据(b)得到的先序遍历序列

图 5-24　递归条件下的二叉链表创建函数预处理示意图

　　因为在递归函数中涉及了分配内存的操作，必须传递二重指针才能将实参指向所分配的内存，否则是形参指向了内存块。当函数调用结束时，形参不复存在，这在有递归调用的函数里，采用返回值也不起作用，同样在一轮调用结束后被销毁。因此函数的参数形式为二重指针，即 BiTNode **。

　　代码 5.14 是递归实现的二叉链表创建函数，读者可仔细参阅。

```
/**********************************************************
代码 5.14——递归的二叉链表创建函数
文件名：BiLinkTree.c(第 10 部分，共 10 部分)
说　明：注意递归函数的参数类型为二重指针，函数中对应的指针写法也相应有所变化
**********************************************************/
int CreateBitree(BiTNode    **bt)
{
    TelemType    data;
    scanf("%s", data.name);
    scanf("%d", &data.number);
    if (ElemIsEmpty(data))
        *bt=NULL;
    else
    {
        *bt=(BiTNode    *)malloc(sizeof(BiTNode));
        if (*bt==NULL)
            return 0;
        strcpy((*bt)->data.name,    data.name);
        (*bt)->number=    data.number;
```

```
                    CreateBitree(&((*bt)->Lch)); //(*bt)->Lch 为 BiTNode *变量,而参数则是 Node**变量,
                                        //所以需要&取址,否则形参无法保留*Lch 值
                    CreateBitree(&((*bt)->Rch));
                }
                return 1;
        }
```

针对代码 5.14,我们可以编写简单的测试代码如下:

```
        int main()
        {
                BiTree BT;
                printf("请按预处理后得到的先序遍历序列输入结点的值: \n");
                CreateBitree(&BT);
                return 0;
        }
```

以图 5-24(a)为例,其运行时的数据输入参照图 5-24(c)(输入方式参照 5.3.1 小节,先写在文本文件中,然后再复制、粘贴,参见图 5-12),其界面如图 5-25 所示。对于该函数运行结果的正确性,可以借助 5.3.1 小节所介绍的方法通过查看 BT 指针指向的结构的值来得到验证,参见图 5-13。

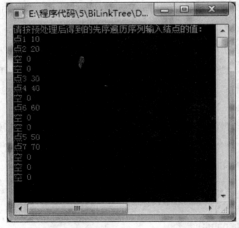

图 5-25　代码 5.14 运行时数据录入界面

4) 按层遍历

对二叉树进行遍历的结点顺序除了上述按先序、中序或后序之外,还可以从上到下、从左到右按层次进行。这就是二叉树的按层遍历操作。对于顺序存储结构下的二叉树,如果要按层遍历,是比较简单的,只需要直接对数组进行从头到尾的遍历即可。对于二叉链表结构下的二叉树,则需要借助队列来帮助其完成遍历工作。按层遍历的算法流程图如图 5-26 所示。读者可尝试自行将其转化为真实代码。

遍历二叉树的算法中的基本操作是"访问结点",则不论按哪一种次序进行遍历,对含 n 个结点的二叉树,其时间复杂度均为 O(n)。所需辅助空间为遍历过程中栈的最大容量,即树的深度。因为树的深度在最坏情况下为 n,所以遍历的空间复杂度为 O(n)。

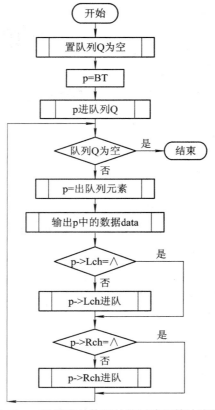

图 5-26 二叉链表结构下的按层遍历算法流程图

5.3.2 顺序存储结构下的常用操作

在顺序存储结构下，首先要对二叉树进行结构定义。我们假定二叉树最大结点数目不超过 100，且元素类型为一个结构体，内含两个数据成员，具体代码如代码 5.4 所示。下面分析其常用操作。

1. 二叉树的创建

在代码 5.4 中，我们将二叉树的顺序存储结构定义为一个数组类型 SeqBiTree。根据数组的基本特性，在定义数组变量的时候，编译器就会在内存中为其分配内存空间，从而已经实现"创建"的目的。所以本函数的主要任务是把用户录入的初始数据填进该结构中。图 5-27(a)所示二叉树的顺序存储结构如图 5-27(b)所示。

(a) 逻辑结构示意图   (b) 顺序存储结构示意图

图 5-27 二叉树的顺序存储结构映射关系示例

具体实现如代码 5.15 所示。

```
/*************************************************************

代码 5.15   顺序存储结构下的二叉树创建和初始化操作
文件名：SeqBiTree.c(第 2 部分，共 10 部分)
说   明：该程序要求在运行时以"二叉树位置编号①，元素值"的形式接收每个结点的信息
*************************************************************/

 int   CreateTree(SeqBiTree   mybt)
 {
     TelmType tempNode;
     int   NodePos, i;

     if (mybt==NULL) return -1;                 //参数校验
     for (i=0; i<MAX_TREE_SIZE; i++)            //清空结构，准备接收数据
     {
         memset(mybt[i].name, 0, 20);
         mybt[i].number= 0;
     }
     scanf("%d", &NodePos);
     scanf("%s", tempNode.name);
     scanf("%d", &tempNode.number);
     while(NodePos!=0)                          //约定 NodePos 为 0，表示数据输入正常结束
     {
         if (NodePos<0 || NodePos> MAX_TREE_SIZE)
             return -2;                         //越界出错，提前结束
         if (NodePos==0)
             return 0;
         strcpy(mybt[NodePos-1].name, tempNode.name);
         mybt[NodePos-1].number= tempNode.number;
         scanf("%d", &NodePos);
         scanf("%s", tempNode.name);
         scanf("%d", &tempNode.number);
     }
     return 0;

 }
```

2. 判断树是否为空

在二叉树的顺序存储结构下，要判断一棵树/子树是否为空，可以通过判断存储这棵树

---

① 二叉树位置编号指的是某个结点在完全二叉树中的位置编号，例如图 5-24(a)中，"点 1"的位置编号为 1，"点 3"的位置编号为 3。

/子树的根结点的数组元素是否有值来实现。一棵树的根结点的位置编号为 1，根据定义，必定是存储在数组中第 0 号下标位置中；而如果想要知道一棵子树的根结点的位置信息，除了应知道数组名称之外，还必须知道该子树根结点在数组中的下标位置。所以，本操作如果想要对子树也适用，除了要给定数组首地址之外，还需要给定树/子树的根结点在完全二叉树中的位置编号信息 iRootPos[①]。具体实现如代码 5.16 所示。

```
/*************************************************************
    代码 5.16——顺序存储结构下的二叉树判断树是否为空操作
    文件名：SeqBiTree.c(第 3 部分，共 10 部分)
    说　　明：判断 bt 数组中以第 iRootPos-1 个元素为根结点的树/子树是否为空树
*************************************************************/
int   TreeIsEmpty(SeqBiTree   bt, int   iRootPos )
{
    //参数有效性检验：如果参数无效，则视其表达的树为空树
    if (bt == NULL || iRootPos > MAX_TREE_SIZE || iRootPos <= 0)
        return   1;
    //若参数有效，但根结点位置的数组元素无值，则视该根结点为空，进而视该树/子树为空
    if (bt[iRootPos-1].name[0]=='\0'   &&   bt[iRootPos-1].number==0)
        return   1;
    else
        //若上述判断条件均不满足，则视该树/子树存在
        return   0;
}
```

3．求左/右孩子结点地址

在顺序存储结构中，结点的地址信息可以通过数组的下标信息获得，所以该操作演变为给定一个结点的下标，求其左/右孩子的数组下标值。因为顺序存储结构中的所有结点都存储在按照完全二叉树的编号顺序定义的数组下标位置上，所以完全二叉树的性质 5 对本操作有重要的指导意义。正常情况下，如果给定结点的下标编号值为 i，那么其左孩子的下标编号值为 2i，右孩子的下标编号值为 2i+1。但同时，初学者不仅要考虑正常的算法结果，更要考虑一些异常的算法结果，才能使得写出来的程序代码更加健壮。可能出现的异常情况，主要在于 i、2i 或 2i+1、n 和 MAX_TREE_SIZE 之间的一些关系变化。具体细节如代码 5.17 所示。

```
/*********************************************************
    代码 5.17——顺序存储结构中的二叉树求左孩子地址操作
    文件名：SeqBiTree.c(第 4 部分，共 10 部分)
```

---

① 双亲表示法和孩子表示法中的 iRootPos 表示的是下标编号值，而本处的 iRootPos 表示的是完全二叉树中的位置编号信息，它与对应结点在数组中存放的下标编号值之间相差 1(因为 C/C++和 Java 的数组下标都是从 0 开始编号)。对此处 iRootPos 表示的含义，推荐了解但不强求。

说　明：已知二叉树 bt 中某结点的位置编号 cur_e，函数返回其左孩子的位置编号。

　　　　函数返回–1 表示参数有误；返回 0 表示该结点没有左孩子

**/

```c
int   GetNodeLeftChild(SeqBiTree   bt, int   cur_e)
{
    int   iChildPos;
    //每个算法首先要做的第一步就是参数有效性验证
    if( bt == NULL || cur_e <=0 || cur_e>MAX_TREE_SIZE)
        return   -1;
    iChildPos= cur_e * 2;
    if (iChildPos > MAX_TREE_SIZE)    //如果给定的结点位于二叉树的最下面两层，其左孩
                                      子极有可能超过原二叉树的结点范围，若读取会产
                                      生越界

        return   0;
    //如果左孩子结点在数组表示范围内，但其结点不存在，则仍返回 0
    if (bt[iChildPos-1].name[0]=='\0' && bt[iChildPos-1].number== 0)
        return   0;
    return   iChildPos;
}
//求右孩子和求左孩子过程极为类似，不再注释
int   GetNodeRightChild(SeqBiTree   bt, int   cur_e)
{
    int   iChildPos;
    if( bt == NULL || cur_e <=0 || cur_e>MAX_TREE_SIZE)
        return   -1;
    iChildPos= cur_e * 2 + 1;
    if (iChildPos > MAX_TREE_SIZE)
        return   0;
    if (bt[iChildPos-1].name[0]=='\0' && bt[iChildPos-1].number== 0)
        return   0;
    return   iChildPos;
}
```

4．求右兄弟结点地址

在完全二叉树的位置编号中，给定一个结点编号，要求返回其右兄弟(若存在)的编号值。其中判断右兄弟是否存在成为本函数实现的一个关键。具体实现如代码 5.18 所示。

/**

　　　　代码 5.18——顺序存储结构中的二叉树求右兄弟地址操作

　　　　文件名：SeqBiTree.c(第 5 部分，共 10 部分)

说　　明：已知二叉树 bt 中某结点的位置编号 cur_e，函数返回其右兄弟的位置编号。

函数返回–1 表示参数有误；返回 0 表示该结点没有右兄弟

**/

```
int   GetNodeRightSibling(SeqBiTree   bt, int   cur_e)
{
    int   iSibPos;
    //若参数非有效，则立即返回–1
    if( bt == NULL || cur_e <=0 || cur_e>MAX_TREE_SIZE)
        return   -1;
    //如果当前结点是奇数号位置，则没有右兄弟，返回 0
    if (cur_e%2==1)
        return 0;
    else
    {
        iSibPos= cur_e   + 1;
        //若当前结点是最后一个结点，且恰为偶数，则也没有右兄弟，返回 0
        if (iSibPos > MAX_TREE_SIZE)
            return   0;
        //如果右孩子结点在数组表示范围内，但其结点不存在，则仍返回 0
        if (bt[iSibPos-1].name[0]=='\0' && bt[iSibPos-1].number== 0)
            return   0;
        return   iSibPos;
    }
}
```

对于求双亲操作，方法类似，读者可以自行练习编写，强化认识。

5．对二叉树进行遍历操作

1) 先序遍历算法

首先看比较容易实现的递归算法，如代码 5.19 所示。

/**

代码 5.19——递归的顺序存储结构下二叉树的先序遍历

文件名：SeqBiTree.c(第 6 部分，共 10 部分)

说　　明：bt：二叉树数组变量名

iRootPos：子树根结点的编号值(注意，原树根结点从 1 开始编号)

**/

```
int   PreOrderTravSeqBiTree( SeqBiTree bt, int iRootPos) //注意函数头部与代码 5.9 有所不同
{
    if (TreeIsEmpty( bt, iRootPos)) //递归函数首先应处理特殊情况，该情况下必定不需要再递归
        return   1;
    else
```

```
        {
            printf("%s    ",  bt[iRootPos -1].name);          //访问该树/子树的根节点
            printf("%d\n",   bt[iRootPos -1].number);
            PreOrderTravSeqBiTree (bt,   iRootPos *2);        //先序遍历该树/子树的左子树
            PreOrderTravSeqBiTree (bt,   iRootPos *2+1);      //先序遍历该树/子树的右子树
            return 1;
        }
    }
```

对于非递归的算法，其主体思路和二叉链表下的非递归实现思路是一致的，流程图如图 5-28 所示。可以看出，该算法与二叉链表的非递归先序遍历算法的思路是一样的，流程图也非常接近。因为本操作需要将结点的位置信息(即数组的下标)压栈，所以栈的元素类型为 int 类型即可。

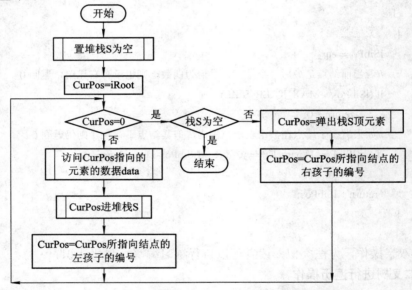

图 5-28　顺序存储结构下二叉树的先序遍历算法流程图

该算法流程图所对应的程序如下：

```
/*********************************************************
    代码 5.20——顺序存储结构下二叉树的先序遍历算法
    文件名：SeqBiTree.c(第 7 部分，共 10 部分)
    说    明：bt：二叉树数组变量名
            iRootPos：子树根结点的编号值(注意，原树根结点从 1 开始编号)
            正常遍历结束返回 0， 非正常遍历结束返回 −1
*********************************************************/
int   N_PreOrderTravSeqTree( SeqBiTree  bt,  int  iRootPos)
{
    SqStack S;
    int PosInTree;
```

```
        if (bt == NULL || iRootPos > MAX_TREE_SIZE || iRootPos <= 0)
            return -1;
    InitStack(&S);
    PosInTree= iRootPos;
    while(1)
    {
        if (PosInTree!=0)
        {
            printf("%s    ",   bt[PosInTree-1].name);
            printf("%d\n",    bt[PosInTree-1].number);
            Push(&S, PosInTree);
            PosInTree= GetNodeLeftChild( bt, PosInTree);
        }
        else
        {
            if (StackIsEmpty(&S))
                return 0;
            Pop(&S, &PosInTree);
            PosInTree= GetNodeRightChild( bt, PosInTree);
        }
    }
}
```

2) 中序遍历算法

　　递归的顺序存储结构下的中序遍历二叉树的程序代码和先序遍历非常相似，只是在代码的执行顺序上有点小差异，读者可对比代码 5.20 来进行学习。中序遍历算法的实现如代码 5.21 所示。

```
/**************************************************************
    代码 5.21——递归的顺序存储结构下二叉树的中序遍历
    文件名：SeqBiTree.c(第 8 部分，共 10 部分)
    说    明：bt：二叉树数组变量名
            iRootPos：子树根结点的编号值(注意，原树根结点从 1 开始编号)
**************************************************************/
int   InOrderTravSeqBiTree( SeqBiTree   bt,   int   iRootPos) //注意函数头格式，与二叉链表下的
                                                              //有所不同
{
    if (TreeIsEmpty( bt, iRootPos)) //递归函数首先应处理特殊情况,该情况下必定不需要再递归
        return   1;
    else
    {
        InOrderTravSeqBiTree (bt,   iRootPos *2);          //中序遍历左子树
```

```
        printf("%s    ",  bt[iRootPos -1].name);           //访问根节点
        printf("%d\n",  bt[iRootPos -1].number);
        InOrderTravSeqBiTree (bt,  iRootPos *2+1);         //中序遍历右子树
        return 1;
    }
}
```

顺序存储结构下的非递归的中序遍历二叉树的算法流程图如图 5-29 所示。可以看出，图 5-29 和图 5-28 非常相似，只是访问结点元素的代码的位置有变动而已。

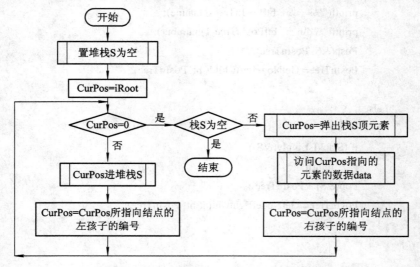

图 5-29　顺序存储结构下的二叉树中序遍历算法流程图

非递归的二叉树中序遍历算法的实现如代码 5.22 所示。

```
/*************************************************************************
        代码 5.22——非递归的顺序存储结构下的二叉树的中序遍历操作
        文件名：SeqBiTree.c（第 9 部分，共 10 部分）
        说  明：bt：二叉树数组变量名
                iRootPos：子树根结点的编号值(注意，原树根结点从 1 开始编号)
                正常遍历结束返回 0，  非正常遍历结束返回−1
*************************************************************************/
int   N_InOrderTravSeqTree( SeqBiTree  bt,  int   iRootPos)
{
    SqStack S;
    int PosInTree;
    if (bt == NULL || iRootPos > MAX_TREE_SIZE || iRootPos <= 0)
        return -1;
    InitStack(&S);
    PosInTree= iRootPos;
    while(1)
```

```
        {
            if (PosInTree!=0)
            {
                Push(&S, PosInTree);
                PosInTree= GetNodeLeftChild( bt, PosInTree);
            }
            else
            {
                if (StackIsEmpty(&S))
                    return 0;
                Pop(&S, &PosInTree);
                printf("%s   ",   bt[PosInTree-1].name);
                printf("%d\n",   bt[PosInTree-1].number);
                PosInTree= GetNodeRightChild( bt, PosInTree);
            }
        }
    }
}
```

3) 后序遍历算法

顺序存储结构下的后序遍历的非递归算法,可以按照二叉链表对应算法的思路来做。另外,因为顺序存储结构下很容易寻找到其兄弟结点,所以流程图也可以按图 5-30 来实现。

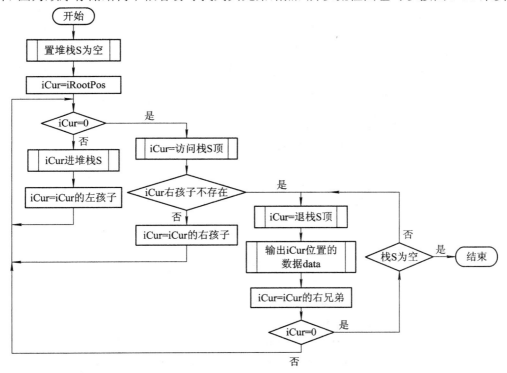

图 5-30　顺序存储结构下后序遍历的非递归算法流程图

具体实现如代码 5.23 所示。

```
/*************************************************************************

        代码 5.23——非递归的顺序存储结构下的二叉树的后序遍历操作
        文件名：SeqBiTree.c(第 10 部分，共 10 部分)
        说    明：bt：二叉树数组变量名
                  iRootPos：子树根结点的编号值(注意，原树根结点从 1 开始编号)
                  正常遍历结束返回 0，  非正常遍历结束返回-1

*************************************************************************/
int    N_PostOrderTravSeqTree ( SeqBiTree    bt,    int    iRootPos)
{
    SqStack S;
    int PosInTree;

    if (bt == NULL || iRootPos > MAX_TREE_SIZE || iRootPos <= 0)
        return -1;
    InitStack(&S);
    PosInTree= iRootPos;
    while(1)
    {
        if (PosInTree!=0)
        {
            Push(&S, PosInTree);
            PosInTree= GetNodeLeftChild( bt, PosInTree);
        }
        else
        {
            GetTop(S, &PosInTree);
            if (GetNodeRightChild(bt, PosInTree)!=0)
            {
                PosInTree= GetNodeRightChild(bt, PosInTree);
            }
            else
            {
                do
                {
                    if (StackIsEmpty(&S))
                        return 0;
                    Pop(&S,    &PosInTree);
                    printf("%s    ",    bt[PosInTree-1].name);
                    printf("%d\n",    bt[PosInTree-1].number);
```

```
                        PosInTree= GetNodeRightSibling( bt, PosInTree);
                    }while(PosInTree==0);
            }
        }
    }
}
```

对于上述的输入和各个遍历函数，可以编写下面的代码来进行测试。

```
int main()
{
    SeqBiTree   bt;
    printf("请输入二叉树的结点编号、结点值(以空格分隔):\n");
    CreateTree(bt);
    printf("递归下的先序遍历结果:\n");
    PreOrderTravSeqBiTree(bt, 1);
    printf("非递归下的先序遍历结果:\n");
    N_PreOrderTravSeqTree(bt, 1);
    printf("非递归下的中序遍历结果:\n");
    N_InOrderTravSeqTree(bt, 1);
    printf("非递归下的后序遍历结果:\n");
    N_PostOrderTravSeqTree(bt, 1);
    return 0;
}
```

因为 bt 本来就是一个数组，数组名称代表了其地址，所以第 5 行在调用时无需二重指针。对于图 5-27(a)所示的二叉树，其输入过程和运行结果如图 5-31 所示。

图 5-31　顺序结构下的二叉树深度遍历方法各函数测试结果

5.3.3 反推二叉树结构

在上面的两个小节中，我们讲述了二叉树的几种深度遍历方法。给定一棵二叉树，我们可以很熟练地写出其先序、中序和后序遍历的结点序列。反之，如果已知某棵二叉树的遍历节点序列，能否还原出这棵二叉树的结构呢？答案是肯定的。本小节主要学习如何根据遍历结果反向推导二叉树的结构。

例5-1 已知一棵二叉树的中序遍历序列为 B D C E A F H G，后序遍历序列为 D E C B H G F A，请问这棵二叉树的前序遍历序列是什么？

在研究这类问题之前，首先必须要搞清楚前、中、后序遍历结点序列的相关特点。根据三种遍历的定义，可以得到下面三个规律：

(1) 在前序遍历序列/子序列中，第一个结点是该树/子树的根结点；

(2) 在中序遍历序列/子序列中，该树/子树的根结点在其左右子树中序序列之间；

(3) 在后序遍历序列/子序列中，最后一个结点是该树/子树的根结点。

本例的反推过程如图 5-32(a)所示。其分析步骤如下：

(1) 后序遍历序列为 D E C B H G F A，根据性质(3)可知结点 A 是整棵树的根结点，如后列 1 所示；

(2) 根据性质(2)，可知{B、C、D、E}是 A 结点的左子树的点集，{F、G、H}是 A 结点的右子树的点集，如中列 1 所示。

(3) 但这并不能确定 A 的左、右孩子到底是哪一个。此时，需要再次观察前序遍历序列，针对左子树点集{B、C、D、E}和右子树点集{F、G、H}分别再利用性质(3)，可得 B 和 F 分别为其子树的根结点，也就是 A 结点的左、右孩子，从而得到后列 2。

(4) 将后列 2 中的 B 和 F 在中列 2 中进行标注，可以发现，在以 B 为根结点的子树中，中列 2 中 B 左边没有结点，右边有 D、C、E 三个结点，意味着 B 结点没有左子树，其右子树点集为{D、C、E}，而 F 同样没有左子树，右子树点集为{G、H}。

(5) 针对中列 2 中找到的 2 棵右子树，分别再利用性质(3)，找出其根结点分别为 C 和 G，如后列 3 所示。

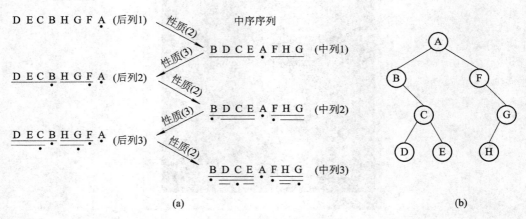

图 5-32　二叉树遍历结果反推过程示意图

(6) 在中列 3 中将上步骤得出的 C 和 G 进行标注，可以看出，D 和 E 分别为 C 的左、右孩子，而 H 是 G 的左孩子。至此，整个序列分析完毕。根据中列 3 的结果，我们可以得到图 5-32(b)。

在复原该二叉树结构之后，要想得到其前序序列就非常容易了。如果已知中序序列和前序序列，根据性质(1)和性质(2)，可以唯一确定一棵二叉树。此处不再说明，读者可自行推导。而且，在推导出二叉树结构之后，读者可以根据结果再写出其后序和中序序列，验证答案是否正确。

需要特别指出的是，如果已知前序序列和后序序列，不知道中序序列，根据性质(1)和性质(3)能够得到同一个结论，但是缺乏性质(2)的有力支持，不能唯一确定一棵二叉树。

5.4　线索二叉树

5.4.1　线索二叉树原理

从 5.3 节所学的遍历可以看出，遍历二叉树是以一定的规则将二叉树中的结点排列成一个线性序列，得到二叉树中结点的先序、中序、后续序列的过程。这实质上是对一个非线性结构进行线性化操作，使每个结点(除第一个和最后一个外)在这些线性序列中有且仅有一个直接前驱和直接后继(在不至于混淆的情况下，我们省去"直接"二字)[①]。

在普通的二叉链表中，只保存了结点的左右孩子的信息，这属于静态信息。二叉链表并没有和各种遍历产生任何直接的联系，不能直接得到结点在各种遍历中的前驱和后继信息。这种信息只有在遍历的动态过程中由算法的执行来得出。如果在某个应用中，二叉树的结构不发生变化，但是需要大量反复调用某种遍历操作，那么将这种前驱和后继信息进行静态存储或者半静态存储，可以减少重复调用遍历操作，有效地提升整个操作的实际效率。

如何保存这种在遍历过程中得到的信息呢？一个最简单的办法就是在原有的二叉链表每个结点上增加两个指针域 fwd 和 bkwd，分别指示结点在按照任何一种次序进行遍历时得到的前驱和后继结点的信息。显然，增加这种辅助信息，会使得整个结构的有效存储密度降低。另一方面，在有 n 个结点的二叉链表中，必定会有 2n 个指针域，其中有 n−1 个是指向左右孩子的指针，剩下 n+1 个空指针尚未被利用。由此设想，能否利用这些空链域来存放结点的前驱和后继信息？

试作如下规定：在二叉链表中，如果结点有左子树，则其 Lch 域(左孩子指针)指向其左孩子；如果没有左子树，则令其 Lch 域的指针指向本结点的前驱结点。同时，如果结点有右子树，则其 Rch 域(右孩子指针)指向其右孩子；如果没有右子树，则令其 Rch 域的指针指向本结点的后继结点。Lch 和 Rch 域，同一个指针域要表示两个含义，这需要加入标志域辅助判别，其中：

---

① 注意，在本节下文中提到的"前驱"和"后继"，均指以某种次序遍历所得序列中的前驱和后继。任何不提次序而直接提前驱和后继的说法都是表达不清的。

Lch	LTag	data	Rtag	Rch

$$
\text{Tag=0} \begin{cases} \text{Lch 域指示结点的左孩子} \\ \text{Rch 域指示结点的右孩子} \end{cases} \qquad \text{Tag=1} \begin{cases} \text{Lch 域指示结点的前驱} \\ \text{Rch 域指示结点的后继} \end{cases}
$$

指向结点前驱和后继的指针叫做**线索**，加上线索的二叉链表叫做**线索链表**，加上线索的二叉树称为**线索二叉树**(Threaded Binary Tree)。如图 5-33 所示，对这棵二叉树进行中序遍历后，将所有 Rch 为空的指针域改为指向它的后继结点(忽略前驱及对应标记，用"?"代替)。于是可以通过指针知道 H 的后继是 D(图中①，箭头为虚线，后同)，I 的后继是 B(图中②)，J 的后继是 E(图中③)，E 的后继是 A(图中④)，F 的后继是 C(图中⑤)，G 的后继因为不存在而指向 NULL(图中⑥)。此时，共有 6 个空指针域被线索化。

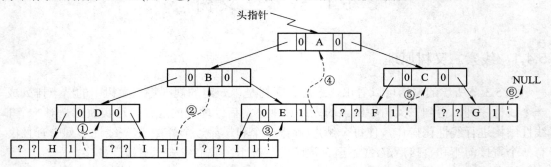

图 5-33 中序线索二叉链表("后继"部分)示意图

再看图 5-34，将这个二叉链表中 Lch 为空的指针域改为指向它的前驱结点(忽略后继及对应标记，用"?"代替)。于是可以通过指针知道 H 的前驱是 NULL(图中①，箭头为虚线，后同)，I 的前驱是 D(图中②)，J 的前驱是 B(图中③)，F 的前驱是 A(图中④)，G 的前驱是 C(图中⑤)。一共 5 个空指针域被线索化，和上面的 6 个后继指针加起来正好是 11 个，符合 10+1 的规律。

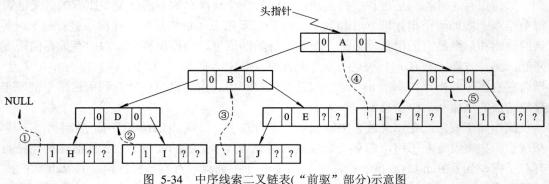

图 5-34 中序线索二叉链表("前驱"部分)示意图

5.4.2 线索二叉树的结构实现

根据 5.4.1 小节对二叉树的线索存储结构定义的分析，写出代码 5.24。出于接受难度和讲授重点的考虑，本节只展示线索二叉树最基本的定义和创建操作代码，不展示完整代码。

```
/***********************************************************
        代码 5.24——线索二叉树的存储结构定义
        文件名：无
***********************************************************/
#include    "stdio.h"
#include    "malloc.h"
typedef    char    Telemtype;
typedef    enum    {Link, Thread} PoiterTag;    //Link(=0)表示 Lch/Rch 为左右孩子指针，Thread(=1)
                                                //表示 Lch/Rch 为前驱/后继的线索
typedef    struct    BiThrNode                  //二叉线索存储节点结构
{
    Telemtype    data;
    struct    BiThrNode    *Lch,  *Rch;
    PoiterTag    Ltag,    Rtag;
} BiThrNode,    *BiThrTree;
```

　　线索化的实质就是将二叉链表中的空指针改为指向前驱或后继的线索。由于前驱和后继的信息只有在遍历二叉树时才能得到，所以线索化的过程就是在遍历的过程中修改空指针的过程。

　　中序遍历线索化的递归函数代码如代码 5.25 所示。

```
/***********************************************************
        代码 5.25——递归的二叉树中序遍历线索化
        文件名：无
        说    明：递归实现对以 p 为根结点的二叉链表进行线索化
***********************************************************/
BiThrTree    pre;               //全局变量，始终指向刚刚访问过的结点
void    InThreading(BiThrTree    p)
{
    if    (p)
    {
        InThreading(p->Lch);    //递归左子树线索化
        if    ( !p->Lch )
        {
            /*处理当前结点 p 的 Lch 域，如果 p 的 Lch 域为 NULL，则将 p 的 Ltag 标记为线
            索，同时将 p 的 Lch 指针指向上一个被访问的结点(前驱)，即 pre 结点*/
            p->Ltag= Thread;
            p->Lch= pre;
        }
        if    ( !pre->Rch)
        {
```

```
        /*处理上一个结点 pre 的 Rch 域，如果 pre 的 Rch 域为 NULL，则将 pre 的 Rtag
          标记为线索，同时将 pre 的 Rch 指针指向下一个被访问的结点(后继)，即 p 结点*/
        pre->Rtag= Thread;

        pre->Rch= p;
      }

      pre=  p;
      InThreading(p->Rch);          //递归右子树线索化
    }
  }
```

从上面的代码可以看出，中序线索化的代码和中序遍历的递归代码在框架结构上非常类似。递归条件下的先序遍历线索化和后序遍历线索化的代码较为容易，读者可以举一反三，此处不再叙述。

在上面 InThreading 函数操作之后，和双向链表结构一样，我们还可以在线索二叉树上添加一个头结点，如图 5-35 所示。令其 Lch 域的指针指向二叉树的根结点(图中的①)，其 Rch 域的指针指向中序遍历时访问的最后一个结点(图中的②)；同时，令二叉树的中序序列中的第一个结点的 Lch 指针和最后一个结点的 Rch 指针都指向头结点(图中的③和④)。这样定义的好处就是既可以从中序遍历的第一个结点开始顺着后继访问到最后一个结点，也可以从最后一个结点起顺前驱进行遍历。

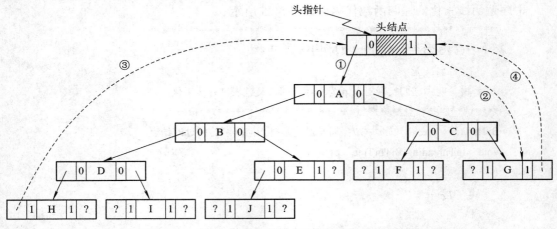

图 5-35　带头结点的中序线索二叉链表结构图(局部)

5.4.3　线索二叉树的遍历

在上面小节中，我们研究了线索二叉树的结构及其创建过程的相关细节，在本小节中我们将问题进一步延展，研究比较实际的一个问题，即：如何根据已有的线索二叉树来完成对结点的遍历操作。从图 5-34 和图 5-35 中可以看出，一个带 10 个结点的线索二叉树中，只有 11 个指针是线索，其中 6 个指针是后继线索。很明显，如果要从某个结点出发，依次访问所有的 10 个元素，光靠目前的这 6 个线索信息是不够的。

问题出在哪里呢？二叉链表目前的 9 个指向孩子结点的指针，并不是线索。当某个结点有左孩子时，线索化操作并没有很明显地指出该结点的前驱结点是哪一个；同样，当某个结点有右孩子时，线索化操作也没有指出该结点的后继结点的位置。原打算"顺藤摸瓜"，但是这个"藤"还有一些环节缺失，没有完全建立起来。所以我们必须要先解决在已知的线索二叉树中求前驱/后继的问题。本教材以常用的求后继结点为例，将问题归纳为：给定一棵按某种顺序遍历的线索二叉树和指向某个结点的指针 P，求其后继结点的位置。

1. 先序遍历线索二叉树

先序遍历的线索二叉树，已知指向某结点的指针 P，求其后继结点 Q 的指针。

根据已知条件，我们可以归纳为三种情况，如图 5-36 所示。

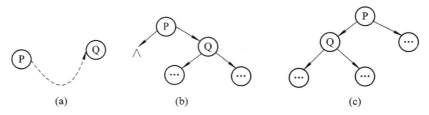

图 5-36 先序遍历线索二叉树中"求 P 的后继 Q"的三种情况

(1) P 为叶子结点，如图 5-36(a)所示。在这种情况下，P 结点对应的二叉链表结点的 Rch 域值原本就是 NULL，经过线索化之后，Rch 就已经指向了 P 结点的后继 Q，所以不需要再去寻找。

(2) P 没有左孩子，但是有右孩子，如图 5-36(b)所示。在这种情况下，根据"根左右"的先序遍历规则，P 的后继结点应该是其右子树先序遍历的第一个结点(因为左子树不存在)，即右子树的根结点 Q。也就是说：P 的右孩子 Q 是 P 的先序遍历的后继结点。

(3) P 有左孩子，右孩子不确定，如图 5-36(c) 所示。在这种情况下，P 是否有右孩子，并不会影响我们对 P 的后继结点的寻找。根据"根左右"的先序遍历规则，P 的后继结点应该是其左子树先序遍历的第一个结点，即左子树的根结点 Q。也就是说：P 的左孩子 Q 是 P 的先序遍历的后继结点。

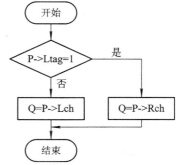

将上述三种情况归纳如下：当 P 有左孩子时，左孩子即为 P 的后继；否则 P 的 Rch 指针指向的结点为 P 的后继结点。流程图如图 5-37 所示。

图 5-37 先序遍历线索二叉树中求 P 的后继操作流程图

2. 中序遍历线索二叉树

中序遍历的线索二叉树，已知指向某结点的指针 P，求其后继结点 Q 的指针。

在中序遍历时，P 结点的后继结点不可能出现在 P 的左子树中，所以不必考虑 P 的左子树。可以归纳为两种情况，如图 5-38 所示。

(1) P 没有右子树，如图 5-38(a)所示。此时 P 结点的 Rch 原本为 NULL，经过线索化之后，Rch 指向了 P 结点的后继 Q，不需要再去寻找。

(2) P 有右子树，如图 5-38(b)所示。此时，P 的中序遍历的后继结点是其右子树进行中序遍历的第一个结点，即其右子树最"左下"位置的结点 Q[①]。

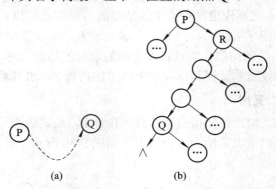

(a)　　　　　(b)

图 5-38　中序遍历线索二叉树中"求 P 的后继 Q"的两种情况

总结之后，得出其算法流程图如图 5-39 所示。

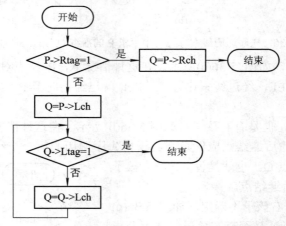

图 5-39　中序遍历线索二叉树中求 P 的后继操作流程图

3. 后序遍历线索二叉树

后序遍历的线索二叉树，已知指向某结点的指针 P，求其后继结点 Q 的指针。

当 P 结点的 Rtag 标记为 1 时，P 的后继可以根据其 Rch 域直接得到；但是当 P 具有右子树时，P 的后继结点可能是其双亲结点，或者是以 P 的兄弟结点为根的子树中的某结点，此时情况较为复杂，必须要知道 P 的双亲结点的地址，需要采用双亲指针或借助堆栈才能解决。该问题过于复杂，留给需要进阶的读者自行思考，此处不再过多讲述。

5.5　树、森林和二叉树的转换

在讲树的存储结构时，我们提到了树的孩子兄弟表示法可以将一棵树用二叉链表进行转换和存储，所以借助二叉链表，树和二叉树可以相互进行转换。从物理结构来看，它们

---

① 注意，此时说的"左下"并不是整个二叉树的最左下方，而是指从 R 结点出发，往左一直走到遇到空指针为止时的这个结点 Q，该结点的 Ltag 标记必为 1。

的二叉链表也是相同的，只是解释不太一样而已。因此，只要我们设定一定的规则，用二叉树来表示树，甚至表示森林都是可以的，森林和二叉树也可以相互转换。

5.5.1 树转换为二叉树

将树转换为二叉树的示意图如图 5-40 所示。

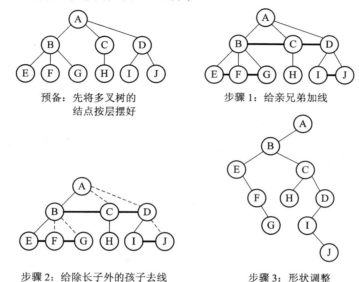

图 5-40 树转成二叉树示意图

具体步骤如下：

(1) 加线。在所有兄弟结点之间加一条连线。注意，只是在亲兄弟之间加。

(2) 去线。对树中每个结点，只保留它与第一个孩子结点的连线，删除它与其他孩子结点之间的连线。

(3) 形状调整。以树的根结点为轴心，长子连线为左孩子，兄弟连线为右孩子，将各个结点进行移动，使之看上去层次分明。

5.5.2 森林转换为二叉树

森林是由若干棵树组成的，所以完全可以理解为森林中的每一棵树都是兄弟，可以按照兄弟的处理办法来操作。森林转换为二叉树的示意图如图 5-41 所示。

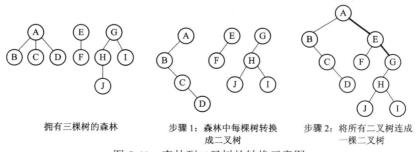

图 5-41 森林到二叉树的转换示意图

具体步骤如下：

(1) 把每一棵树分别转换为二叉树。

(2) 从最右边的一棵二叉树往左，依次把右边二叉树的根结点作为左边一棵二叉树的根结点的右孩子，用线连接起来。当所有的二叉树连接起来后，就得到了由森林转换来的二叉树。

5.5.3　二叉树转换为树

二叉树转换为树是树转换为二叉树的逆过程，其示意图如图 5-42 所示。

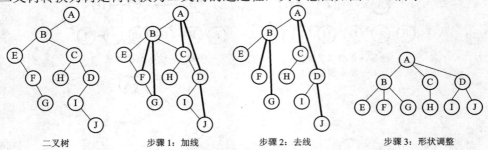

图 5-42　二叉树转换为树过程示意图

具体步骤如下：

(1) 加线。若某结点的左孩子结点存在，则将这个左孩子的右孩子结点、右孩子的右孩子……等都作为此结点的孩子。将该结点与这些右孩子结点用线连接起来。

(2) 去线。删除原二叉树中所有结点与其右孩子结点的连线。

(3) 形状调整，使之结构层次分明。

5.5.4　二叉树转换为森林

判断一棵二叉树能够转换成一棵树还是森林，标准很简单，那就是看这棵二叉树的根结点有没有右孩子。如果有，就能转换成森林，如果没有，就只能转换成一棵树。二叉树转换成森林的步骤如下：

(1) 从根结点开始，若右孩子存在，则把与右孩子结点的连线删除，再查看分离后的右子树，若右孩子存在，则将连线删除。重复此操作，直到所有右孩子连线都删除为止，得到分离的二叉树。

(2) 再将每棵分离后的二叉树转换为树即可。

具体过程如图 5-43 所示。

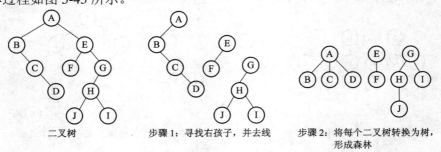

图 5-43　二叉树转换为森林过程示意图

5.5.5　树和森林的遍历

树的遍历分为两种方式：

(1) 先根遍历，即先访问树的根结点，然后依次先根遍历根的每棵子树；

(2) 后根遍历，即从左往右依次后根遍历每棵子树，然后再访问根结点。

例如图 5-40 中的多叉树，它的先根遍历序列为 A B E F G C H D I J，后根遍历序列为 E F G B H C I J D A。因为树中可能不止两个子树，所以不存在中根遍历。

森林的遍历也分为两种方式：

(1) 前序遍历：先访问森林中第一棵树的根结点，然后再一次先根遍历根的每棵子树，再一次用同样方式遍历除去第一棵树的剩余树构成的森林。比如图 5-43 最后一个子图中三棵树的森林，前序遍历序列的结果为 A B C D E F G H J I。

(2) 后序遍历：先访问森林中第一棵树，后根遍历的方式遍历每棵子树，然后再访问根结点；然后再一次用同样的方式遍除去第一棵树的剩余树构成的森林。比如图 5-43 中下侧三棵树的森林，后序遍历序列的结果为 B C D A F E J H I G。

如果对图 5-41 和图 5-43 各自的最后一个子图进行分析就会发现，森林的前序遍历和二叉树的前序遍历结果相同，森林的后序遍历和二叉树的中序遍历结果相同。这也就告诉我们，当以二叉链表作为树的存储结构时，树的先根遍历和后根遍历完全可以借用二叉树的前序遍历和中序遍历的算法来实现。这其实也就说明我们找到了对树和森林这种复杂问题的简单解决办法。

5.6　哈夫曼树及其应用

哈夫曼(Huffman)树又称最优二叉树，是一类带权路径长度最短的树，有着广泛的应用。本节先讨论最优二叉树。

5.6.1　最优二叉树(哈夫曼树)的定义

首先给出路径和路径长度的概念。从树中一个结点到另外一个结点之间的分支构成这两个结点之间的路径，路径上的分支数目称作路径长度。如图 5-44(b)中，结点 d 到根结点的路径长度为 2，而不是 3。结点 a 到根结点的**路径长度**为 3。**树的路径长度**是从树根到每一个结点的路径长度之和。在不考虑叶子结点权值的情况下，5.2.2 中定义的完全二叉树就是这种路径长度之和最短的二叉树，图 5-44(a)也是路径长度之和最短的二叉树。

若考虑结点带权的情况，则二叉树的形状就不确定了，满二叉树或者完全二叉树不再是带权路径长度之和最短的二叉树了。结点的带权路径长度为从该结点到树根之间的路径长度与结点的权值的乘积。**树的带权路径长度**为树中所有叶子结点的带权路径长度之和，

通常记作 $WPL = \sum_{k=1}^{n} w_k l_k$ (n 为叶子结点的总数；w_k 为该叶子结点对应的权值；l_k 为该叶子

结点到根结点的路径长度，即该叶子结点到根结点所经过的边的数目)。假设有 n 个权值

{w_1, w_2, …, w_n}，试构造一棵有 n 个叶子结点的二叉树，每个叶子结点带权为 w_i，则其中带权路径长度 WPL 最小的二叉树称作最优二叉树或哈夫曼树。

例如，图 5-44(a)、(b)、(c)所示的 3 棵二叉树都有 4 个叶子结点 a、b、c、d，分别带权 7、5、2、4，它们的带权路径长度分别为

对于图 5-44(a)：WPL = $7 \times 2 + 5 \times 2 + 2 \times 2 + 4 \times 2 = 36$

对于图 5-44(b)：WPL = $7 \times 3 + 5 \times 3 + 2 \times 1 + 4 \times 2 = 46$

对于图 5-44(c)：WPL = $7 \times 1 + 5 \times 2 + 2 \times 3 + 4 \times 3 = 35$

其中以图 5-44(c)所示二叉树的带权路径长度为最小。读者可以自行画出这 4 个叶子结点构成的各种二叉树，并计算它们的 WPL 值来验证。图 5-44(c)恰为哈夫曼树，其带权路径长度之和是最小的。

需要特别提醒的是，在计算 WPL 的公式中，n 表示的是叶子结点的总数，而不是二叉树结点的总数。

图 5-44(c)可能会给初学者一定的误导，误认为这种"半鱼骨"形状的二叉树必是哈夫曼树。事实上，这种形状和哈夫曼树之间并没有任何必然的联系。例如图 5-44(d)所示的二叉树就不是哈夫曼树。

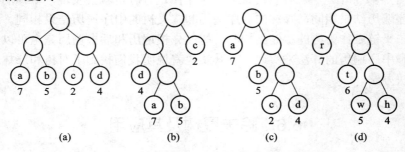

图 5-44　具有不同带权路径长度的二叉树

哈夫曼树的推论及性质如下：

(1) 叶子上的权值均相同时，完全二叉树一定是哈夫曼树；若叶子的权值不相同，则完全二叉树不一定是哈夫曼树。

(2) 哈夫曼树中没有度为 1 的结点，即 $n_1 = 0$。

(3) 在哈夫曼树中，权值较大的叶子离根的距离小于或等于权值较小的叶子离根的距离。

(4) 哈夫曼树是无序树，左右可随意互换，甚至树高也不唯一，只要该树的 WPL 值等于最小值即可。

(5) 对于一棵有 n 个叶子结点的哈夫曼树，根据二叉树的性质 3，无论哈夫曼树呈现什么样的形状，其结点总数必为 $n_0 + n_1 + n_2 = n + 0 + (n-1) = 2n-1$。

5.6.2　最优二叉树(哈夫曼树)的应用

哈夫曼树的应用很广，在不同的应用中叶子结点的权值可以有不同的解释。当哈夫曼树应用到信息编码中，权值可看成是某个符号或单词在一般情况下出现的频率；当应用到判定过程中，可看成是某一类数据出现的频率；当应用到排序问题中，可看成是已排好次序而待合并的序列的长度等。下面我们来看看哈夫曼树的两种典型应用场合。

1．应用于判定过程

利用哈夫曼树可以构成最佳判定过程。判定过程可以看成是一个二叉树，以开始判定作为根，测试的结果分为二叉，选其中一个分支再做进一步的判定。例如，要编制一个将百分制换成 5 级分制的程序。显然，这个程序很简单，只要利用条件语句便可完成。如：

```
if (a<60) grade= "差";
else if (a<70) grade= "及格";
else if (a<80) grade= "中";
else if (a<90) grade= "良";
else grade= "优";
```

这个判定过程可以用图的判定树来表示。如果上述程序需要反复大量使用，则应该考虑该程序的执行效率问题，尽量缩短其实际执行时间。该段代码，最优的情况是只需要执行 1 次判断和 1 次赋值就得出结果，最糟糕的情况是执行 4 次判断和 1 次赋值才得出结果。因为判断同样会消耗 CPU 的资源，所以在编写代码时希望尽量能够用较少的判定次数来得出结果。在实际运用中，学生的考分成绩在 5 个等级上的分布是不均匀的。极低分和极高分较少，位于中间段的比较多。假设其分布规律如表 5-1 所示。

表 5-1　传统判定方法下的比较次数统计表

分　数	0～59 分	60～69 分	70～79 分	80～89 分	90～100 分
出现概率	5%	15%	40%	30%	10%
比较次数	1	2	3	4	4

所以上面代码的实际平均比较次数为

$$E(c) = WPL = 1 \times 0.05 + 2 \times 0.15 + 3 \times 0.4 + 4 \times 0.3 + 4 \times 0.1 = 3.15$$

其对应的判定树如图 5-45(a)所示。

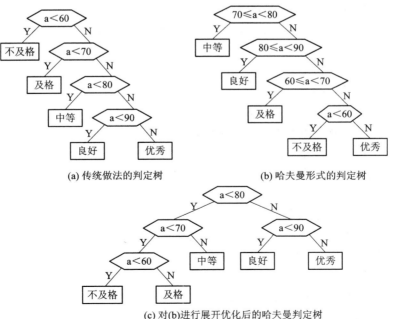

(a) 传统做法的判定树　　　　　　　(b) 哈夫曼形式的判定树

(c) 对(b)进行展开优化后的哈夫曼判定树

图 5-45　转换 5 级分制的判定过程

如果以这 5 个分支出现的概率为权构造一棵拥有 5 个叶子结点的哈夫曼树，则可以得到如图 5-45(b)所示的判定树。

由于图 5-45(b)中每个判定框内都有两次比较，所以将这两次比较拆开、整理，可以得到如图 5-45(c)所示的判定树。其对应的统计规律如表 5-2 所示。

表 5-2 哈夫曼判定树下的比较次数统计表

分　数	0～59 分	60～69 分	70～79 分	80～89 分	90～100 分
出现概率	5%	15%	40%	30%	10%
比较次数	3	3	2	2	2

它可以使所有数据经过平均的最少比较次数而得出结果。其实际平均比较次数为

$$E(c) = WPL = 3 \times 0.05 + 3 \times 0.15 + 2 \times 0.4 + 2 \times 0.3 + 2 \times 0.1 = 2.2$$

2. 哈夫曼编码

在数据通信中，需要将传送的文字转换成二进制的字符串，用 0、1 码的不同排列来表示字符。例如，需传送的报文为 "GOOD MORNING"，这里用到的字符集为 "G，O，D，M，R，N，I"，各字母出现的次数为{2，3，1，1，1，2，1}。现要求为这些字母设计编码。

要区别这 7 个字母，最简单的二进制编码方式是**等长编码**，固定采用 3 位二进制，可分别用 000、001、010、011、100、101、110 对 "G，O，D，M，R，N，I" 进行编码。当对方收到密文后再按照三位一分进行译码。显然每个字符的编码长度取决于报文中不同字符的个数。若报文中可能出现 26 个不同字符，则固定编码长度为 5。

然而，传送报文时总是希望总长度尽可能短，尤其是在一些涉密领域。在实际应用中，各个字符的出现频率或使用次数是不相同的，如 A、B、C 的出现用频率远远高于 U、V、Z，在设计编码时，让出现频率高的字符或词用短码，出现频率低的用长码，这样可以使得整个报文编码实际上更短。例如 G、O、D、M、R、N 和 I 的编码分别为 1、0、10、010、001、01 和 110。但这样长短不等的编码又会产生一个新问题，即如何解码。例如对于密文 "0010110"，采用上面的这 7 个编码去解码会产生多义性，使得解码结果不唯一，甚至无法完全译码。问题的根源在于某些编码是另外一些编码的前缀，故而造成在译码时无法断字，产生多义性。在这种情况下，就要求在设计编码时保证任何一个编码都不是任何另一个编码的前缀，符合此要求的编码称为**前缀编码**。

将每一种字符作为叶子结点，将每种字符的出现频率作为对应的叶子结点的权值，以此生成一棵哈夫曼树，求出此树的最小带权路径长度就等于求出了传送报文的最短长度。同时，约定在哈夫曼树的所有分支中，左侧的边标注字符 "0"，右侧的边标注字符 "1"，从根结点到叶子结点的路径上每条边对应的标注字符组成的字符串作为该叶子结点字符的编码。可以证明，如此得到的必为二进制前缀编码，而且是一种最优前缀编码。我们称这样的树为**哈夫曼编码树**，由此得到的编码称为**哈夫曼编码**。例如上例中 G、O、D、M、R、N 和 I 的哈夫曼编码为 000、01、0010、0011、100、11、101。每个叶子结点对应的编码相互不会是对方的前缀。如果一定要对哈夫曼树的支结点也同样进行编码的话，那些编码都是其孩子结点或子孙结点对应编码的前缀。但是哈夫曼树不对支结点进行编码，所以避

开了所有可能产生前缀的编码，同时又保证报文编码总长最短。

哈夫曼译码的过程，其中就是从哈夫曼树的根结点出发，按字符"0"和"1"确定找左孩子或右孩子，直至叶子结点，便求得该子串相应的字符。

现在使用的 Huffman 编码大致分为两种：静态 Huffman 编码和自适应 Huffman 编码。需要指出的是在静态 Huffman 编码中，要构造编码树必须提前统计被编码对象中符号的出现概率，因此必须对输入符号流进行两遍扫描，第一遍统计符号出现概率并构造编码树，第二遍进行编码，这在很多实际应用的场合中是不能接受的。其次，在存储和传送 Huffman 编码时，必须先存储和传送 Huffman 编码树。再次，静态编码树构造方案不能对输入符号流的局部统计规律变化作出反应。这些问题使得静态 Huffman 编码在实际中应用有限。

为了克服静态 Huffman 编码的缺点，人们提出了自适应 Huffman 编码，这种方案不需要事先扫描输入符号流，而是随着编码的进行同时构造 Huffman 树，因此，只需要进行一次扫描即可。在接收端伴随着解码过程同时进行着编码树的构造。自适应 Huffman 编码解决了静态编码树所面临的主要问题，因此在实际领域如高质量图像和视频流传输中获得了广泛的应用[①]。

5.6.3 最优二叉树(哈夫曼树)的创建

上面两节，我们讲述了最优二叉树的定义和应用场合，本节我们讲述哈夫曼树最重要和关键的部分，即如何创建哈夫曼树。

1. 哈夫曼算法

哈夫曼最早给出了一个带有一般规律的算法，俗称哈夫曼算法。现叙述如下：

(1) 根据给定的 n 个权值$\{w_1, w_2, \cdots, w_n\}$构成 n 棵二叉树的集合 $F=\{T_1, T_2, \cdots, T_n\}$，其中每棵二叉树 T_i 中只有一个带权为 w_i 的根结点，其左右子树都为空。

(2) 在 F 中选取两棵根结点的权值最小的树作为左右子树，构成一棵新的二叉树，且新的二叉树的根结点的权值为其左右子树上根结点的权值之和。

(3) 在 F 中删除这两棵树，同时将新得到的二叉树加入 F 中。

(4) 重复(2)和(3)，直到 F 只含一棵树为止，这棵树便是哈夫曼树。

2. 哈夫曼树的创建原理

下面我们以实际的例子来演示哈夫曼树的创建过程的原理。

例如，由 8 个字符组成的一段报文经过第一轮扫描，得知每个字符的出现频率分别为5%、29%、7%、8%、14%、23%、3%和11%，现在需要对这 8 个字符进行哈夫曼编码。

(1) 以这 8 个权值分别作为根结点，构造具有 8 棵树(每棵树当前只有 1 个结点)的森林，如图 5-46(a)所示。原始结点用圆圈表示，新生成的结点用方框表示。

---

① 因为自适应 Huffman 编码的过程较为复杂，而且是建立在静态 Huffman 树相关规则的基础上，出于难度和篇幅考虑，本教材暂且只讨论静态 Huffman 树和静态 Huffman 编码。后面章节若无特别说明，默认一律指的是静态。

(2) 从 8 个树的森林中选择根的权值最小的两棵树③和⑤作为左右子树构造一棵新树(因为哈夫曼树是无序树，所以两个子树可随意指定左右，都是正确做法)，并将这两棵树从森林中删除，并将以 8 为根结点的新树添加到森林中去，如图 5-46(b)所示。

(3) 在 7 个树的森林中选择根的权值最小的两棵子树⑦和⑧(或者是⑦和 8 ，当选出来的树根结点的权值和其他子树根结点权值相同时，任选其一均可)，然后按照第(2)步的做法合并和删除，得到 6 棵树的森林，如图 5-46(c)所示。

(4) 选择⑪和 8 ，重复第(2)步，得到图 5-46(d)。

(5) 选择⑭和 15 ，重复第(2)步，得到图 5-46(e)。

(6) 选择 19 和㉓，重复第(2)步，得到图 5-46(f)。

(7) 选择㉙和 29 ，得到图 5-46(g)。

(8) 合并最后两棵树，得到图 5-46(h)。

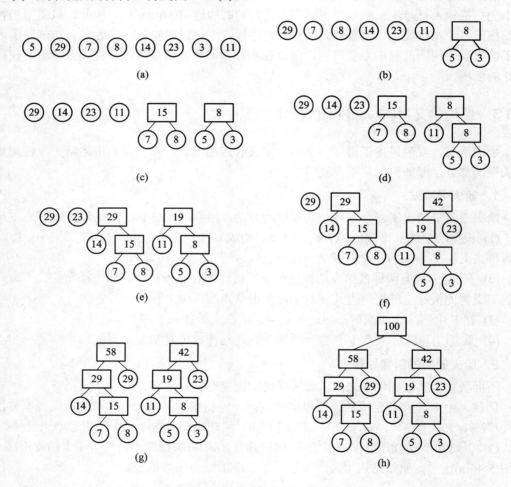

图 5-46　哈夫曼树的创建过程

图 5-46(h)所示就是一棵与 8 个权值对应的哈夫曼树，WPL = (29 + 23) × 2 + (14 + 11) × 3 +(7 + 8 + 5 + 3) × 4 = 271。考虑百分号之后，WPL 值为 2.71。哈夫曼树并不唯一，只要其 WPL 值算出来是 2.71 就是哈夫曼树。需要提醒注意的是，在本例中给出的是 8 个字符

在报文中的出现频率，且报文中只有这 8 个字符，所以哈夫曼树根结点的权值为 100，与各个分支概率的和等于 1 的概率性质相吻合。

在这棵哈夫曼树结构下，左边的边标 0，右边的边标 1，每个字符的对应叶子结点的哈夫曼编码为：从根结点到该叶子结点所经过的"0"和"1"的序列。例如图 5-47 中出现频率为 3%的字符的哈夫曼编码为 1011，而出现频率为 8%的字符的哈夫曼编码为 0011。

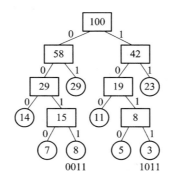

图 5-47　哈夫曼树和哈夫曼编码示意图

掌握了哈夫曼树创建过程的原理之后，下一个重要的知识点就是如何用程序模拟实现上述的各步骤。

3．哈夫曼树的创建操作

由于哈夫曼树中没有度为 1 的结点(这类树又称严格的(strict)(或正则的)二叉树)，则一棵有 n 个叶子结点的哈夫曼树共有 2n–1 个结点，可以存储在一个大小为 2n–1 的一维结构数组中，数组长度为 2n–1。如何选定结点结构？由于在构成哈夫曼树之后，为求编码需从叶子结点出发走一条从叶子到根的路径；而为译码需从根出发走一条从根到叶子的路径。所以对每个结点而言，既需要很方便地访问其双亲结点，也需要很方便地访问其叶子结点。因此，在一维结构数组中加入对双亲和左右孩子结点的位置标记。

在上述例子中，我们定义一个有 15 个元素的一维结构数组，其中 0～7 行表示最初的 8 个结点，各自是一个单结点的树，如图 5-48(a)所示。从这 8 棵树中选择权值最小的两棵树(即以 0 和 6 号结点为根结点的树)进行合并，生成 8 号结点，并调整 0、6、8 号结点的相关数据，如图 5-48(b)中阴影所示。

图 5-48(b)和图 5-48(c)是同一张表，从图 5-48(c)中可以看出，凡是结点的 parent 属性为 0，表示该结点没有双亲结点，是一棵树的根结点。所以 0～8 号这 9 个结点，除了 0 和 6 号结点外，在剩下的 7 个结点中，选择权值最小的两个，即 2 和 3 号结点，结点权值分别为 7 和 8，生成 9 号结点，并将 2、3 和 9 号结点的相关数据进行修改。

重复以上所述步骤，直到生成图 5-48(f)。

就像前面所讨论的一样，图 5-48(f)的结果并不是唯一的。读者可以思考其他结果形式在填表过程中如何获得。图 5-48(f)比图 5-47 更贴近程序化，离编写程序更近了一步。图示化、表格化、程序化三个步骤循序渐进，对理解和编写哈夫曼树创建操作的代码尤为重要。初学者切不可死记代码，应注重对原理的理解，以后才能灵活运用。

	weight	parent	lchild	rchild
0	5	0	0	0
1	29	0	0	0
2	7	0	0	0
3	8	0	0	0
4	14	0	0	0
5	23	0	0	0
6	3	0	0	0
7	11	0	0	0
8	0	0	0	0
9	0	0	0	0
10	0	0	0	0
11	0	0	0	0
12	0	0	0	0
13	0	0	0	0
14	0	0	0	0

(a)

	weight	parent	lchild	rchild
0	⑤	8	0	0
1	29	0	0	0
2	7	0	0	0
3	8	0	0	0
4	14	0	0	0
5	23	0	0	0
6	③	8	0	0
7	11	0	0	0
⑧	8	0	0	6
9	0	0	0	0
10	0	0	0	0
11	0	0	0	0
12	0	0	0	0
13	0	0	0	0
14	0	0	0	0

(b)

	weight	parent	lchild	rchild
0	5	8	0	0
1	29	0	0	0
2	7	0	0	0
3	8	0	0	0
4	14	0	0	0
5	23	0	0	0
6	3	8	0	0
7	11	0	0	0
8	8	0	0	6
9	0	0	0	0
10	0	0	0	0
11	0	0	0	0
12	0	0	0	0
13	0	0	0	0
14	0	0	0	0

(c)

	weight	parent	lchild	rchild
0	5	8	0	0
1	29	0	0	0
2	⑦	9	0	0
3	⑧	9	0	0
4	14	0	0	0
5	23	0	0	0
6	3	8	0	0
7	11	0	0	0
8	8	0	0	0
⑨	15	0	2	3
10	0	0	0	0
11	0	0	0	0
12	0	0	0	0
13	0	0	0	0
14	0	0	0	0

(d)

	weight	parent	lchild	rchild
0	5	8	0	0
1	29	0	0	0
2	7	9	0	0
3	8	9	0	0
4	14	0	0	0
5	23	0	0	0
6	3	8	0	0
7	11	0	0	0
8	8	0	0	6
9	15	0	2	3
10	0	0	0	0
11	0	0	0	0
12	0	0	0	0
13	0	0	0	0
14	0	0	0	0

(e)

	weight	parent	lchild	rchild
0	5	8	0	0
1	29	13	0	0
2	7	9	0	0
3	8	9	0	0
4	14	11	0	0
5	23	12	0	0
6	3	8	0	0
7	11	10	0	0
8	8	10	0	6
9	15	11	2	3
10	19	12	7	8
11	29	13	4	9
12	42	14	5	10
13	58	14	1	11
14	100	0	12	13

(f)

图 5-48　哈夫曼树创建的表格表示法过程

下面根据图 5-48 所示表格编写数据结构定义的相关代码。

```
/*****************************************
            代码 5.26——哈夫曼树的结构定义
            文件名：HuffmanTree.c（第 1 部分，共 5 部分）
 *****************************************/
#include "stdio.h"
#define    N    8                   //假设已知 n=8 个数据权值
typedef    struct    HuffRec
{
        double    w;                //允许权重为实数
        int Pr, Lch, Rch;
}HuffRec, *HuffRecPtr;
```

```
/*本例定义了一个全局数组 HT 用于存放哈夫曼树的相关数据。因为哈夫曼树有 2n–1 个结点，
    且 C 数组从 0 开始编号，故 HT 的最后一个元素的下标为 2n–2 */
HuffRec    HT[2*N-1];
int Code[N][N], Start[N];           //这两个全局数组主要用于哈夫曼编码的获取和保存
```

为了暂时便于初学者将主要精力集中在 Huffman 树的创建上，本代码直接将 HT 数组定义成全局变量，以方便后面的函数使用。

在程序中，需要针对若干个 parent 属性为 0 的结点，找出权值最小的一个，这需要单独写一个子函数来完成，如代码 5.27 所示。参数 m 表示在第 0 个到第 m 个结点中寻找最小者，子函数返回权值最小的元素在数组中的下标。需要引起注意的是 parent 不为 0 的结点不在该结点集范围内。

```
/**********************************************************
            代码 5.27——哈夫曼问题中特定的"求最小值位置"的子函数
            文件名：HuffmanTree.c（第 2 部分，共 5 部分）
 **********************************************************/
int    GetMinPos(int    m)
{
    int    k,    s;
    double    Min;
    k= 0;
    Min= 9999.99;
    for(s=0;    s<=m;    s++)
    {
        //若有相同的最小值元素，则以先找到的那个为返回。Pr 属性不为 0 的元素不在比较范围内
            if (HT[s].Pr==0    &&    HT[s].w < Min)
            {
                k=s;
                Min= HT[s].w;
```

```
        }
    }
    return k;
}
```

在本程序中，将权值最小者作为左孩子，次小者作为右孩子；在找最小值时，从 0 到 m 个元素，若 HT[i]和 HT[j]的权值相同，且都是最小值，i<j，则约定以 i 为返回。在这两种被固定的情况下，本程序的输出结果哈夫曼树是唯一的。程序结果不再具有二义性。当然，程序员也可以改变这些约定，得到的同样仍然是哈夫曼树。本例中将哈夫曼树定义为全局变量。程序员也可以将其通过参数或函数结果来返回得到，读者可自行练习该做法。

```
/*****************************************************
        代码 5.28——哈夫曼树的创建操作
        文件名：HuffmanTree.c(第 3 部分，共 5 部分)
*****************************************************/
int    CreateHuffmanTree()
{
    int i, j, m;
    double wi;
    printf("请依次输入%d 个权值的信息，用空格间隔：\n", N);
    for(i=0;   i<N;   i++)
    {
        scanf("%lf",   &wi);
        HT[i].w= wi;
    }
    for(m= N;   m< 2*N- 1;   m++)
    {
        i= GetMinPos(m-1);          //i 为最小者
        HT[i].Pr=m;
        j= GetMinPos(m-1);          //j 为次小者，因为经过了 HT[i].Pr=m 之后再次调用，i≠j
        HT[m].Lch= i;               //本程序设定最小者作为左孩子
        HT[m].Rch= j;
        HT[m].w= HT[i].w + HT[j].w;
        HT[j].Pr= m;
    }
    return 0;
}
```

经过上述 CreateHuffmanTree 函数的处理之后，哈夫曼树就以一维数组的形式存放在了名为 HT 的数组中。但是如何根据这个数组来进行哈夫曼编码呢？即如何从哈夫曼树的根结点出发走到每一个叶子结点，并记录左右分支的"0"和"1"字符串，得到最终每个字符的哈夫曼编码，这是哈夫曼编码程序后期处理必不可少的环节。从图 5-48(f)可以看出，所有的 n 个叶子结点都集中在 HT[0]～HT[n−1]，根结点在数组的最末位置，需要设计一个算法，从每个叶子结点出发，根据其 parent 属性访问到其双亲结点，重复此操作直到根结点，并同时根据孩子和双亲之间的左右关系形成哈夫曼编码。

如图 5-49 所示(以 n=8 为例)，我们设计一个 int 型的 Code 数组，专门用于存放 n 个元素的哈夫曼编码。每个元素的哈夫曼编码长度不一，但最大长度不会超过 n，故可以将 Code 数组设计为 n 行 n 列[①]。另外，因为当前算法从叶子结点出发寻找到根结点，这和哈夫曼编码的定义顺序相反(哈夫曼编码的顺序是从根结点到某个叶子结点)，所以，最先得到的是该元素哈夫曼编码的最末位，然后是次末位，最后才是首位。所以在将哈夫曼编码填入 Code 数组中某一行时，应采取右对齐的方式，并从右往左填写。当需要读取某个哈夫曼编码时，因为各个编码长度不一，所以需要设置一个起始读取位置，用 Start 数组来存储此位置信息。此方法需要较大的存储空间，但是算法思路较为简单清晰，程序实现难度相对较小，更适合初学者采用。

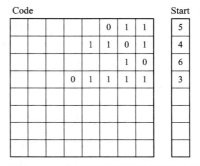

图 5-49　哈夫曼编码提取过程的中间
数据结构示意图

根据哈夫曼树形成哈夫曼编码的算法流程图如图 5-50 所示。需要注意的是在循环中对 j 的临界点的把握。初学者不仅要学会看代码、看流程图，更应该学会如何自己根据思路和原理去画流程图、写代码。必要时还需要对编程环境下的断点调试充分熟悉，以准确纠正流程和代码中的错误。

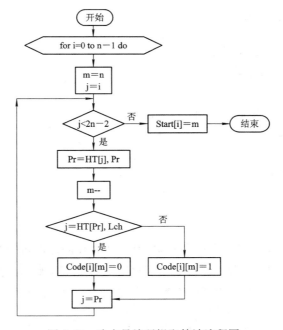

图 5-50　哈夫曼编码提取算法流程图

[①] 当 n 较大时，n 行 n 列的整型数组占用空间较大，技术熟练的程序员可采用位操作，以降低存储空间。本例也可以采用指针数组的形式来存放长度不一的 n 个编码。

具体的程序如代码 5.29 所示。

```
/**********************************************************************
        代码 5.29——哈夫曼编码提取操作
        文件名：HuffmanTree.c(第 4 部分，共 5 部分)
        说　明：在本函数中，Code[][]数组和 Start 数组是预先定义的全局数组
**********************************************************************/
int    GenerateCode()
{
    int i, j, m, pr;
    for(i= 0; i<N; i++)
        for(j=0; j<N; j++)
            Code[i][j]= 0;
    for (i= 0; i<N; i++)
        Start[i]= 0;
    for(i=0; i<N; i++)
    {
        m= N;
        j= i;
        while(j < 2*N-2)
        {
            pr= HT[j].Pr;
            m-- ;
            if (j== HT[pr].Lch)
                Code[i][m]= 0;
            else
                Code[i][m]= 1;
            j= pr;
        }
        Start[i]= m;
    }
    return 0;
}
```

到这一步，哈夫曼编码已经存放在 Code 数组中，我们可以再编写一个函数，负责将编码以比较直观的方式输出到控制台界面上，具体如代码 5.30 所示。

```
/**********************************************************************
        代码 5.30——哈夫曼编码输出显示
        文件名：HuffmanTree.c(第 5 部分，共 5 部分)
        说　明：在本函数中，Code[][]数组和 Start 数组是预先定义的全局数组
**********************************************************************/
int PrintfHuffmanCode()
```

```
    {
        int i, j;
        printf("%d 个权值对应的哈夫曼编码如下：\n", N);
        for(i= 0; i<N; i++)
        {
            printf("权值%5.1lf 的哈夫曼编码是：", HT[i].w);
            for(j= Start[i]; j<N; j++)
                printf("%d", Code[i][j]);
            printf("\n");
        }
        return 0;
    }
```

我们将这 5 个部分的代码组合成 HuffmanTree.c 文件，并添加如下的测试代码：

```
    int    main()
    {
        CreateHuffmanTree();
        GenerateCode();
        PrintfHuffmanCode();
        return 0;
    }
```

以上例中的数据为例进行输入，可以得到结果如图 5-51 所示。

图 5-51　Huffman 算法的程序代码运行测试结果

从图 5-51 中也可以看出，权值越大的结点，其 Huffman 编码往往越短；权值越小的结点，其 Huffman 编码往往越长。这一点不难理解。另外，多次录入数据测试表明：数据的录入顺序并不影响结果的输出。

习　　题

1. 一棵树表达成如下形式：

D={A, B, C, D, E, F, G, H, I, J, K, L}

R={<I,J>, <I,E>, <H,G>, <H,C>, <H,B>, <D,I>, <D,H>, <A,F>, <G,K>, <G,L>, <D,A>}

其中，D 为结点集合，R 为边的集合。请根据以上内容回答以下问题：

(1) 画出这棵树；

(2) 该树的根结点是哪一个？

(3) 哪些是叶子结点？

(4) H 结点的双亲结点是哪个？

(5) K 结点的祖先是哪些？

(6) H 结点的孩子结点是哪些？

(7) G 结点的兄弟结点是哪些？

(8) G 结点的堂兄弟结点是哪些？

(9) I 结点的度是多少？

(10) F 结点的层次是多少？

(11) 以 H 结点为根的子树的度是多少？

(12) 以 H 结点为根的子树的高度是多少？

(13) 该树的高度是多少？

(14) 该树的度是多少？

2．按要求画出图 5-52 中树的各种存储表示形式：

(1) 双亲表示法；

(2) 孩子表示法；

(3) 用孩子兄弟表示法将树转换成二叉树，并画出其二叉链表；

(4) 将以 S 结点为根结点的子树转换成二叉树，并画出该二叉树的顺序存储结构示意图。

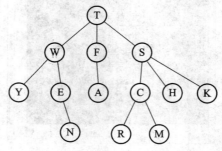

图 5-52 多叉树示意图

3．已知一棵二叉树的中序遍历序列为 B D C E A F H G，后序遍历序列为 D E C B H G F A，画出这棵二叉树的结构示意图。

4．已知一棵二叉树的前序遍历序列为 U W_M R E T G_，中序遍历序列为 W_RCEU_KG，后序遍历序列为_M E C_K_T_，画出这棵二叉树的结构示意图。

5．用递归的方式编写一个建立二叉树并求其深度的算法代码。

6．写一个函数，将一个已有的二叉链表的内容整体复制到另一个原本不存在的二叉链表中。

7．已知一个指向二叉链表根结点的指针 pBiTree，写一个函数，从 pBiTree 出发，按层遍历该二叉树，同层的结点按从左到右的次序进行访问。

8．假设通信用的报文由 8 个字母组成，其出现的频率分别是：5%、27%、6%、8%、15%、25%、3%、11%。请用这些字母出现的频率作为权值完成下列操作：

(1) 画出其哈夫曼树；

(2) 计算其带权路径长度 WPL 值；

(3) 写出权值为 3 的字母的哈夫曼编码。

9．假设有一组权值{6, 28, 7, 8, 14, 23, 3, 11}，请完成下列操作：

(1) 请用表 5-3 的格式填写程序建立 Huffman 树缺少的数据信息，填写时遵循"权值较小的结点放在左孩子位置"的原则；

表 5-3　哈夫曼树创建的表格表示法

weight	parent	lchild	rchild
6			
28			
7			
8			
14			
23			
3			
11			

(2) 请根据(1)的结果，画出对应的 Huffman 树。

第6章 图

在计算机的基础理论课程"离散数学"中，专门有一个理论分支，叫"图论"。图论主要研究图的一些复杂理论知识。在当前的"数据结构"课程中，我们也研究图，但是研究的侧重点和图论不同。确切地说，图论研究的是纯理论，而数据结构课程中的图研究的是如何在计算机上实现图的一些常用操作，学习如何在计算机中存储和操作图。为了方便没有学过图论的初学者能够顺利学习本章，在讲解的过程中我们会适当引入一些图论中的结论。读者直接视其为已知结论即可，不必深究。若要详细了解其证明过程，可参阅离散数学的相关教材。

图是一种比线性表和树更为复杂的数据结构。线性表中，除首尾结点之外每个元素都有唯一的先驱和后继。树中，如果非要用"前驱"和"后继"这两个概念来套的话，那么可以说：除了根结点之外，每个结点都有唯一的前驱，但是可能存在多个后继。但是在图中，结点之间的关系更为复杂，表现为任意两个结点之间都有可能产生关联。这使得图的描述和存储方法更难，允许的操作更多，应用也更为广泛，但也更贴近现实生活中的应用。图的应用非常广泛，在语言学、逻辑学、物理、化学、信息工程等领域有着重要的地位和作用。

6.1 图的基本概念

6.1.1 图的定义和术语

图的基本概念和相关术语较多，但因为其贴近人们的日常生活，所以其中的概念也并不难理解。本小节尽量用比较标准而又通俗的说法来介绍各个基本概念。

在线性表中，我们把数据元素叫做元素，树中把数据元素叫做结点，在图中我们把数据元素叫做**顶点**(Vertex)。**图**(Gragh)是由顶点的有穷非空集合和顶点之间边的集合组成，通常表示为 G(V, E)，其中 G 表示一个图，V 是图中顶点的集合，E 是图中连线的集合。

在一张图 G 中，顶点之间如果没有联系，可以不用画连线。所以边的集合 E 可以为空，但是顶点集合 V 不能为空。假设现在已知图 G(V, E)和图 G'(V', E')，且有 V'⊆V，E'⊆E，则称 G'是 G 的**子图**(Subgraph)。例如图 6-1 中带底纹的图均为左侧原图的子图。

在图 6-1 中我们看到了两种图。一种图中连线具有方向，另外一种则没有。如果顶点 v_i 到 v_j 之间的连线没有方向，则称这条连线为**边**(Edge)，用无序偶对(v_i, v_j)或者(v_j, v_i)表示，

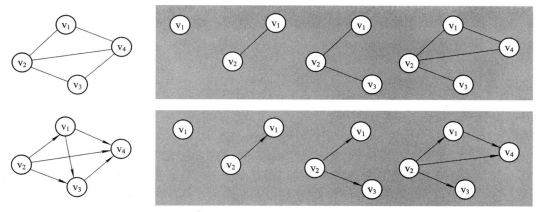

图 6-1　子图的示例

如图 6-2(a)所示。相反，如果顶点 v_i 到 v_j 之间的连线有方向，则称这条连线为 弧① (Arc)，用有序偶对(v_i, v_j)表示，v_i 端是 弧尾，v_j 端为 弧头，如图 6-2(b)所示。

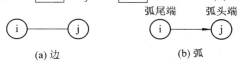

图 6-2　"图"中连线的表示种类

此时，需要注意两点：

(1) 边用小括号"()"表示，而弧用尖括号"<>"表示。

(2) 请注意弧头、弧尾与箭头之间的关系，不要记反了。可记住一个口诀："箭头即弧头"。

　　一般来说，数据结构领域中的图，顶点之间的连线要么全是没有方向的边，这种图称之为 无向图 (Undigraph)；要么全是有方向的弧，这种图称之为 有向图 (Digraph)，如图 6-3 所示。如果部分连线是弧，部分连线是边，则应将该图看作是有向图，而将其中的边理解成方向相反的两条弧。

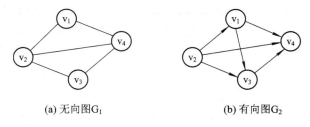

图 6-3　图的示例

在图 6-3 中，G_1 是无向图，可表示为

$$G_1=(V_1, \{E_1\})$$

_____

① 为了避免读者对繁多的概念产生混淆，本章中对只在有向图中出现的概念或术语用加方框进行强调；对只在无向图中出现的概念或术语用下划线进行强调；对无向图或有向图中都可能出现的概念不予强调。

其中

$$V_1=\{v_1, v_2, v_3, v_4\}$$

$$E_1=\{(v_1, v_2), (v_1, v_4), (v_2, v_4), (v_3, v_2), (v_3, v_4)\}$$

G₂ 是有向图，可表示为

$$G_2=(V_2, \{E_2\})$$

其中

$$V_2=\{v_1, v_2, v_3, v_4\}$$

$$E_2=\{<v_1, v_3>, <v_1, v_4>, <v_2, v_1>, <v_2, v_3>, <v_2, v_4>, <v_3, v_4>\}$$

如果图中不存在顶点到其自身的连线，而且同一条连线不重复出现，我们称这样的图为**简单图**。在数据结构领域中讨论的都是简单图。图 6-4 中的图不属于数据结构图领域要讨论的范围。

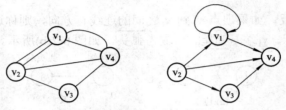

图 6-4　本课程不考虑的图例

对于无向图 G=(V, {E})，如果边$(v_i, v_j)\in E$，则称顶点 v_i 和 v_j 互为**邻接点**，即顶点 v_i 和 v_j 相邻接；边(v_i, v_j)**依附于**顶点 v_i 和 v_j，边(v_i, v_j)和顶点 v_i 或 v_j **相关联**。顶点 v_i 的度是和 v_i 相关联的边的数目，记为 $TD(v_i)$。例如图 6-3(a)中，v_2 和 v_4 相邻接，v_1 的邻接点为 v_2 和 v_4；v_1 的度为 2，v_2 的度为 3。

对于有向图 G=(V, {E})，如果弧$<v_i, v_j>\in E$，则称顶点 v_i 邻接到 v_j，弧$<v_i, v_j>$和顶点 v_i、v_j **相关联**。以顶点 v_i 为头的弧的数目称为 v_i 的入度(InDegree)，记为 $ID(v_i)$；以顶点 v_i 为尾的弧的数目称为 v_i 的出度(OutDegree)，记为 $OD(v_i)$；顶点 v_i 的度 $TD(v_i)=ID(v_i)+OD(v_i)$。例如图 6-3(b)中，v_1 的入度为 1，出度为 2；v_2 的入度为 0，出度为 3。不难证明：一个有向图中所有顶点的出度和入度之总和是弧的数目的 2 倍；无向图同样如此。

图中从一个点 v_i 到另外一个点 v_j 的**路径**(Path)，指的是在该图中从 v_i 到 v_j 所经过的一个顶点序列。需要注意的是在有向图中，路径是有向的，不允许在其中某一段出现逆行的方向。**路径长度**是路径上的边或者弧的数目。例如在图 6-3(a)中 v_2 到 v_4 的路径有(v_2, v_4)、(v_2, v_1, v_4)、(v_2, v_3, v_4)等，路径长度分别为 1、2、2；图 6-3(b)中 v_2 到 v_4 的路径有(v_2, v_4)、(v_2, v_1, v_4)、(v_2, v_3, v_4)、(v_2, v_1, v_3, v_4)，但是没有(v_2, v_3, v_1, v_4)，因为 v_3 到 v_1 没有路径。如果路径中出发点和终止点为同一个顶点，则称该路径为**回路或环**(Cycle)。如果路径中出发点和终止点为同一个顶点，而其他顶点都不相同，则称为**简单回路或简单环**；如果所有的顶点都不相同，则称之为**简单路径**。

在图 G 中，如果从顶点 v_i 到 v_j 存在路径，则称顶点 v_i 到 v_j 是**连通**的。进一步，如果无向图中任意两个顶点都是连通的，则称 G 是**连通图**(Connected Graph)。图 6-3(a)就是一个连通图，而图 6-5(a)中的图 G 是非连通图。但是 G 有 3 个连通分量，如图 6-5(b)所示。所谓**连通分量**(Connected Component)，指的是无向图中的极大连通子图。

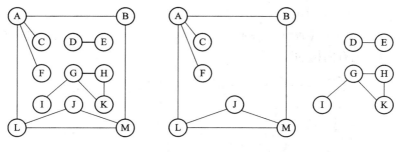

(a) 非连通图 *G*   (b) 非连通图 *G* 的3个连通分量

图 6-5 无向图及其连通分量

在有向图 G 中，对任意一对 $<v_i, v_j> \in V$，$v_i \neq v_j$，如果从 v_i 到 v_j，以及从 v_j 到 v_i，都存在路径，则称图 G 是 强连通图 。有向图中的极大强连通子图称作有向图的 强连通分量 。例如图 6-6(a) 中的图 G 不是强连通图，但是它有 2 个强连通分量，如图 6-6(b) 所示。

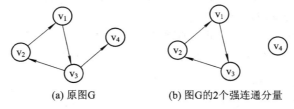

(a) 原图 G   (b) 图 G 的 2 个强连通分量

图 6-6 有向图及其 2 个强连通分量

在无向图中，一个连通图的 生成树 含有原图中的 n 个顶点，但只有 n-1 条边。连接 n 个结点，只需要 n-1 条边即可，但是往往一张图中都不止 n-1 条边，这就意味着图中往往都存在一个或者多个环。反过来，对于一个连通图，去掉其中一些边，破坏掉其中所有的环，则必然正好剩下 n-1 条边。因为原环中任何一条边都可以被去掉，所以一个图的生成树往往不止一个。生成树是连接 n 个结点所需的极小连通子图。图 6-7(b) 是生成树的一个示例，用 6 条边将原图的 7 个顶点连接起来。

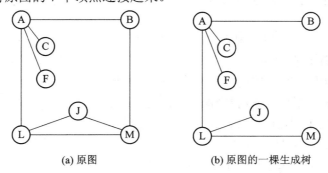

(a) 原图   (b) 原图的一棵生成树

图 6-7 图与生成树的示例

一个有 n 个顶点的生成树，有且只有 n-1 条边。如果一个图有 n 个顶点和小于 n-1 条边，则是非连通图。如果边的数目多于 n-1 条边，则必定存在环[①]。当然，有 n-1 条边的图不一定肯定就是生成树。

----

① 相关理论的证明，如果读者感兴趣，可以参阅离散数学相关教材。

在有向图中，如果一个图恰有一个顶点的入度为 0，其余顶点的入度均为 1，则是一棵 有向树 。一个有向图的 生成森林 由若干棵有向树组成，含有图中全部顶点，但是只有足以构成若干棵不相交的有向树的弧。如图 6-8 所示。

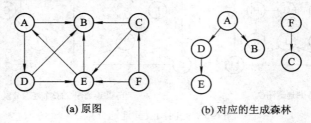

(a) 原图　　　　　　　　　(b) 对应的生成森林

图 6-8　有向图的生成森林示例

在无向图中，如果任意两个顶点之间都存在边，则称该图为 无向完全图 。含有 n 个顶点的无向完全图具有 $C_n^2 = (n \times (n-1))/2$ 条边。例如图 6-9(a)就是无向完全图，有 4 个顶点，具有 $C_4^2 = (4 \times (4-1))/2 = 12/2 = 6$ 条边。

在有向图中，如果任意两个顶点之间都存在方向互为相反的两条弧，则称该图为 有向完全图 。含有 n 个顶点的有向完全图具有 $A_n^2 = (n \times (n-1))$ 条弧。例如图 6-9(b)就是有向完全图，有 4 个顶点，具有 $A_4^2 = (4 \times (4-1)) = 12$ 条弧。

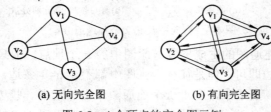

(a) 无向完全图　　　　　　(b) 有向完全图

图 6-9　4 个顶点的完全图示例

从这里可以得出两个推论：

(1) 对于具有 n 个顶点和 e 条边/弧的图，无向图有 0≤e≤n(n−1)/2，有向图有 0≤e≤n(n−1)；

(2) 在(1)的基础上，如果该图是连通的，则图的边数 e 的下界为 n−1。

不管是无向图还是有向图，当边/弧比较少时，称之为 **稀疏图**，反之称为 **稠密图**。至于何为"比较少"，这是一个比较模糊的概念，没有必要严格确定分界。之所以用稀疏图/稠密图来关注边/弧的数目，主要是为了便于确定图的存储结构。这点我们会在后续讲解图的存储结构时专门给予说明。

在实际应用时，图的边/弧往往映射为现实中的某个具体的信息，附带有相关的数字值，这种与图的边/弧相关联的数字值称之为 **权**(Weight)。这些权值可以理解成从一个顶点到另外一个顶点所需要的金钱开销、时间耗费、距离等。带权的图通常称之为 **网**(Network)。例如图 6-10 中的图就属于网，其中权值表示两点之间的航程距离。

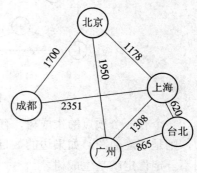

图 6-10　网示例

下面对本小节的繁多内容再进行一个简单的梳理：

图按照是否有方向分为**无向图**和**有向图**。无向图由**顶点**和**边**构成，有向图由顶点和弧构成。弧有**弧尾**和**弧头**之分，弧头即箭头。

图按照边或弧的多少分为**稀疏图**和**稠密图**。如果任意两个顶点之间都存在边叫**完全图**，有向的叫**有向完全图**。数据结构领域只考虑**简单图**，即无重复连线或者顶点到其自身的连线。

图中顶点之间有**邻接**、**依附**的说法。无向图顶点的边数叫做**度**，有向图顶点分为**出度**和**入度**。

带**权**的图称为**网**。

图中的**路径**由一连串的顶点序列组成。无向图中两个顶点之间存在路径说明是**连通**的。如果路径最终回到起始点则称为**环**或**回路**，当中不重复叫**简单路径**。无向图中，若任意两顶点相互都是连通的，则图称为**连通图**；若是有向图中，则称为**强连通图**。图中有子图，若子图极大连通，则称为**连通分量**，有向的则称为**强连通分量**。

无向图中连接 n 个结点的 n-1 条边构成了**生成树**。有向图中若干棵**有向树**连接 n 个结点，且总共具有 n-1 条弧，构成了**生成森林**。

6.1.2　图的抽象数据类型定义

在给出图的抽象数据类型定义之前，需要特别说明几点：

(1) 基本操作的说明中，对于各个方法的名称及参数名字，只是作者为方便读者理解而建议命名的标识符，并非必须如此命名。

(2) 在基本操作的说明中，对各个方法的描述采用的是非常粗略的伪代码形式，并非真实代码。方法的参数和返回值类型等均需要在真实代码中根据实际问题定义。

(3) 在基本操作的说明中，程序员可以根据实际问题的需要来选择是否增删或者调整操作。本节只给出建议，并未做硬性要求。

(4) 在基本操作的说明中，请留意所有带有**标记的参数。这些参数都必须采用地址传递的方式。请思考为什么必须如此。

图的抽象数据类型定义如下：

ADT　Gragh {

　　数据对象 V：V 是具有相同特性的数据元素的集合，称为顶点集。

　　数据关系 R：

　　　　R = {VR}

$$VR = \left\{ <v, w> \left| \begin{array}{c} v, w \in V \text{且} P(v, w) \\ <v, w> \text{表示从} v \text{到} w \text{的弧}, \\ \text{谓词} P(v, w) \text{定义了弧} <v, w> \text{的意义或信息} \end{array} \right. \right\}$$

　　基本操作：

　　CreateGraph(**ppG, V, VR);

　　　　初始条件：V 是图的顶点集，VR 是图中弧的集合。

　　　　操作结果：按 V 和 VR 的定义构造图 G。

备　　注：该操作返回指向图的二重指针 ppG。

DestroyGraph(**ppG);

　　初始条件：指向图 G 的存储结构的二重指针 ppG 非空。

　　操作结果：释放该存储结构的所有内存空间，并将指针 ppG 复位为 NULL。

　　备　　注：无。

LocateVex(*pG, u);

　　初始条件：pG 指针所指向的图 G 存在；u 和图 G 中其他顶点具有相同结构。

　　操作结果：若图 G 存在顶点 u，则返回该顶点在图中的位置，否则返回其他
　　　　　　　信息。

　　备　　注：无。

GetVex(*pG, v);

　　初始条件：指针 pG 指向的图 G 存在；v 是 G 中某个顶点。

　　操作结果：返回 v 的值。

　　备　　注：无。

PutVex(*pG, v, value);

　　初始条件：指针 pG 指向的图 G 存在；v 是 G 中某个顶点。

　　操作结果：对 v 赋值 value。

　　备　　注：无。

FirstAdjVex(*pG, v);

　　初始条件：指针 pG 指向的图 G 存在；v 是 G 中某个顶点。

　　操作结果：返回 v 的第一个邻接顶点，若顶点在 G 中没有邻接顶点，则返回空。

　　备　　注：无。

NextAdjVex(*pG, v, w);

　　初始条件：指针 pG 指向的图 G 存在；v 是 G 中某个顶点，w 是 v 的邻接点。

　　操作结果：返回 v 的(相对于 w 的)下一个邻接顶点，若 w 是 v 的最后一个邻接
　　　　　　　点，则返回空。

　　备　　注：无。

InsertVex(**ppG, v);

　　初始条件：指针 pG 指向的图 G 存在；v 和图 G 中的顶点具有相同特征。

　　操作结果：在图 G 中添加新顶点 v。

　　备　　注：无。

DeleteVex(**ppG, v);

　　初始条件：指针 pG 指向的图 G 存在；v 是图 G 中某个顶点。

　　操作结果：删除 G 中顶点 v 以及相关的弧。

　　备　　注：无。

InsertArc(**ppG, v, w);

　　初始条件：指针 pG 指向的图 G 存在；v 和 w 是 G 中两个顶点。

　　操作结果：在图 G 中添加弧<v, w>，若 G 是无向图，则还添加对称弧<w, v>。

　　备　　注：无。

DeleteArc(**ppG, v, w);

　　初始条件：指针 pG 指向的图 G 存在；v 和 w 是 G 中两个顶点。

　　操作结果：在图 G 中删除弧<v, w>，若 G 是无向图，则还删除对称弧<w, v>。

　　备　　注：无。

DFSTraverse(*pG, visit());

　　初始条件：指针 pG 指向的图 G 存在；visit()是顶点的应用函数。

　　操作结果：对图进行深度优先遍历。在遍历过程中对每个顶点调用函数 visit()
　　　　　　　一次且仅一次。一旦 visit()失败，则整个操作设定为失败退出。

　　备　　注：无。

BFSTraverse(*pG, visit());

　　初始条件：指针 pG 指向的图 G 存在；visit()是顶点的应用函数。

　　操作结果：对图进行广度优先遍历。在遍历过程中对每个顶点调用函数 visit()
　　　　　　　一次且仅一次。一旦 visit()失败，则整个操作设定为失败退出。

　　备　　注：无。

}**ADT** Graph

6.2　图的存储结构

　　在上一节中，我们讲到的关于图的所有内容，都属于图的逻辑结构中的相关知识。读者通过学习，已经知道图是一种非常复杂的数据结构。这一节我们主要考虑一个问题：如何把如此复杂的结构用计算机能够理解的方式存储和表示出来，并且有利于我们进行相关的算法操作？

　　因为在图当中，任意两个顶点之间都可能存在联系，顶点的位置、边/弧的长短等都只是一个抽象的示意表示，并不具备什么特殊含义，所以，在一张图中，是没有上下左右之分的，可以 360°旋转，单纯连线的长短也不代表任何含义。在 6.1 节中也从未讲过有任何方式能够让图中的众多顶点或者连线与一维的任何信息产生关联，所以，线性表的任何存储方法在图中不可能再适用。而多叉链表结构，即以一个数据域和多个指针域组成的结构体表示图中的一个顶点，这种方式虽然能够实现图的表示和存储，但在实际中并不可行。因为图中每个顶点的度差异很大，毫无规律，如果统一以度数最大的顶点来设计结构体，会存在多个指针域浪费严重、指针域相互之间不易区分、难以增加新的边/弧等一系列问题，从而使得基于这种结构的各种算法变得异常复杂和漏洞百出。如果针对每个顶点当前的度采用合适的结构存储，又会使得程序中定义的结构体过多，难以控制和协调，同样也不易于图中对边/弧的增删操作。目前，在数据结构领域，已经设计出了多种存储结构，每种结构有其自身的优势和缺点。在下面的小节中将具体介绍几种常用的结构。

6.2.1　邻接矩阵表示法

　　图虽然很复杂，但是它始终是由顶点和边/弧这两部分组成的。邻接矩阵(Adjacency Matrix)表示法的思路是将顶点和边/弧分别用两个结构来进行存储，并从中建立关联。邻接矩阵表示法是用两个数组来表示图。一个一维数组用于存储图中的顶点信息(存储的顺序体现出结点的编号顺序)，一个二维数组[①](称为邻接矩阵)用于存储图中的边/弧的信息，其行列编号要与一维数组中的顶点编号相对应。

对于这个二维邻接矩阵，假设图 G 有 n 个顶点，则邻接矩阵是一个 n×n 的方阵，定义为

$$arc[i][j]=\begin{cases}1 & 若(v_i,v_j)\in E \ 或 \ <v_i,v_j>\in E\\0 & 反之\end{cases}$$

如果编号 i 到编号 j 的顶点有一条弧/边，则二维方阵 arc[i][j] 的值为 1。对于这个二维数组，因为其取值主要是 0 或者 1，所以设置成简单的 int 型即可[②]。

无向图的邻接矩阵表示法如图 6-11 所示。图 6-11(a)是给定的原图，如果所有的顶点已经被客户编号，则必须按照编号的值来对顶点数组进行存储；如果未编号，则程序员将顶点存入一维数组的顺序可以随意自定[③]。确定了顶点数组中的存储顺序，也就相当于确定了各个顶点的编号。在此基础上，针对边/弧数组进行相关的设置。从图 6-11(b)中可以看出，无向图的边/弧数组是一个基于主对角线的对称矩阵；编号为i(i从0开始编号[④])的顶点的度，等于边/弧矩阵中第 i 行或第 i 列的非 0 元的个数。

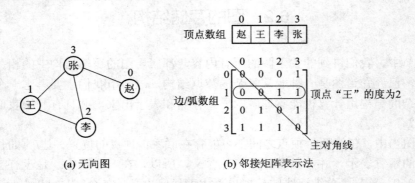

(a) 无向图　　　　　　　　　(b) 邻接矩阵表示法

图 6-11　无向图的邻接矩阵表示法

有向图的邻接矩阵表示法如图 6-12 所示。对顶点数组的处理和无向图相同。在有向图的边/弧数组中，不再是对称矩阵；而且第 i 行的非 0 元个数表示编号为 i 的顶点的出度；第 i 列的非 0 元个数表示编号为 i 的顶点的入度。整个矩阵的非 0 元总个数应等于弧的总数。

---

① 在数组一章讲过，要存储一个二维方阵，不一定非要用二维数组来存储，还可以有其他的一些存储结构。但是此处，为了方便图中的若干复杂的操作，大多数情况下，程序员还是会选择比较简单的二维数组来存储这个方阵，以牺牲适当空间的代价来换取算法操作和编码上的便利性。

② 一种更为节省空间的办法是将这个二维数组定义成 bit 类型，但是必须要求这个图在未来不需要存储边/弧的权值信息，否则程序的改动量较大。

③ 顶点数组的存储顺序不可随意移动，否则会造成边/弧数组及其他相关数据结构中数据更新的麻烦。

④ 通常意义上来讲，对某些对象进行编号都是从 1 开始，但因为在 C 语言中数组的下标是从 0 开始编号，所以，当该编号与数组下标直接相关时，则往往会改为从 0 开始编号。

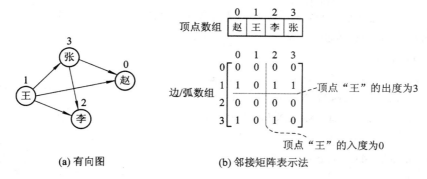

(a) 有向图　　　　(b) 邻接矩阵表示法

图 6-12　有向图的邻接矩阵表示法

为了使得邻接矩阵表示法能表示出带权值的网，我们提供的方案如下：

$$arc[i][j]=\begin{cases} w_{ij} & 若(v_i,v_j)\in E \ 或 \ <v_i,v_j>\in E \\ \infty & 反之 \end{cases}$$

这里，w_{ij} 表示 (v_i,v_j) 或 $<v_i,v_j>$ 上的权值。∞ 是一个数学符号，并不是一个真正的值。在实际存储时，它应该是一个编码允许但实际应用中不可能出现的特殊值。需要注意的是，我们并没有用 0 来表示，而是采用了一个特殊值。这是因为在有些时候，权值为 0 的可能性比权值碰巧为特殊极端值的可能性要大。网的邻接矩阵表示法如图 6-13 所示。

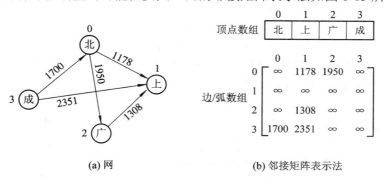

(a) 网　　　　(b) 邻接矩阵表示法

图 6-13　网的邻接矩阵表示法

经过上面的讲解，相信读者对图的邻接矩阵表示法已经有了一定的了解。下面需要解决一个切实问题，即如何编码实现？图的邻接矩阵表示法基本结构定义如代码 6.1 所示。

```
/****************************************************

    代码 6.1——图的邻接矩阵基本结构定义
    文件名：AdjMatrixGraph.c(第 1 部分，共 6 部分)
****************************************************/
#include "stdio.h"
#include "malloc.h"
typedef char VertexType[20];        //假定顶点元素的类型为 char[20]
typedef float    EdgeType;
#define MAXVEX 100                   //假定图中最多只有 100 个顶点
```

```
#define MAXEDGE 2000                //假定图中最多只有 2000 条边或弧
#define INFINITY 65535
typedef struct
{
    VertexType vexs[MAXVEX];
    EdgeType    arcs[MAXVEX][MAXVEX];
    int iCurVexCount;
    int iCurEdgeCount;
}AdjMatrix;
```

创建一个图,就是给属于上述结构体类型的结构体变量中的 vexs 成员(顶点数组)和 arcs 成员(边/弧数组)输入数据的过程。需要注意的一个基本常识和易犯错误就是,在输入数据前,务必要确保图的结构体变量已经存在或者指向图结构体的指针要指向已分配的空间。下列代码是错误的。读者可思考其错在什么地方,如何纠正。

```
AdjMatrix *pG;
pG->vexs[0]= 'a';        //错误! pG 指向的空间不存在,不能拿来使用
```

正确的邻接矩阵创建操作如代码 6.2 所示。

```
/********************************************************************
    代码 6.2——图的邻接矩阵创建操作
    文件名:AdjMatrixGraph.c(第 2 部分,共 6 部分)
    说   明:输入指向图 G 结构体的二重指针 ppG,在函数内进行数据的录入
********************************************************************/
int CreateAdjMatrix(AdjMatrix **ppG)
{
    int i,j,k;
    float weight;
    //第一步:申请新图所需要的结构体空间
    *ppG= (AdjMatrix *)malloc(sizeof(AdjMatrix));
    if (*ppG==NULL) return -1;
    //第二步:输入顶点和边/弧的数目
    printf("请输入顶点数目和边/弧数目,用空格隔开:\n");
    scanf("%d%d",&(*ppG)->iCurVexCount, &(*ppG)->iCurEdgeCount);
    //第三步:输入各个顶点
    printf("请按编号顺序依次输入各个顶点的值,用空格隔开:\n");
    for(i=0; i < (*ppG)->iCurVexCount; i++)
        scanf("%s", (*ppG)->vexs[i]);
    //第四步:边/弧数组初始化
    for(i=0; i < (*ppG)->iCurVexCount; i++)
        for(j=0; j < (*ppG)->iCurVexCount; j++)
            (*ppG)->arcs[i][j]= INFINITY;
```

```
//第五步：输入各条边/弧
printf("请输入弧的起始点编号、终止点编号和弧的权值：\n");
for(k=0; k < (*ppG)->iCurEdgeCount; k++)
{
    scanf("%d%d%f",&i,&j,&weight);
    (*ppG)->arcs[i][j]=weight;
    (*ppG)->arcs[j][i]=weight;
}
return 0;
}
```

可以编写如下的代码来对其进行简单测试。

```
int main()
{
    AdjMatrix *pG;
    CreateAdjMatrix(&pG);
    return 0;
}
```

以图 6-13(a)的有向图为例，数据录入的界面如图 6-14 所示。

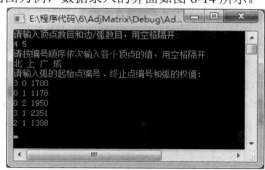

图 6-14 代码 6.2 的测试数据录入示意图

关于该代码创建邻接矩阵的结果,在输出界面上并不能直观地看出来,但可以借助5.3.1小节所介绍的方法,通过在 Watch 窗口中查看 pG 指针指向的结构的数据来验证，参见图5-13。因为该结构较大,不好附图,故此处不再展示。

从上面的代码可以看出，邻接矩阵最终的生成结果,直接依赖于对图中各顶点的编号，弧的录入顺序对其并没有影响。

关于图的邻接矩阵表示法中的其他基本操作，留给读者自行练习,此处由于篇幅问题，不再一一讲解。

邻接矩阵表示法的优点主要有以下两点：

(1) 在邻接矩阵表示法中，要快速查询一个顶点的出度和入度，只需要看矩阵的行或列中的非 0 元或者非∞元的个数即可，较为方便。

(2) 在程序运行的过程中增加或删除一条边/弧，只需要在邻接矩阵中对边/弧数组中相应的元素值进行修改即可，无需改变原有的对象结构，所以从空间利用率的角度来看，邻接矩阵表示法非常适合存储稠密图。

邻接矩阵表示法的主要缺点是：当图为稀疏图时，邻接矩阵表示法的空间利用率太低，空间浪费严重。例如用邻接矩阵表示法存储一张有 100 个顶点、110 条弧的有向图，则需要申请的边弧数组中有 10 000 个元素，但是该数组中只存储 110 个元素，存在极大的空间浪费(空间利用率几乎只有 1%)。

6.2.2　邻接表/逆邻接表表示法

经过上面的分析，我们看到了邻接矩阵表示法的缺点。因此必须要考虑一种新的存储结构来解决稀疏图的存储问题，就是本小节将要讲到的邻接表或逆邻接表。

1. 邻接表的结构定义

邻接矩阵之所以可能存在巨大的空间浪费，是因为邻接矩阵的边/弧数组是事先按照顶点总个数确定下来的二维数组，不管边/弧是否存在，其对应的空间已经在内存中分配好了，因此才导致空间的浪费。如果我们转换思维，当边/弧存在的时候添加对象结构进行存储，当边/弧不存在的时候从结构中删除对应的对象结构，就能避免浪费。对这一思路稍加整理，就是我们下面要讲到的邻接表。

邻接表从外观上看很像树的孩子表示法。其具体结构如下：

(1) 第一部分：用一个一维数组来存储所有顶点的值。之所以采用一维数组而不用单链表，是因为数组具有"直接存取"的特点，方便频繁读取。

(2) 第二部分：多个单链表。对于顶点的所有邻接点的编号序列，因为边/弧的任意性，所以采用对存储变长数据有优势的单向链表来进行存储。同时，将指向这个单链表的表头指针存储到一维数组中。需要注意的是，这不是一个单链表，而是多个单链表。

图 6-15 所示的就是图 6-12(a)这个有向图的邻接表结构。至于无向图的邻接表结构，处理方法和有向图几乎完全相同，但是单链表的结点数目会翻倍，因为一条边可以理解为方向互为相反的两条弧。

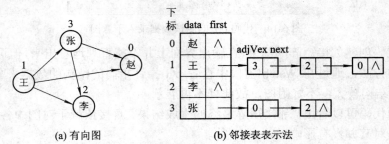

(a) 有向图　　　　　　　(b) 邻接表表示法

图 6-15　有向图的邻接表表示法

在理解邻接表结构定义时，需要注意以下几点内容：

(1) 若原图顶点未编号，则一维数组中顶点存储顺序可自定，否则必须按编号顺序。

(2) 单链表中存储的是邻接点在一维数组中的下标编号，而不是顶点的值[①]，所以单链

[①] 之所以如此设计，主要是考虑到数据存储的一致性，同时也能更好地节省存储空间(因为顶点元素结构复杂，往往比一个 int 型所需要的存储空间大得多)。

表的结点和一维数组的数组元素并不是同一种结构类型。

(3) 和树的孩子表示法一样，在书写代码定义时必须按照先定义单链表结点，其次定义数组元素类型，最后定义数组的顺序来书写。

(4) 和树的孩子表示法不同[①]，因为"邻接点"是一个无序的概念，所以邻接表表示法中的所有单链表都是无序链表，谁在前、谁在后都一样。

对于带权值的网，可以在单链表的结点结构定义中增加一个 weight 域，用于存储权值信息即可，如图 6-16 所示。

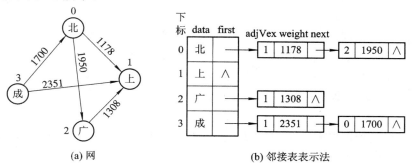

图 6-16　网的邻接表表示法

2．邻接表结构的优缺点

那么邻接表这样的结构，会具有什么样的优点和缺点呢？

邻接表的优点在于：按照边/弧的实际数目来确定对象结构，因此避免了邻接矩阵中的空间过度浪费；在有向图中，邻接表很方便获知某个顶点的出度(顶点对应的单链表的表长值)，而在无向图中，这个值就是顶点的度。

邻接表的缺点在于：在有向图中，如果要获知某个顶点 v_i 的入度非常麻烦，需要遍历所有单链表的所有结点，看有多少个结点的 adjVex 域为 i。这个操作的时间复杂度为 O(e)。

基于这样的情况，如果在实际应用中需要频繁使用任意顶点的入度，或者需要频繁知道有哪些弧指向指定顶点，则可以采用**逆邻接表**来处理。逆邻接表的结构定义和邻接表完全一样，只不过在逆邻接表的 adjVex 域中存储的是指向当前顶点的弧的弧尾端顶点编号，如图 6-17 所示。在这种结构下，要获取图中某个顶点的入度非常简单，但是要获取其出度则变得稍微麻烦一些，需要遍历所有单链表的所有结点方知。

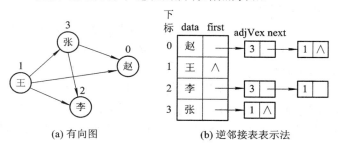

图 6-17　有向图的逆邻接表表示法

---

① 在多叉树的孩子表示法中，如果树是一棵有序树，则孩子表示法中的单向链表是有序表，表内结点不可随意调换顺序，否则会引发歧义。

3. 邻接表/逆邻接表的结构定义代码

邻接表/逆邻接表表示法的基本结构定义如代码 6.3 所示。

```
/***********************************************

        代码 6.3——图的邻接表表示法基本结构定义
        文件名：AdjList.c(第 1 部分，共 5 部分)

***************************************************/
#include "stdio.h"
#include "malloc.h"
#define MAXVEX 100              //假定图中最多只有 100 个顶点
typedef char VertexType[20];    //假定顶点元素的类型为 char[20]
typedef float EdgeType;         //假定弧的权值类型为 float
typedef struct LinkListNode     //弧表结点
{
    int adjVex; //邻接点域，存储该弧对应的弧头点的下标(邻接表)或弧尾点的下标(逆邻接表)
    EdgeType weight;            //权值域，存储该弧对应的权值
    struct LinkListNode *next;
}LinkListNode;
typedef struct VertexNode       //顶点表结点
{
    int InDegree;    //在拓扑排序算法中专门增设的域，如果没学拓扑排序，可忽略此成员
    VertexType data;           //顶点域，存储图中所有顶点的基本信息
    LinkListNode *first;       //弧表的表头指针，指向第一个弧表结点
}VertexNode;
typedef struct                 //封装，加入图的一些相关辅助信息
{
    VertexNode AdjList[MAXVEX];
    int iVertexCount;
    int iEdgeCount;
    int visited[MAXVEX];
}ADJLIST;                       //邻接表新类型产生，取名 ADJLIST
#include "LinkStack.h"          //深度遍历需要使用链栈
#include "LinkQueue.h"          //广度遍历需要使用链队列
```

对于邻接表的创建操作，因为涉及对顶点表和弧表的创建，尤其是弧表结点需要反复用 malloc 函数来申请空间，所以会稍微复杂一些。需要注意的是，邻接表是支持对有向图的表示的，如果需要表示无向图，则输入一条边需要按两条方向相反的弧来处理。图的邻接表创建操作如代码 6.4 所示。

```
/*******************************************

        代码 6.4——图的邻接表创建操作
        文件名：AdjList.c(第 2 部分，共 5 部分)
```

说　明：若图中边/弧有权值，则应启用标有(*)行的代码
**/

```
int CreateAdjList(ADJLIST **ppG)
{
    int i, j, k;
    // float weight;                              // (*)
    LinkListNode *p;
    //创建并初始化图的邻接表结构
    *ppG= (ADJLIST *)malloc(sizeof(ADJLIST));
    if (*ppG==NULL) return -1;
    printf("请先输入顶点总数和弧的总数： \n");
    scanf("%d%d", &(*ppG)->iVertexCount,&(*ppG)->iEdgeCount); //输入顶点总数和弧的总数
    printf("请输入顶点的值(以空格键间隔)： \n");
    for (i=0; i < (*ppG)->iVertexCount; i++)
    {
        scanf("%s", (*ppG)->AdjList[i].data);       //按编号依次输入顶点的值
        (*ppG)->AdjList[i].first= NULL;             //将弧表初始置为空
        (*ppG)->AdjList[i].InDegree= 0;             //如果没学拓扑排序，可不看此行代码
        (*ppG)->visited[i]= 0;
    }
    printf("请随意输入所有弧的顶点编号组合。\n 例如从 3 号点到 5 号点有一条弧，则输入 3,5\n");
    for(k= 0; k < (*ppG)->iEdgeCount; k++)
    {
        scanf("%d,%d", &i, &j);                     //输入弧(vᵢ, vⱼ)的顶点序号
        //scanf("%d,%d,%f", &i, &j, &weight);       //若启用本行，则删除上一行代码  (*)
        p= (LinkListNode *)malloc(sizeof(LinkListNode));
        if (p==NULL)
            return -1;
        p->adjVex= j;
        p->next= (*ppG)->AdjList[i].first;
        //p->weight= weight;                         // (*)
        (*ppG)->AdjList[i].first = p;
        (*ppG)->AdjList[j].InDegree++;              //如果没学拓扑排序，可不看此行代码
    }
    return 0;
}
```

从上面的代码可以看出，邻接表/逆邻接表最终创建的结果，直接依赖于对图中各顶点的编号顺序以及各条弧的录入顺序。代码的时间复杂度为 O(n+e)。

我们可以编写简单的测试代码来进行该函数的测试。

```
int main()
{
    ADJLIST *pG;
    CreateAdjList(&pG);
    return 0;
}
```

以图 6-15(a)中的图为例，数据录入的界面如图 6-18 所示。

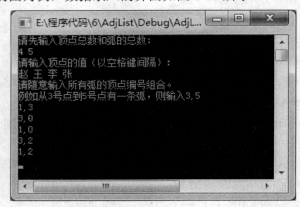

图 6-18   代码 6.4 测试数据录入示意图

关于该函数创建的邻接表数据，读者可通过 5.3.1 节所介绍的方法进行验看，参见图 5-13。需要提醒的是图 6-15(a)的有向图并没有权值，所以创建函数在运行过程中未填权值信息；且因为 ppG 是二重指针，所以实参形式应为&pG。

关于邻接表的其他操作，限于篇幅原因，本书就不再一一讲解了。基础薄弱的初学者应将学习的重点放在对图的结构和相关算法思想流程的理解上，编码能力较强的同学可以尝试编写全套的完整代码。

6.2.3   十字链表表示法

在上面的小节中，我们学到了邻接表和逆邻接表，这两种结构的优缺点基本上是互补的。邻接表可以很方便地知道任意顶点的出度，但是不方便获知其入度；逆邻接表可以很方便地求任意顶点的入度，但是不方便获知其出度。如果当前的应用要求频繁地获取任意顶点的出度和入度，该怎么办呢？有没有一种办法，既能很方便地获知任意顶点的出度，也能方便地得到其入度，同时，还能避开邻接矩阵中存在的空间严重浪费的可能性呢？还真有这样一种结构可以做到，它叫做**十字链表**。十字链表的基本原理是将邻接表和逆邻接表分别从横向和纵向两个方向对有向图中的相关弧结点进行串联。当需要搜寻以某一个顶点为弧头的下一条弧时，根据邻接表中对应单链表的 HeadLink 指针域(纵向往下指)来找寻下一条同尾的弧结点；当需要搜寻以某一个顶点为弧尾的下一条弧时，根据逆邻接表中对应单链表的 TailLink 指针域(横向往右指)来找寻下一条同尾的弧结点。以同样的有向图为例，未整合的十字链表表示法如图 6-19 所示。

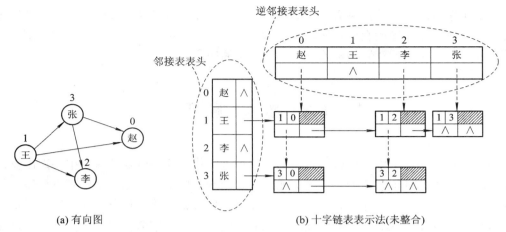

(a) 有向图   (b) 十字链表表示法(未整合)

图 6-19 有向图的十字链表表示法(未整合)

在图 6-19(b)中，每一条弧对应着一个弧结点；阴影域表示其他尚未加入的扩展域，例如弧的权值 weight；横向的实线箭头是邻接表中的指针，纵向的虚线箭头是逆邻接表中的指针。弧结点的结构如图 6-20 所示。

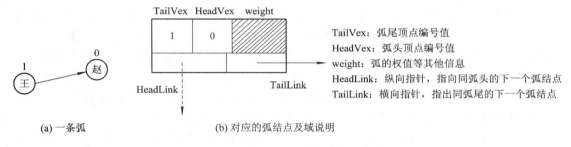

(a) 一条弧   (b) 对应的弧结点及域说明

图 6-20 十字链表弧结点结构示意图

但是在图 6-19 中有一个问题：邻接表表头和逆邻接表表头中，分别都存储了顶点的值，而且两个表头的结构完全相同。这意味着可以对其继续优化。所以我们现在将两个表头进行合并，合成一个结构体数组，如图 6-21 所示。

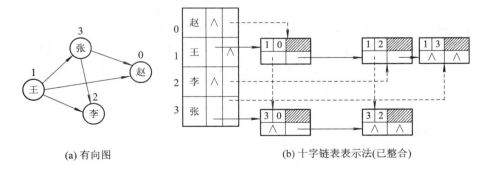

(a) 有向图   (b) 十字链表表示法(已整合)

图 6-21 有向图的十字链表表示法(已整合)

经过合并后的顶点数组较为复杂，数组的每一个元素内含顶点值、横向表头指针和纵向表头指针两个域。具体结构定义代码略，读者可参考邻接表的结构定义代码。

图的十字链表表示法虽然看上去结构很复杂，但是其各种常用算法的时间复杂度却并不高，是一种不错的图的存储结构，尤其适合于存储稀疏图。它和适合存储稠密图的邻接矩阵一起，构成了图的存储结构的一个比较完美的解决方案。

6.3 图 的 遍 历

假设你现在是一个繁华城市的公路巡警，每天工作的任务就是从城市中心点出发，开着警务摩托车走遍这个城市的每一个交通路口去处理一些事务。这个工作有点枯燥，但是也很重要。这个城市有一环路、二环路、三环路。你会如何选择行车路线，以确保每个交通路口都能经过呢？这是一个需要仔细研究的问题。我们经常会在现实生活中遇到这样一类问题，即需要在一张错综复杂的图当中，将所有的上百上千的每个顶点都"访问"一次，且只访问一次，不重复点，不遗漏点。这个过程就称之为**图的遍历**(Traversing Graph)。面对这成百上千过万的错综复杂的顶点，我们如何做到不重复、不遗漏地对其进行遍历？这就是图的遍历需要解决的问题。

在这个过程中，"访问"是个什么操作呢？根据具体的应用需要不同，对顶点的访问操作的细节会有所不同，例如"读取顶点元素的值，将其与某个或某些值进行比较"、"修改元素的值"、"计数"、"计算该顶点的度"、"输出打印该顶点的值"等。这些操作都有一个共同的基本特征，那就是需要对单个指定顶点进行读或者写的操作。访问的具体内容不是本节的研究重点，本节的重点是研究如何不重复、不遗漏。所以，为了简化枝节，突出重点，在本节的学习中将图的遍历操作中的访问假设为输出打印元素的值。

在实际应用中，根据访问的含义不同，图的遍历算法可作为求解图的连通性问题、拓扑排序、关键路径等图的各种高级复杂操作的算法基础。

图的遍历比树的遍历要复杂得多。在树中，我们往往研究的是二叉树，它有顺序，且没有回路。而图是没有方向之分的，360° 任意旋转；任意一个顶点都可能和其他顶点之间产生一条弧，毫无规律，甚至可能出现环路区域内部还有多个环路的情况。在这种情况下，如果不加入辅助结构进行注明，则很容易陷入遍历的死循环中。为了避免对已经访问过的顶点重复访问，既然通过图的结构本身无法甄别，那就只有引入新的数据结构来进行判别了。所以，在图的遍历中，往往都会新增一个一维数组 visited[0, 1, 2, …, n–1]。这个数组的用途就是记录或者区分所有顶点是否访问过，或者访问了几次。所以，这个数组可以定义成 int 型，初始值设为 0，访问过就标为 1[①]。

不管是有向图还是无向图，图的遍历都存在两种方式：深度优先遍历和广度优先遍历。下面分别进行讲解。

---

① 在 Visual C++ 6.0 环境中，对后缀名为.c 的标准 C 文件，并不支持 bool 类型。bool 类型是在 C99 中定义的，同时在后缀名为.cpp 的 C++文件中也能使用。此处为了简化问题，避免学生在编码时横生枝节，特定义成 int 型，以方便通用。基础较好的学生在编码时可酌情自行调整。

6.3.1 深度优先遍历

图的**深度优先遍历**又称为**深度优先搜索**(Depth_First Search，DFS)，类似于树的先根遍历，是树的先根遍历的一种推广。

简单来说，其遍历的顺序就是：

(1) 访问任意一个顶点；

(2) 访问该顶点的任意一个邻接点；

(3) 访问步骤(2)所选取邻接点的任意一个邻接点；

(4) 访问步骤(3)所选取邻接点的任意一个邻接点；

(5) 重复步骤(2)、(3)、(4)，直至图中所有和当前顶点有路径相通的顶点都被访问到。

这个描述的确很简单，简单得让很多初学者可能还是不太明白深度优先遍历的具体细节和做法。下面用一个实际的例子来详细说明图的深度优先遍历的过程。

假设现在有一张图有 15 个顶点，需要一个长度为 15 的一维数组 visited[0, 1, 2, …, 14] 来辨别每个顶点是否已经被访问过，如图 6-22(a)所示。对于图的存储结构，因为画出来过于繁琐和占篇幅，而且并不影响我们对 DFS 过程的理解，所以此处不画。

从任意一个顶点出发，假设选择顶点 L 进行访问，并对 visited 数组中的 10 号元素进行标注。如图 6-22(b)所示。

此时 L 的邻接点有 F、G 和 M 三个，且均未访问，都符合选择条件，故任选其中一个都可以。此处假设选择顶点 M 进行访问，并修改 visited 数组。如图 6-22(c)所示。

此时 M 的邻接点有 L、F、G、H 和 N 这 5 个，但是从 visited 数组中可以看到 10 号元素已经被访问过，所以排除不考虑。在剩下的 F、G、H 和 N 这 4 个顶点中任选其中一个顶点来访问，假设选择 G，如图 6-22(d)所示。

此时 G 的邻接点有 L、F、A、B、C、H、N 和 M 这 8 个，但是从 visited 数组中可以看到 L 和 M 已经被访问过，所以排除不考虑。在剩下的 F、A、B、C、H 和 N 这 6 个顶点中任选其中一个顶点来访问，假设选择 C，如图 6-22(e)所示。

按照这种做法一直持续下去，假设后面的过程分别依次遍历顶点 I、J、E 和 D 之后，状态如图 6-22(f)所示。

在这个时候，会出现一种和之前都不一样的情况：我们可以看到顶点 D 的所有邻接点都已经被访问过(从 visited 数组中可以看出 2、4、8、9 号元素的值都为 1)，此时无法找出符合条件的 D 的邻接点。当遇到这种情况时，我们需要从 D 点退回到 E 点，看 E 点的邻接点中，除了 D 之外，还有没有其他顶点也符合"与当前顶点邻接且未被访问"这个要求。从图 6-22(f)中可以看出，E 的邻接点中同样找不出符合要求的顶点。此时需要再继续从 E 点退到 J 点。从图中可以看到，J 的邻接点，除了已经被访问过的 I、D 和 E 之外，还有一个未被访问的邻接点 O。于是，我们在访问了 D 顶点之后下一步应该访问顶点 O，如图 6-22(g)所示。

在图 6-22(g)这种状态下，下一步应该选哪一个顶点呢？是 N 还是 P？其实，两个顶点都可以。只不过，如果下一步选择的是 P 来进行访问，则马上就又要退回到 O，然后再选择 N 进行访问了，如图 6-22(h)所示。反之亦然。

从图 6-22(h)继续按照刚才的方法往下做，则必然会出现最后一步的情况，如图 6-22(i)所示。

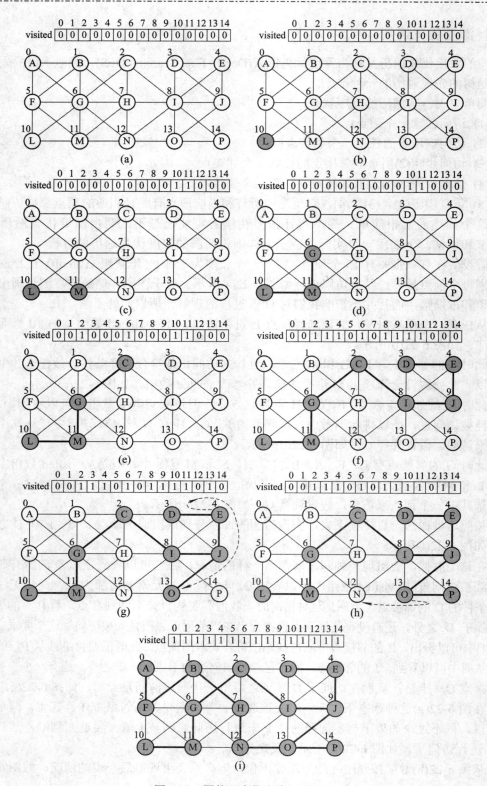

图 6-22　图的深度优先遍历过程

于是，一个很明显需要解决的问题摆在眼前：DFS 过程如何结束？在图 6-22(i)的情况下，顶点 A 的所有邻接点都已经被访问，没有符合要求的邻接点，于是退到 F；F 点也没有符合要求的邻接点，退到 B；B 也是如此，退到 H；…当一直退到出发点 L 时，当前这个图的深度优先遍历算法就结束了。

在刚才讲解的 DFS 算法过程中，需要注意以下几点：

(1) 上述的图和分析讲解过程同样适用于有向图。只是在有向图中，需要注意弧的方向，不能逆向地去找邻接点。

(2) 如果采用非递归的办法来实现上述的过程，则必须需要堆栈的配合，这个过程非常类似于树的先根遍历。

(3) 在从 A 点退到 L 点后，有可能已经访问过的顶点数目会小于图中总的顶点数目，这说明原图并非一张完整的连通图。如果需要遍历全图，需要从剩下的子图中任选一个顶点，再继续进行深度遍历。

(4) 因为在找符合条件的邻接点时，可能存在多个符合条件的邻接点，所以，图的深度优先遍历的顶点访问序列是不唯一的。

上面讲到的是深度优先遍历的非递归过程。如果从递归的角度去理解，则整个思路会变得清晰很多。假设图采用邻接矩阵表示法进行存储，则相应的深度优先遍历程序如代码6.5 所示。

```
/**************************************************************
    代码 6.5——递归的图的邻接矩阵结构下的深度优先遍历操作
    文件名：AdjMatrixGraph.c(第 3 部分，共 6 部分)
 **************************************************************/
int visited[MAXVEX];              //增加辅助的一维整型数组 visited[]
int DFS(AdjMatrix *pG, int cur)
{
    int i;
    if (pG==NULL)   return -1;
    visited[cur]= 1;
    printf("%s ", pG->vexs[cur]);    //访问顶点的操作，此处可更换为其他操作
    for (i= 0; i < pG->iCurEdgeCount ; i++)
    {
        if (pG->arcs[cur][i]==1 && visited[i]==0)   //邻接且未访问，注意邻接方向
            DFS(pG, i);                         //递归调用
    }
    return 0;
}
int DFSTraverse(AdjMatrix *pG)
{
    int i;
    if (pG== NULL) return -1;
```

```
        for(i=0; i < pG->iCurVexCount; i++)          //做好辅助结构的准备工作
            visited[i]= 0;
        for(i=0; i < pG->iCurVexCount; i++)
        {
            //对尚未访问过的顶点调用 DFS()函数。如果是连通图，则此处只会执行 1 次
            if (visited[i]==0)
                DFS(pG, i);
        }
        return 0;
    }
```

代码 6.5 中介绍了 DFSTraverse()和 DFS()这两个函数，一般情况下只需要调用 DFSTraverse()函数就可以了，DFSTraverse()函数会自动调用 DFS()函数来完成内部的操作。核心工作是在 DFS()这个递归函数中实现的。因为在图的遍历中可能涉及对原图的信息进行修改，所以使用指向图结构的指针作为参数。

可以编写下面的测试代码来对其进行测试。

```
    int main()
    {
        AdjMatrix *pG;
        CreateAdjMatrix(&pG);
        DFSTraverse(pG);
        return 0;
    }
```

以图 6-22(a)的信息为录入，运行的部分输入和结果如图 6-23 所示。因为该图的边特别多，希望读者在编码调试时尽量按照 5.3.1 节推荐的方法(参见图 5-12)来保存录入的数据，以免反复录入，烦不胜烦。图 6-23 截选其中部分录入信息，并在最后一行展示出深度遍历的输出结果。

图 6-23　代码 6.5 的运行测试结果图

对于该函数，需要提醒的有两点：

(1) 因为图 6-22(a)没有权值信息，所以所有的边假设权值为 1；

(2) 因为图 6-22(a)是无向图，所以弧的数目是 35×2=70；

(3) 因为不同的用户在录入边时，顺序可能不同，所以运行时可能会得到不同的输出顺序，但是结点的值和总数都应相同。

如果图结构不是采用邻接矩阵而是邻接表或者其他结构，上述的两个函数总体框架和流程并不需要改变，只需要在一些局部表示上做出调整即可。

上面讲述的是递归的处理方法，那么其非递归算法应该如何操作呢？同样需要设计两个函数，分别为 N_DFS()和 N_DFSTraverse()函数。其中，N_DFS()主要用于解决单个连通图的非递归深度优先遍历。下面以邻接表结构为例，具体实现如代码 6.6 所示。

```
/***********************************************************
        代码 6.6——非递归的图的邻接表深度优先遍历操作
        文件名：AdjList.c(第 3 部分，共 5 部分)
        说　明：N_DFS()函数只适用于单个连通图的情况，是 N_DFSTraverse()的子函数
 ***********************************************************/
int N_DFS(ADJLIST *pG, int StartVex)
{
    int j, cur;
    LinkStack *pS;
    LinkListNode *p;              //负责指向邻接表中的单链表结点

    if (pG==NULL)
        return -1;
    InitStack(&pS);
    cur= StartVex;
    p= pG->AdjList[cur].first;
    pG->visited[cur]= 1;
    printf("%s ", pG->AdjList[cur].data);
    Push(pS, cur, p);
    while( !StackIsEmpty(pS) )   //每个元素都要进栈出栈一次，以栈空来控制程序结束
    {
        //让 p 定位到该链表中第一个未被访问过的结点
        while (p!= NULL && pG->visited[p->adjVex]==1 )
        {
            p= p->next;
        }
        if (p==NULL)              //如果该顶点的所有邻接点都已经被访问
        {
            Pop(pS, &cur, &p);    //不再前进，退而选择路径中上一个顶点
        }
```

```
        else        //如果该顶点还有未被访问的顶点，则依次访问、标记、压栈、前行
        {
                j= p->adjVex;
                printf("%s ", pG->AdjList[j].data);    //访问
                pG->visited[j]= 1;                      //标记
                push(pS, j, p);                         //压栈
                p= pG->AdjList[j].first;                //前行
        }
    }
    printf("\n");
    return 0;
}
//深度优先遍历的完整函数
int N_DFSTraverse(ADJLIST *pG)
{
    int i;
    if (pG== NULL) return -1;
    for(i=0; i < pG->iVertexCount; i++)                 //做好辅助结构的准备工作
        pG->visited[i]= 0;
    for(i=0; i < pG->iVertexCount; i++)
    {
        //对尚未访问过的顶点调用 DFS()函数。如果是连通图，则此处只会执行 1 次
        if (pG->visited[i]==0)
                N_DFS(pG, i);
    }
    return 0;
}
```

　　需要注意的是，该算法需要堆栈的支持才能运行，而堆栈的元素内含一个 int 型变量和 LinkListNode *型的指针，需要专门设计。因为在 N_DFS()函数中，每个顶点都要进栈出栈一次，而且 p 指针会靠 p=p->next 走遍邻接表中的每个链表结点(一个结点代表了一条弧)，所以算法的时间复杂度为 O(n+e)。

　　可以编写下面的测试代码来对其进行测试。

```
    int main()
    {
        AdjMatrix *pG;
        CreateAdjMatrix(&pG);
        DFSTraverse(pG);
        return 0;
    }
```

以图 6-22(a)的信息为录入，截选其中部分录入信息，并在最后一行展示出深度遍历的输出结果，如图 6-24 所示。

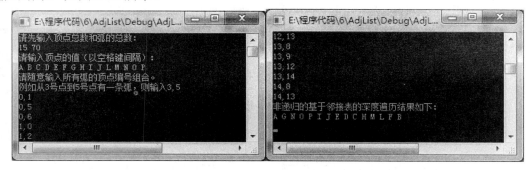

图 6-24 代码 6.6 测试输入和输出效果图(局部)

将图 6-24 和图 6-23 的输出结果进行对比，可以看到：二者虽然输出的顺序有一定的差异，但都是将图中的每个元素输出且只输出一次，无重复和遗漏。从这个角度来讲，递归和非递归的算法都得到了同一个结果。

6.3.2 广度优先遍历

广度优先遍历又称为**广度优先搜索**(Breadth First Search，BFS)，和二叉树的按层遍历在原理上是相似的。如果说图的深度优先遍历让读者觉得遍历的顺序规律性不强的话，那么广度优先遍历的顺序规律性就要明显得多了。

简单来说，其遍历的顺序就是：

(1) 访问任意一个顶点；

(2) 访问该顶点的所有邻接点；

(3) 访问该顶点的所有邻接点的所有邻接点；

(4) 访问该顶点的所有邻接点的所有邻接点的所有邻接点。

这个描述可能说起来比较复杂，但其实画出来看是比较简单易懂的。下面还是以 6.3.1 小节中的例子来说明图的广度优先遍历的过程。

第一步：在如图 6-25(a)所示的图中，假设从顶点 L 开始进行访问，调整 visited 数组。

第二步：找出顶点 L 的所有未被访问过的邻接点 F、G 和 M，三个顶点之间按任意顺序进行访问，如图 6-25(b)所示。

第三步，找出 F、G 和 M 的未被访问过的外层邻接点，即 A、B、C、H 和 N，五个顶点之间按任意顺序进行先后访问，如图 6-25(c)所示。

第四步，找出 A、B、C、H 和 N 的未被访问过的外层邻接点，即 D、I 和 O，三个顶点之间按任意顺序进行先后访问，如图 6-25(d)所示。

第五步，找出 D、I 和 O 的未被访问过的外层邻接点，即 E、J 和 P，三个顶点之间按任意顺序进行先后访问，如图 6-25(e)所示。

第六步，找出 E、J 和 P 的未被访问过的外层邻接点，此时发现没有符合要求的邻接点，则此次广度遍历操作结束。此时需要核实已经访问过的顶点总数是否小于图的顶点总数。如果小于，则说明该图是非连通图，还有一部分顶点未被访问到，此时需要从剩下的子图中再重新开始广度优先遍历，直至原图中所有的顶点都被访问。

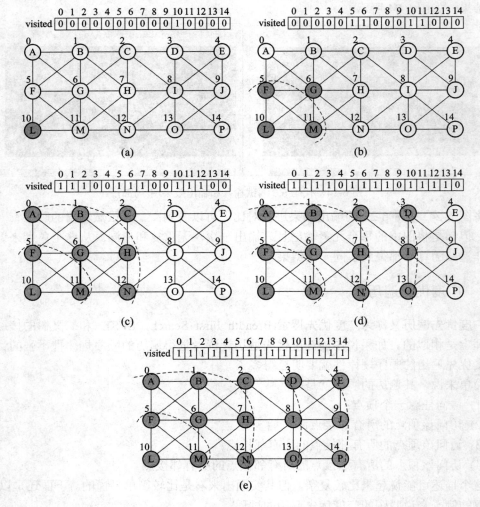

图 6-25 图的广度优先遍历过程

将上述的六个步骤进行整理，得出非递归的广度遍历代码如下：

```
/****************************************************************

    代码 6.7——非递归的图的邻接表广度优先遍历操作

    文件名：AdjList.c（第 4 部分，共 5 部分）

    说    明：N_BFS()函数只适用于单个连通图的情况，是 N_BFSTraverse()的子函数

****************************************************************/
int N_BFS(ADJLIST *pG, int StartVex)
{
    int j, cur;
    LinkQueue *pQ;
    LinkListNode *p;              //负责指向邻接表中的单链表结点
```

```
            if (pG==NULL)
                return -1;
            InitQueue(&pQ);
            cur= StartVex;
            p= pG->AdjList[cur].first;
            pG->visited[cur]= 1;
            printf("%s ", pG->AdjList[cur].data);
            EnQueue(pQ, cur);
            while( !QueueIsEmpty(pQ) ) //每个元素都要进队出队一次，以队空来控制程序结束
            {
                //将 p 所在链表中所有未被访问过的点依次标记、访问和入队。已访问过的点自动飘过
                while (p!= NULL)
                {
                        if (pG->visited[p->adjVex]==0)
                        {
                            j= p->adjVex;
                            pG->visited[j]= 1;                    //标记
                            printf("%s ", pG->AdjList[j].data);   //访问
                            EnQueue(pQ, j);                       //入队
                        }
                        p= p->next;
                }

                        if (p==NULL)                   //如果该顶点的所有邻接点都已经被访问
                        {
                        DeQueue(pQ, &cur); //从队列中另取一个元素，以便访问其未被访问的所有邻接点
                        p= pG->AdjList[cur].first;     //前行
                        }
            }
            printf("\n");
            return 0;
    }
    //广度优先遍历的完整函数
    int N_BFSTraverse(ADJLIST *pG)
    {
        int i;
        if (pG== NULL)
            return -1;
        for(i=0; i < pG->iVertexCount; i++)        //做好辅助结构的准备工作
            pG->visited[i]= 0;
```

```
for(i=0; i < pG->iVertexCount; i++)
{
    //对尚未访问过的顶点调用 DFS()函数。如果是连通图，则此处只会执行 1 次
    if (pG->visited[i]==0)
        N_BFS(pG, i);
}
return 0;
}
```

可以编写下面的测试代码来对其进行测试。

```
int main()
{
    ADJLIST *pG;
    CreateAdjList(&pG);
    printf("非递归的基于邻接表的广度遍历结果如下：\n");
    N_BFSTraverse(pG);
    return 0;
}
```

以图 6-22(a)的信息为录入，截选其中部分录入信息，并在最后一行展示出广度遍历的输出结果，如图 6-26 所示。

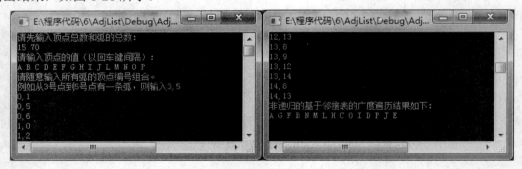

图 6-26　代码 6.7 测试输入和输出效果图(局部)

从代码 6.7 可以看出，图的广度优先遍历的非递归代码，和深度优先遍历的非递归代码非常相似，除了将辅助结构的栈换成了队列之外，其他只在个别地方有一些小的差异。从时间复杂度上来看，深度优先遍历和广度优先遍历是一样的，不同之处仅仅在于对顶点访问顺序的不同。所以，两种遍历顺序在全图遍历上没有优劣之分，应根据不同的情况来选择不同的顺序。

6.4　最小生成树

假如你现在是一名网络系统集成的工程师，老板交给你一个项目，给你 3000 元钱，让你购买网线将一个客户公司里的若干台计算机连在一起，并许诺剩下的钱都归你所有，如

果不够就自己贴钱进去。这些计算机的位置大致如图 6-27(a)所示，其中每个顶点代表了一台计算机，顶点之间的数字表示计算机之间的实际距离，比如计算机 A 到计算机 B 的距离为 20×10=200 m，计算机 B 到计算机 C 的距离为 3×10=30 m。

看到这张图，可能很多人都会眼花缭乱，头脑中一片茫然。如果选择了图 6-27(b)这种办法来连接这 16 台计算机，那么可能就比较悲剧了。所有的连线长度加起来有449×10=4490 m。假设网线是 2 元钱/m，那么需要 8980 元钱。不仅你白辛苦劳累了这么久，而且还会倒贴 5980 元钱进去。老板对你花费如此多的钱肯定相当无语，甚至进而怀疑你的工作能力和智商水平。如何才能既完成老板交代的任务，又能让自己最得益呢？实际上，就是要解决一个问题，如何连接这 16 个点，让边的权值总和最小？这实际上就是一个最小生成树的典型的例子。

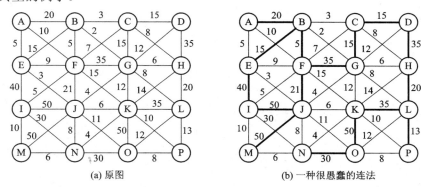

(a) 原图　　　　　　　　　　　　　(b) 一种很愚蠢的连法

图 6-27　X 公司计算机位置图及连法

我们来看这个带权值的图，即网结构。所谓的最小成本，就是 n 个顶点，用 n−1 条边把一个连通图连接起来，并且使得权值之和最小[①]。在这个例子中，有 16 个顶点，所以只需要 15 条边就能将其连接起来。如果选择了多余的边，必然会产生冗余，进而产生浪费。关键问题是：应该选择哪 15 条边？有没有一种设计思路，可以确定某种方案或者选择是成本最小的方法？如果有，这种方法具体需要多少钱？

一个连通图的生成树是一个极小的连通子图，它含有图中所有的顶点，但只有 n−1 条边恰好将这 n 个顶点连通。很明显可以知道，一个连通图的生成树往往不止一个。符合这个条件还是相当容易的。但是在这些生成树中，必然会有一棵生成树，其树中边的权值之和加起来最小[②]。

图的最小生成树问题主要有两种经典解法：普里姆(Prim)算法和克鲁斯卡尔(Kruskal)算法[③]。下面分别进行讲解。

6.4.1　普里姆(Prim)算法

1．Prim 算法原理

普里姆算法比克鲁斯卡尔算法理解起来要复杂一些，我们先讲解这个算法。和前面章

---

① 若要连接 n 个顶点，至少需要 n−1 条边。这个结论在离散数学的图论中有相关的证明，本书证明从略。

② 也可能存在多棵生成树，其各自权值之和相等，都等于某个最小值。

③ 这两个算法分别都是以其首创者的名字来命名的。有些教材上又简称为 P 算法和 K 算法。

节讲解算法的处理办法一样，先讲解如何通过手工画图的方式找出这棵最小生成树，然后再讲解如何编码来模拟我们的手工做法。

面对图 6-28(a)这样的一个网，首先任选一个顶点(如果客户指定某顶点，那就从该顶点开始)，假设选择从 E 点开始。

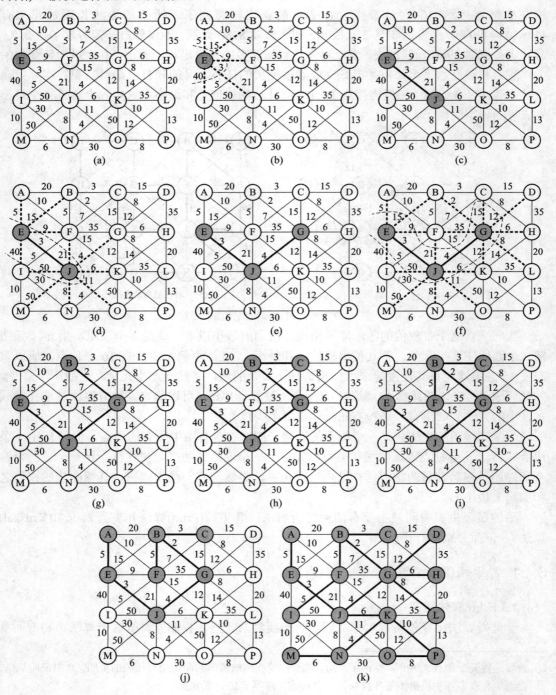

图 6-28　Prim 算法的演示过程图例

第一步：将 E 点标为灰色；观察符合条件的那些边(边的一个端点是灰色，另外一个端点是白色)，并选出其中权值最小的一条。从图 6-28(b)中可以看出，符合条件的边有 EA、EB、EF、EJ、EI 共 5 条，其中 EJ 的权值为 3，最小。所以，我们找到生成树的第 1 条边 EJ，将其加粗表示，如图 6-28(c)所示。

第二步：将 J 点标为灰色；继续观察符合条件的那些边(边的一个端点是灰色，另外一个端点是白色)，并选出其中权值最小的一条。从图 6-28(d)中可以看出，符合条件的边有 EA、EB、EF、JF、JG、JK、JO、JN、JM、JI、EI 共 11 条，其中 JG 的权值为 4，最小。所以，我们找到生成树的第 2 条边 JG，将其加粗表示，如图 6-28(e)所示。

第三步：将 G 点标为灰色；继续观察这样的一些边(边的一个端点是灰色，另外一个端点是白色)，并选出其中权值最小的一条。从图 6-28(f)中可以看出，符合条件的边很多，一共有 17 条边，其中 GB 的权值为 2，最小。所以，我们找到生成树的第 3 条边 GB，将其加粗表示，如图 6-28(g)所示。

第四步：将 B 点标灰，按照上述的步骤继续进行，可以找到下一条边为 BC 如图 6-28(h)所示。

第五步：将 C 点标灰，按照上述的步骤继续进行，可以找到两条权值相同并且都为最小值 5 的边：BF 和 EA。在这种情况下，任选其中一条即可(因为在下一个步骤里，马上就会根据算法而选择出另外那条)。本例中选择 BF，如图 6-28(i)所示。在下一步中，选择 EA，并将 A 点标灰，如图 6-28(j)所示。

第六步：按照这样的步骤一直进行下去，最终得到如图 6-28(k)所示的结果。

在图 6-28(k)中，加粗的边一共有 15 条，连接了图中 16 个顶点，权值之和为 87。这棵树就是最小生成树。如果按照这种方案来连接网线，则只需要 2 元/m × 87 × 10 m = 1740 元。看来，如果你足够聪明的话，就能够从老板那里得到 3000−1740 = 1260 元的赏钱哦！

2．Prim 算法的程序代码

经过上述的讲解，读者基本上对 Prim 算法有了一个大致的了解。Prim 算法是贪心算法的一种很典型的体现。但是，这种了解仅仅只限于手工操作。如何把这种理解转换成计算机的程序呢？相信很多人到此仍然是一脸茫然，很多读者缺乏这种转换能力。下面我们来讲解一下转换的思路。

从上述图 6-28 的一系列变化，可以看出，这种手工变化有几个地方需要技术解决：

(1) 涂灰的点与不涂灰的点，如何在程序中区分和识别？

(2) 挑选出这样的一些边(边的一个端点是灰色，另外一个端点是白色)，这种挑选在编程时如何理解、设计和编码？

(3) 从上述的那些边当中如何挑选出权值最小的边？比较和挑选如何通过编程来实现？

解决方案大致如下：

对于第一个问题，一种最简单、最常规的思路是定义两个顶点集合，U 和 I—U。但是 C 语言并没有直接支持集合操作，需要程序员自行定义结构类型和操作，略显繁琐。另外还有一种可行思路是通过权值来变相地区分顶点集合。我们可以定义一个一维数组 lowcost，规定凡是属于顶点集 U 的顶点，假设为 v_i，其 lowcost[i]值就特意设置为 0，而不属于该顶点集的顶点 v_j，则可标为 lowcost[j]＝"v_j 到顶点集 U 中任意一个点的权值的最小值"。当需要将某个顶点 v_k 标记为灰色，即将其从 I—U 顶点集中改为属于顶点集 U 时，只需要 lowcost[k]=0 即可。在本教材中，我们选择第二种方案，即设置 lowcost 数组。

现在可以将第二个问题和第三个问题合在一起来解决。因为 lowcost[j]="v_j 到顶点集 U 中任意一个点的权值的最小值"，而凡是属于顶点集 I—U 的顶点 v_j，其 lowcost[j]值必然是大于 0 的。所以，我们可以找出 lowcost 这个一维数组中大于 0 且元素值最小的元素，假设为第 k 号元素，则 k 就是即将要从 I—U 吸收到 U 中的顶点。但是最小生成树算法的最终问题是要找边。我们现在只找到一个新吸收的顶点 k，但是边的另外一个端点(必然在顶点集 U 中)是哪一个呢？所以还需要一个结构来存放边的另外一个端点。因为我们最终要找出 n-1 条边，而这 n-1 条边必然连通 n 个顶点。所以可以设计一个一维的 int 型的 adjvex 数组，这个数组长度为 n。规定：若 adjvex[i]=k(k≠j)，表示在生成树中存在一条从 v_i 到 v_k 的边。整个程序最终选择出来的边的集合，就存放在 adjvex 数组中。

Prim 算法对应的程序代码如下。

```
/**************************************************************

    代码 6.8——基于邻接矩阵的 Prim 算法
    文件名：AdjMatrixGraph.c(第 4 部分，共 6 部分)
    **************************************************************/

int Prim_AdjMatrix(AdjMatrix *pG)
{
    int i, j, k, StartPos;
    float min;
    //记录从顶点集 U 到 I—U 的代价最小的边的辅助数组定义
    int adjvex[MAXVEX];
    float lowcost[MAXVEX];
    if (pG==NULL)
        return -1;
    StartPos= 0;
    for (i=0; i < pG->iCurVexCount; i++)
    {
        lowcost[i]= pG->arcs[StartPos][i];
        adjvex[i]= StartPos;
    }
      /*在本例中，我们从顶点 E(编号 4)出发，所以 U={4}。集合 U 中的所有点，其 lowcost
        值都是 0 */
    lowcost[StartPos]= 0;
    adjvex[StartPos]=0;
      /*循环变量 i 只起控制循环次数的作用，循环 n-1 次，每次找出一条边 */
    for(i=0; i<pG->iCurVexCount-1; i++)
    {
```

```
       /*下面是一段比较独立的代码，找出 lowcost 数组中非 0 元素的最小值，并得到其下标 k。
          这个 lowcost[k]就表示顶点集 U 到 I—U 的所有边中权值最小的那条边的权值 */
       min= INFINITY;
       j= 0;
       k= StartPos;
       while (j < pG->iCurVexCount)
       {
              if (lowcost[j]>1e-6 && lowcost[j]<min)
              {
                     min= lowcost[j];
                     k=j;
              }
              j++;
       }
       /*k 是 "属于集合 I—U，但是马上即将要被吸收到集合 U 中的顶点" 的编号，
         adjvex[k]是这条边的另外一个端点的顶点编号，它属于顶点集 U */
       printf("(%d,%d)", adjvex[k], k); //输出这一轮选中的边，是最小生成树的一部分。
                                  //=0 表示顶点集 U 的所有点到编号为 k 的顶点的距离
                                  //是 0，标志着顶点被加入集合 U
       lowcost[k]=0;
       //将 lowcost 数组所有元素都校对一遍
       for(j= 0; j<pG->iCurVexCount; j++)
       {
          /*顶点集 U 加入了顶点 k 后，更新 lowcost 数组中 "属于顶点集 I—U 的并且到顶点
            集 U 的距离小于原有 lowcost 值" 的元素，即把顶点 k 到其他顶点 V_j 的距离与
            lowcost[j]比较并刷新 */
          if (lowcost[j]!=0 && pG->arcs[k][j] < lowcost[j])
          {
                 lowcost[j]= pG->arcs[k][j];
                 adjvex[j]=k;
          }
       }
    }
    return 0;
}
```

图 6-29 的数据变化过程对代码细节进行了进一步的辅助说明。

图 6-29 中，加灰表示的数据是在本轮中被改动过后的数据，需要重点体会。椭圆框里的元素是在上一轮后 lowcost 数组中非 0 元的最小值。例如：第 2 轮后 lowcost[6]被椭圆框框住，那是因为在 "第 1 轮后" 的 lowcost 数组中，lowcost[6]=4，是数组中所有非 0 元的

最小值。从这个数据变化过程可以看出，Prim 算法属于比较典型的贪心算法，其算法复杂度为 $O(n^2)$。

循环前

	0	1	2	3	4	5	6	7	8	9	10	11	12	13	14	15
lowcost	5	15	∞	∞	0	9	∞	∞	40	3	∞	∞	∞	∞	∞	∞

	0	1	2	3	4	5	6	7	8	9	10	11	12	13	14	15
adjvex	4	4	4	4	0	4	4	4	4	4	4	4	4	4	4	4

第1轮后
k=4
(4, 9)

	0	1	2	3	4	5	6	7	8	9	10	11	12	13	14	15
lowcost	5	15	∞	∞	0	9	4	∞	40	0	6	∞	50	8	11	∞

	0	1	2	3	4	5	6	7	8	9	10	11	12	13	14	15
adjvex	4	4	4	4	0	4	9	4	4	4	9	4	9	9	9	4

因为4是lowcost数组中最小的非0元

第2轮后
k=9
(9, 6)

	0	1	2	3	4	5	6	7	8	9	10	11	12	13	14	15
lowcost	5	2	15	12	0	9	0	6	40	0	6	8	50	8	11	∞

	0	1	2	3	4	5	6	7	8	9	10	11	12	13	14	15
adjvex	4	6	6	6	0	4	9	4	4	4	9	6	9	9	9	4

第3轮后
k=1
(6, 1)

	0	1	2	3	4	5	6	7	8	9	10	11	12	13	14	15
lowcost	5	0	3	12	0	5	0	6	40	0	6	8	50	8	11	∞

	0	1	2	3	4	5	6	7	8	9	10	11	12	13	14	15
adjvex	4	6	1	6	0	1	9	6	4	4	9	6	9	9	9	4

第4轮后
k=2
(1, 2)

	0	1	2	3	4	5	6	7	8	9	10	11	12	13	14	15
lowcost	5	0	0	12	0	5	0	6	40	0	6	8	50	8	11	∞

	0	1	2	3	4	5	6	7	8	9	10	11	12	13	14	15
adjvex	4	6	1	6	0	1	9	6	4	4	9	6	9	9	9	4

第5轮后
k=0
(4, 0)

	0	1	2	3	4	5	6	7	8	9	10	11	12	13	14	15
lowcost	0	0	0	12	0	5	0	6	40	0	6	8	50	8	11	∞

	0	1	2	3	4	5	6	7	8	9	10	11	12	13	14	15
adjvex	4	6	1	6	0	1	9	6	4	4	9	6	9	9	9	4

第6轮后
k=5
(1, 5)

	0	1	2	3	4	5	6	7	8	9	10	11	12	13	14	15
lowcost	0	0	0	12	0	0	0	6	5	0	6	8	50	8	11	∞

	0	1	2	3	4	5	6	7	8	9	10	11	12	13	14	15
adjvex	4	6	1	6	0	1	6	5	4	9	6	9	9	9	4	

图 6-29　Prim 算法代码数据变化示意图(局部)

对于该函数，可以编写如下的代码进行测试。

```
int main()
{
    AdjMatrix *pG;
    CreateAdjMatrix(&pG);
    Prim_AdjMatrix(pG);
    return 0;
}
```

以图 6-28(a)的数据为输入来进行测试。因为需要录入的数据较多，所以强烈推荐采用本书 5.3.1 小节所述的录入方式(参见图 5-12)，以提高调试效率。其录入的部分效果和输出的结果如图 6-30 所示。可以看到，本算法成功地选出了 15 条边的最小生成树。

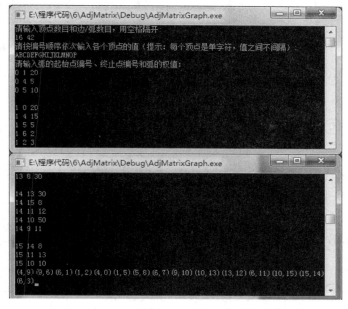

图 6-30　代码 6.8 运行部分输入和输出效果图

需要注意的是：代码 6.8 是假设从编号为 4 的顶点出发，但是实际上只要是连通的无向图且最小生成树唯一，从任意一个顶点出发，程序最终都会输出同一个边集。

6.4.2　克鲁斯卡尔(Kruskal)算法

1. Kruskal 算法原理

Prim 算法是以顶点为考虑对象，每次循环都是去找某个符合条件的点，然后通过一定的办法求得最小生成树的所有边。这种切入的角度，可能会让一些初学者感到不适应。有没有思路更加简单易懂的算法呢？Kruskal 算法就属于这种。

最小生成树的问题，其实就是如何从一张图当中找出 n–1 条边的问题。Prim 算法最终的输出其实就是一系列的边。那么我们实际上可以转换一下切入的角度，直接从图的带权边着手。

要在一张图当中找出 n–1 条边，前提条件是这些边不能构成环路，且其权值之和最小。具体做法是：首先构造一个只含 n 个顶点的森林，然后按照权值从小到大的顺序从连通网中选择边加入到森林中，并使森林中不产生回路，直至森林变成一棵树为止。

先来看看 Kruskal 算法的图解过程。仍然以图 6-27(a)的原图为例。从图中可以看到，所有边的权值从小到大依次为 2、3、4、5、6、7、8、10、11、12、13、14、…

第一步：先从图 6-31(a)中找权值为 2 的边(图中只有边 BG 一条)，并且观察每条权值为 2 的边是否满足条件(加上该边之后生成树不构成回路，且生成树的总边数＜n–1)。可以看出，边 BG 肯定是可以加的，如图 6-31(b)所示。总边数=1。

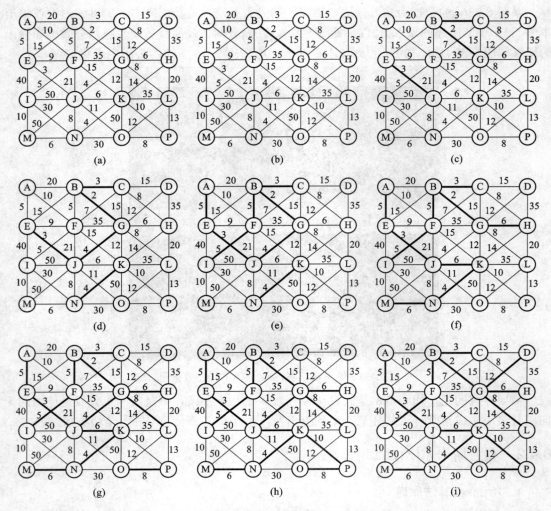

图 6-31　克鲁斯卡尔算法的演示图例

　　第二步：找权值为 3 的边(图中只有边 BC、EJ 两条)，并且观察这两条边是否满足条件(加上该边之后生成树不构成回路，且生成树的总边数＜n−1)。可以看出，两条边都是可以加的，如图 6-31(c)所示。总边数=3。

　　第三步：找权值为 4 的边(边 JG、NK 两条)，并且观察这两条边是否满足条件(加上该边之后生成树不构成回路，且生成树的总边数＜n−1)。可以看出，两条边都是可以加的，如图 6-31(d)所示。总边数=5。

　　第四步：找权值为 5 的边(边 AE、BF 和 IF 共三条)，并且观察这三条边是否满足条件(加上该边之后生成树不构成回路，且生成树的总边数＜n−1)。可以看出，三条边都是可以加的，如图 6-31(e)所示。总边数=8。

　　第五步：找权值为 6 的边(边 MN、JK 和 GH 共三条)，并且观察这三条边是否满足条件(加上该边之后生成树不构成回路，且生成树的总边数＜n−1)。可以看出，三条边都是可以加的，如图 6-31(f)所示。总边数=11。

第六步：找权值为 7 的边(边 CF 一条)，并且观察这一条边是否满足条件(加上该边之后生成树不构成回路，且生成树的总边数<n−1)。可以看出，这条边加上之后会形成回路，放弃。总边数不变。

第七步：找权值为 8 的边(边 CH、JN、OP 和 GL 共四条)，并且观察这四条边是否满足条件(加上该边之后生成树不构成回路，且生成树的总边数<n−1)。可以看出，JN 和 CH 加上之后会形成回路，放弃；OP 和 GL 是可以加的，如图 6-31(g)所示。总边数=13。

第八步：找权值为 9 的边(边 EF 一条)，可以看出，EF 加上之后会形成回路，放弃。

第九步：找权值为 10 的边(边 AF、IM 和 KP 共三条)，可以看出，边 AF、IM 加上之后会形成回路，放弃；KP 是可以加的，如图 6-31(h)所示。总边数=14。

第十步：找权值为 11 的边，发现边 JO 会构成回路，放弃；找权值为 12 的边，放弃会构成回路的 GK 和 OL，选择不构成回路的 GD。总边数=15。到此，n−1=15 条边找齐。最小生成树产生，如图 6-31(i)所示。

可以看到，Kruskal 算法的结果图 6-31(i)和 Prim 算法的结果图 6-28(k)都得到了同一个生成树。

2. Kruskal 算法的程序代码

回顾上述的 Kruskal 算法的图解过程，可以看到，算法编码重点需要解决以下两个问题：

(1) 如何对图的所有边按照权值大小进行排序？

(2) 添加某条边时，如何判断是否与最小生成树已有的边构成了回路？

第一个问题比较好解决，可以设计一个长度为 e 的一维的边数组 Edges[]，将邻接矩阵中的所有边信息转存到这个一维数组中，然后按照权值从小到大进行排序而得。

关于第二个问题，可以设计一个长度为 n 的 int 型的一维数组 Boss，通过一定的比较规则来判断新加入的边是否与最小生成树中已找出的边构成回路。下面先讲解 Boss[]数组的取值定义。

Boss[]的取值定义为：Boss[i]的值为最小生成树的当前子图中"与 v_i 连通的最大顶点的编号"。需要注意的是，如果 v_i 在子图中是孤立的点，则 Boss[i]的值暂时就是它自己的编号 i。

假设在图 6-32 中，加粗的边表示已经被选为最小生成树的边，则有：

(1) 0 号点的连通最大顶点编号为 4[1]；

(2) 1 号点的连通最大顶点编号为 4；

(3) 2 号点的连通最大顶点编号为 2(2 号点当前是孤立点，故 Boss[2]=2)；

(4) 3 号点的连通最大顶点编号为 4；

(5) 4 号点的连通最大顶点编号为 4；

(6) 5 号点的连通最大顶点编号为 5(5 号点当前是孤立点，故 Boss[5]=5)。

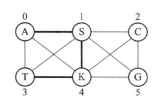

图 6-32 回路判断示意图

---

[1] 关于 Boss[0]如何等于 4，具体细节请查看本算法的函数代码。

在这种情况下，如果新加入的边为 SG，因为 Boss[1]=4≠5=Boss[5]，所以新加入边 SG 之后不会构成回路。同理，如果新加入的边为 CG，因为 Boss[2]=2≠5=Boss[5]，所以当前加入边 CG 后也不会构成回路。但是如果加入边 ST 的话，因为 Boss[1]=4=Boss[3]，所以加入边 ST 后会构成回路。这就是本算法中采用的判断回路方法。

基于邻接矩阵的 Kruskal 算法的具体实现如代码 6.9 所示。

```
/***********************************************************
代码 6.9——基于邻接矩阵的图的 Kruskal 算法 (begin)
文件名：AdjMatrixGraph.c（第 5 部分，共 6 部分）
说    明：本算法由 GetEdges()、SortEdges()、GetBoss()和 Kruskal_AdjMatrix()四个函数构成
***********************************************************/

typedef struct EdgeData        //边的结构体，Kruskal 算法的专用数据结构之一
{
    char    startNo;           //边的起点编号
    char    endNo;             //边的终点编号
    float weight;              //边的权重
}EdgeData;
// 将邻接矩阵中的所有边的信息提取到一维数组中，为按权值排序做准备
int GetEdges(AdjMatrix *pG, EdgeData **ppED)
{
    int i,j;
    int index=0;
    if (pG==NULL)
        return -1;
    *ppED = (EdgeData *) malloc( pG->iCurEdgeCount * sizeof(EdgeData) );
    if (*ppED == NULL)
        return -2;
    for (i=0; i < pG->iCurVexCount; i++)
    {
        for (j=i+1; j < pG->iCurVexCount; j++)
        {
            if ( pG->arcs[i][j]!=INFINITY )
            {
                (*ppED)[index].startNo  = i;
                (*ppED)[index].endNo    = j;
                (*ppED)[index].weight   = pG->arcs[i][j];
                index++;
            }
        }
    }
}
```

```
        return 0;
    }


    //对 pEdges 指向的数组中的前 len 个元素按照边的权值大小进行排序(由小到大)
    int SortEdges(EdgeData* pEdges, int len)
    {
        int i,j;
        EdgeData tmp;
        if (pEdges== NULL)
            return -1;
        if (len <= 0 )
            return -2;
        for (i=0; i<len; i++)
        {
            for (j=i+1; j<len; j++)
            {
                if (pEdges[i].weight > pEdges[j].weight)
                {
                    // 交换"第 i 条边"和"第 j 条边"的值
                    tmp = pEdges[i];
                    pEdges[i] = pEdges[j];
                    pEdges[j] = tmp;
                }
            }
        }
        return 0;
    }
    // 获取 i 的连通最大顶点编号
    int GetBoss(int Boss[], int i)
    {
        while (Boss[i] != 0)
            i = Boss[i];
        return i;
    }


    //利用 Kruskal 算法输出最小生成树的边, 该函数会调用 GetEdges()、SortEdges()、GetBoss()函数
    int Kruskal_AdjMatrix(AdjMatrix *pG)
    {
        int i,m,n;
```

```
        int index = 0;              //用于记录生成树的边数，以便提前结束程序
        int Boss[MAXVEX]={0};       //用于保存每个顶点在该最小生成树中的连通最大顶点编号
        EdgeData *edges;
        GetEdges(pG, &edges);        //获取"图中所有的边"
        SortEdges(edges, pG->iCurEdgeCount);   //将边按照"权"的大小进行排序(从小到大)
        for (i=0; i<pG->iCurEdgeCount; i++)
        {
            //获取第 i 条边的"起点"在当前生成树中的连通最大顶点编号
            m = GetBoss(Boss, edges[i].startNo);
            //获取第 i 条边的"终点"在当前生成树中的连通最大顶点编号
            n = GetBoss(Boss, edges[i].endNo);
            if (m != n)   //如果 m!=n，意味着"边 i"与"已经添加到最小生成树中的顶点"没有
                          //形成环路
            {
                if (m<n)
                {
                    Boss[m] = n;                 //设置 m 的连通最大顶点编号为 n
                }
                else if (m > n)
                {
                    Boss[n] = m;                 //设置 n 的连通最大顶点编号为 m
                }
                printf("(%2d,%2d)权值为%4f \n", edges[i].startNo, edges[i].endNo, edges[i].weight);
                index++;
                if (index== pG->iCurVexCount-1) break;   //凑够 n-1 条边则可以结束程序了
            }
        }
        free(edges);
        return 0;
    }
```

从时间复杂度来看，因为 e 往往远大于 n，所以 Kruskal 函数中主要考虑 for 循环的开销。因为 GetBoss()函数的时间复杂度是 $O(\log e)$，所以，Kruskal()函数的时间复杂度为 $O(e \log e)$。

对于该函数，可以编写如下的代码进行测试。

```
    int main()
    {
        AdjMatrix *pG;
        CreateAdjMatrix(&pG);
        Kruskal_AdjMatrix(pG);
```

```
        return 0;
    }
```

以图 6-28(a)的数据为输入来进行测试。部分输入和输出的结果如图 6-33 所示。可以看到，Kruskal 算法的运行结果和 Prim 算法的运行结果是一致的。

图 6-33　代码 6.9 运行部分输入和输出效果图

权值是边的属性，想要权值最小，以边为考虑对象，比以点为考虑对象要显得更加直观易懂得多。对比两个算法，Kruskal 算法以边为对象，边少时效率会非常高，所以对于稀疏图有很大的优势；而 Prim 算法以点为考虑对象，更适合在稠密图中采用。

6.5　有向无环图及其应用

一个没有环路的有向图称作**有向无环图**(Directed Acycline Graph)，简称 DAG。有向无环图经常被用于描述一个事情的进行过程。这个事情，大到一个系统工程，小到一件作品，只要它内部含有多个复杂的步骤或者工序，那么在对其进行研究时，有向无环图都是一个需要用到的工具。

对于整个工程和系统，人们关心的是两个方面的问题：一是工程能否顺利进行；二是估算整个工程完成所必需的最短时间。这两个问题，分别对应于有向无环图的拓扑排序问题和关键路径问题。下面分别就这两个问题进行讲解讨论。

6.5.1　拓扑排序问题

假如你现在是一所大学的教务处长，现在计算机学院院长把计算机软件专业在本科四年需要学习的总共 21 门骨干课程的教学大纲交给你，让你根据这些文档来制定这个专业的课程培养计划，主要负责将这 21 门课程妥善分配在 7 个学期。你应该如何分配呢？每一门课程的教学大纲的文档中都已经明确注明该门课程的前导课程和后续课程，但是你该如何利用这个信息呢？

聪明的你肯定会想到课程的分配必须要兼顾课程本身的特点，要遵从教学大纲要求的前导和后续的设定。你可能会按照这 21 门课程的教学大纲而得到一张专业课程关系图，如图 6-34 所示[①]。但是如果没有学过拓扑排序，可能你看到这张图之后仍然是一头雾水，不知所措。

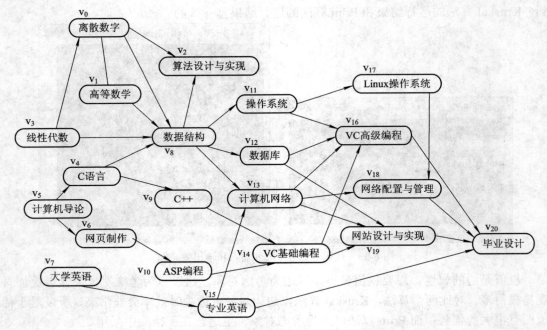

图 6-34　某校计算机软件专业课程关系简图

1．AOV 网的定义

一个施工工程、生产工艺、软件开发或者教学安排等往往都包含了许多的步骤、工序或者环节，可以被分为若干个"活动"，在这些活动之间，通常会受到一定的固有约束，例如某些活动必须要等到其他一些活动完成之后才能开始。就好比你现在正在学数据结构，如果想真正学懂这门课程，就必须至少学会一门编程语言(例如 C 或者 Java)。如果没有学过任何一门编程语言，甚至连计算机如何操作都不知道，那么学数据结构就只能是纸上谈兵，空中楼阁。为了表达出这样的前导和后续关系，我们采用有向无环图来进行描述。

在一个表示工程的有向图中，用顶点表示活动，用弧表示活动之间的优先关系，这样的有向图为顶点表示活动的网，我们称为 AOV 网(Activity On Vertex network)。AOV 网中的弧表示活动之间的某种固有的制约关系。比如必须要先学习某几门课程之后才能开始学习某些课程；必须要材料和人员到位之后才能开始进行某项工程；必须要地基打好之后才能架设或浇筑某栋建筑；必须要产品生产完毕之后才能进行产品性能方面的质检。

需要引起注意的是，AOV 网不仅肯定是有向图，而且这个有向图中是肯定不应该出现任何环路。设想一下，如果在 AOV 网中存在某个环路，会出现什么样的情况？如果要学

---

① 实际上现在很多计算机软件专业本科阶段需要学习的课程远非这区区 20 来门，相互之间的关系也没这么简单，不过这并不影响我们在这个例子中对有向无环图的理解。本图只是作者编写的粗略示例，读者不必太在意图中这些课程关系的正确性。

课程 A，规定必须先学课程 B；要学课程 B，必须先学课程 C；要学课程 C，反过来却又规定必须先学课程 A。这样的课程关系，必然是不存在的。如果遇到这样的课程关系，那只能说明其中必定有错误。

设 G=(V, E)是一个具有 n 个顶点的有向图，V 中的顶点序列为 v_1, v_2, ···, v_n，假设活动 v_i 是活动 v_j 的前驱活动，则在顶点序列中顶点 v_i 必定在顶点 v_j 的前面。如果满足这样的条件，则称这样的顶点序列为一个**拓扑序列**。

拓扑排序，就是对一个有向图构造拓扑序列的过程。在构造时会有两种结果：如果拓扑序列包含了该网的所有顶点，则说明该网是不存在环路的 AOV 网；如果拓扑序列中的顶点数目少于该网的总顶点数，则说明该网具有环路。所以，拓扑排序也可以用来判断有向图中是否存在环路(无向图中对回路的判断，请参看克鲁斯卡尔算法中的相关说明)。如果有向图存在环路，则不是 AOV 网。

对 AOV 网进行拓扑排序的具体方法是：每次从 AOV 网中选择一个入度为 0(即没有任何箭头指向该顶点)的顶点，输出，然后删去此顶点及所有与它相关的弧，重复上述操作，直到：(1) 输出全部的顶点；或者(2) AOV 网中找不到入度为 0 的顶点为止。

如果出现情况(1)，说明拓扑排序顺利完成，AOV 网没有环路；如果出现情况(2)，说明该网有环路，图有问题，需要重新定义该图。

2．拓扑排序的实现

在清楚了拓扑排序的具体方法之后，现在需要考虑的就是如何用程序模拟实现这个流程。因为需要频繁修改和读取顶点的当前入度值(注意，顶点的入度值会因为弧的删除而产生变化)，同时因为需要根据一个顶点删掉以它为弧尾的弧，所以在这种情况下，单纯的邻接表肯定是不合适的(因为获取入度太过麻烦)，而邻接矩阵中无论是获取入度还是邻接点，都需要遍历矩阵中的整行或者整列。我们可以考虑这样一种结构，即对邻接表做一定的改良，增加一个 int 型的入度域 InDegree。这样可以很方便地获得当前入度为 0 的所有顶点，在删弧操作时维护这个值的变化也并不困难，如图 6-35(a)所示。

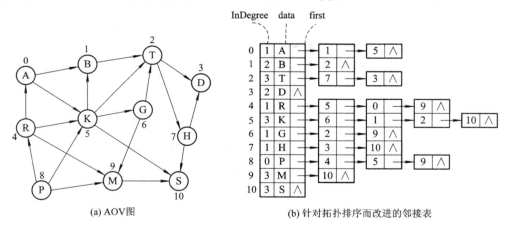

(a) AOV图　　　　　　　(b) 针对拓扑排序而改进的邻接表

图 6-35　拓扑排序中的邻接表结构示意图

细心的读者可以发现，针对拓扑排序而专门改进的邻接表结构，与 5.1.2 小节中图 5-4(b) 所示树的带双亲的孩子表示法结构，除了成员的名字和含义不一样之外，其他几乎是一模一样。关于其创建和初始化操作，可参考 6.2.2 小节中的代码 6.4，此处假设改进后的邻接表已建立好。

```
/***********************************************************
            代码 6.10——基于邻接表的图的拓扑排序算法
            文件名：AdjList.c(第 5 部分，共 5 部分)
***********************************************************/
int TopoSortByAdjList(ADJLIST *pG)
{
    LinkListNode *p;
    int i, k, gettop;
    int count= 0;        //用于计算输出点的个数，进而判断拓扑排序是否查出回路
    int *stack;          //定义一个简易的 int 栈，用于存放待输出的入度为 0 的顶点编号
    int top=0;           //stack 栈专用的栈顶指示器
    if (pG==NULL)
        return -1;
    stack= (int *)malloc(pG->iVertexCount * sizeof(int));
    //第一步：先将邻接表中所有入度为 0 的顶点编号压栈
    for(i=0; i < pG->iVertexCount; i++)
        if (pG->AdjList[i].InDegree==0)
        {
            top= top +1;
            stack[top]= i;
        }
    //第二步：对所有入栈的顶点进行以下操作
    while(top!=0)
    {
        //从栈中取出一个入度为 0 的顶点编号，输出
        gettop= stack[top];
        top= top - 1;
        printf("%s ", pG->AdjList[gettop].data);
        count++;
        //将以该顶点为弧尾的所有弧头点的 InDegree 值减 1，以表示删除了 1 条弧
        p= pG->AdjList[gettop].first;
        while(p!= NULL)
        {
            k= p->adjVex;
            pG->AdjList[k].InDegree--;
            if(pG->AdjList[k].InDegree==0)//将删除弧之后入度变为 0 的顶点压栈，以备随后输出
            {
```

```
                    top++;
                    stack[top]= k;
                }
                p= p->next;
            }
        }
        if (count < pG->iVertexCount)        //如果输出点的个数少于总顶点个数，说明存在环路
            return -2;
        else
            return 0;
    }
```

可以加入如下的测试代码。

```
    int main()
    {
        ADJLIST *pG;
        CreateAdjList(&pG);
        printf("拓扑排序的结果如下：\n");
        TopoSortByAdjList(pG);
        return 0;}
```

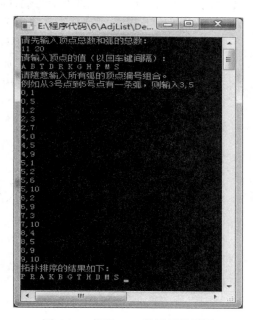

以图 6-35(a)的信息为输入，运行结果如图 6-36 所示。

在这个程序中，我们加入了一个很简易的堆栈 stack，用于存放尚未输出的入度为 0 的顶点编号，避免每次都要从头到尾遍历一遍才知道哪些点的入度为 0。

图 6-36　代码 6.10 的运行结果图

分析整个代码，对于一个有 n 个顶点、e 条弧的 AOV 网来说，在第二步的 while 循环中，每个顶点进栈和出栈均为 1 次，而整个 AOV 网中入度减 1 的操作一共会执行 e 次，所以整个算法的时间复杂度为 O(n+e)。

6.5.2　关键路径问题

假设现在市政府要在市区某个路口修一座高架桥以缓解未来可能出现的交通拥堵情况，高架桥的具体规划已经出炉，正进入招投标阶段，而你作为一家建筑公司的投标负责人，正要制定一份标书参与投标。市政府希望高架桥能够在保证质量的前提下尽快完工，投标工期较短的建筑公司会胜出。现在的问题是：如何把握这项工程的施工时间？例如最快竣工时间需要多久？如果市政府希望赶在国庆前提前完工，要求缩短工期，那应该把握施工中的哪些环节才能缩短工期？

面对这项问题，如果没有学过数据结构的关键路径问题，那么可能就要瞎说了。投标的竣工时间太长，可能会使得标书缺乏竞争力；投标的竣工时间太短，不仅可能会让承建

方蒙受损失，甚至导致到期时无法完成任务。这种情况下怎么办？

关键路径问题可用于妥善解决上述的这些问题。

1. AOE 网的定义

首先，假设工程负责人已经非常明确这项工程具体包括哪些步骤环节，以及每个步骤环节所需要的时间。但是因为这些步骤环节中有一些可以同步进行，而有一些环节必须要等到其他环节实施完毕之后方可开始。在这种情况下，我们用弧来表示每个步骤环节的活动，用顶点来表示步骤环节开始或者结束时刻的状态，而弧上的权值则表示该活动进行所需要的时间，由此构成了边表示活动的有向图，简称为 AOE 网(Activity On Edge network)。AOE 网主要用于解决时间上的一些相关问题，所以弧的权值指的都是时间。初学的读者对于 AOE 网的理解可能不太习惯，需要注意的是在 AOE 网中，弧表示的是步骤环节或者工序，是一种持续的时间段的概念；而顶点表示的是在某一时刻、某一瞬间呈现出来的一种状态，如图 6-37 的例子所示。可以看出，有些状态一旦呈现，下一步马上就可以同时开始多个活动；而有些状态如果需要呈现，则必须要多个环节或活动全都完工(实际上往往有先有后)，缺一不可。

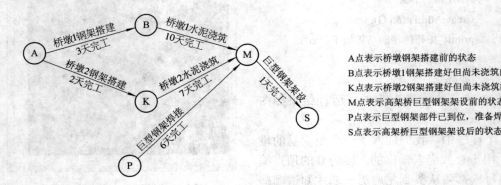

A点表示桥墩钢架搭建前的状态

B点表示桥墩1钢架搭建好但尚未浇筑的状态

K点表示桥墩2钢架搭建好但尚未浇筑的状态

M点表示高架桥巨型钢架架设前的状态

P点表示巨型钢架部件已到位，准备焊接的状态

S点表示高架桥巨型钢架架设后的状态

图 6-37　AOE 网顶点和弧的表示示例图(局部)

完整的 AOE 网肯定应该是一个有向无环图。因为天下没有不散的筵席，任何复杂的工程在进行工程设计时都会有开始和结束，所以 AOE 网必然有且只有一个表示开始状态的始点和一个表示结束状态的终点[①]。始点的入度为 0，终点的出度为 0。

尽管 AOE 网和 AOV 网都是用于工程建模，但它们还是有很大的不同。AOV 网是顶点表示活动的网，只描述活动之间的制约关系；AOE 网是弧表示活动的网，弧的权值表示活动持续的时间。因此，AOE 网建立在活动之间的制约关系没有矛盾(即 AOV 网问题的研究结果没问题)的前提上，再来分析与完成整个工程的时间相关的问题。在 AOE 网中需要研究的问题是：(1) 完成整项工程至少需要多少时间；(2) 哪些活动是影响工程进度的关键。

假设现在有一张描述某工程施工的完整的 AOE 网，v_1 到 v_9 的 9 个顶点表示该工程的 9 个状态，11 条弧表示工程中的 11 个步骤环节或活动，弧的权值表示执行这些活动所需要的时间值，如图 6-38 所示。假设时间单位为天。

---

① 有些教材上又称为源点和汇点，但是编者认为这种称呼容易让初学者在理解时产生歧义，故未予采纳。

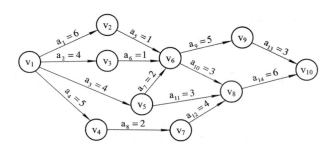

图 6-38 　一个完整的 AOE 网示意图例

2．AOE 网的相关概念及计算

1) 相关概念

由于在 AOE 网中有些活动可以并行地进行，所以完成工程的最短时间是从始点到终点的**最长路径**的长度(这里所说的路径长度是指这条路径上各弧的权值之和，不是路径上弧的数目)。下面我们要引入一些 AOE 网中的相关概念。

路径长度最长的路径叫做**关键路径**(Critical Path)。假设开始点是 v_1，终点是 v_{10}，如图 6-38 所示，则有：

(1) **顶点 i 最早呈现时间 ve(i)**：ve(i)中的 ve 对应着英文中的 vertex early。每个顶点都有自己的最早呈现时间。例如图 6-38 中的 v_6 表示某种状态，则其最早呈现时间 ve(6)应该等于从出发点 v_1 到当前点 v_6 的**最长**路径的长度(注意，不是最短，不要错误地把图 6-38 想象成地图)。从图上直观地理解来看，v_6 状态如果需要呈现，必须要求活动 a_5、a_6 和 a_7 全都完成了才行，所以完成得最慢的分支(即路径长度最长的分支)决定了 v_6 状态可能呈现的最早的时间。规定开始点 v_1 的最早呈现时间是 0，则终点(例如本图的 v_{10})的最早呈现时间就是整个工程的总工期。

(2) **顶点 i 的最晚呈现时间 vl(i)**：vl(i)中的 vl 对应着英文中的 vertex last。每个顶点都有自己的最晚呈现时间。所谓的"最晚"，意思就是说，如果到了这个时间还尚未呈现出该状态，则肯定无法按期完成整个工程。仍然以图中的 v_6 为例，则其最晚呈现时间 vl(6)应该等于总工期与从当前点 v_6 到终点 v_{10} 的**最长路径**的长度的**差值**。从图上直观地理解来看，v_6 状态如果在第 vl(6)天时还尚未呈现，则 a_9 和 a_{10} 在第 vl(6)天就无法开始进行，进而在要求的总工期内必定无法按期完成整个工程。v_6 后面有 2 个分支，到终点路径长度最长(即最耗时)的分支决定了 vl(6)的值。

在 AOE 网中，可以通过计算得到任意顶点 v_i(i=1, 2, …, n)的最早呈现时间 ve(i)和最晚呈现时间 vl(i)。如果 ve(i)=vl(i)，则顶点 i 称之为**关键点**；由关键点组成的弧，称之为**关键活动**；由关键活动组成的路径，必然会从始点贯穿到终点，也必然会是路径长度最长的路径分支。

需要注意的是，关键路径经常可能不止一条。如果多条路径的长度和相同且都是最大值，也是可以的。

从上面的概念讲解可以看出，任意顶点 v_i(i=1, 2, …, n)的最早呈现时间 ve(i)和最晚呈现时间 vl(i)的计算，是关键路径问题的核心。只要解决了这个问题，关键路径自然就会浮出水面。下面我们就讲解每个顶点的这两个时间如何求取。

2) v_i 的最早呈现时间 $ve(i)$ 的计算办法

根据 v_i 的位置不同，分为三种情况：

(1) 始点的 $ve(i)$ 值为 0，即 $ve(v_{begin}) = 0$。

(2) 如果 v_i 的入度为 1(即只有 v_{left} 指向 v_i 的唯一一条弧)，且已知 $ve(left)$，活动 a 用弧 $<left, i>$ 表示，其权值记为 $dut(left, i)$，如图 6-39(a)所示，则

$$ve(i) = ve(left) + dut(left, i)$$

在图 6-39 中 $ve(i) = ve(left) + dut(left, i) = 3 + 4 = 7$。

(3) 如果 v_i 的入度大于 1(即有多个顶点指向 v_i 的多条弧)，且已知各顶点的 ve 值，如图 6-39(b)所示，则有

$$ve(i) = \max\{ve(left_k) + dut(left_k, i)\} \qquad (<left_k, i> \in E)$$

根据公式，则有

$$ve(i) = \max\{ve(left1) + 5, ve(left2) + 8, ve(left3) + 2\} = \max\{6, 11, 8\} = 11$$

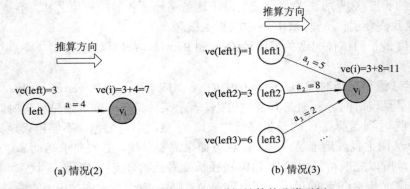

(a) 情况(2)   (b) 情况(3)

图 6-39 顶点的最早呈现时间计算的分类示例

讲到这里，其实聪明的读者可以发现，情况(2)其实是情况(3)的一个特例。只不过因为情况(2)经常遇见，所以此处将其专门理出来进行了讲解，以免读者计算时出错。另外，关于 $ve(i)$ 的计算，实际上是借助了数学归纳法从左往右依次推导计算，并最终求出终点的 ve 值，得到总工期 T。

3) v_i 的最晚呈现时间 $vl(i)$ 的计算办法

根据 v_i 的位置不同，也分为三种情况：

(1) 终点的 $vl(i)$ 值为 T。此处的 T 值即总工期，即 $vl(v_{end}) = ve(v_{end}) = T$。

(2) 如果 v_i 的出度为 1(即只有从 v_i 指向 v_{right} 的唯一一条弧)，且已知 $vl(right)$，活动 a 用弧 $<i, right>$ 表示，其权值记为 $dut(i, right)$，如图 6-40(a)所示，则

$$vl(i) = vl(right) - dut(i, right)$$

在图中 $vl(i) = vl(right) - dut(i, right) = 19 - 3 = 16$。

(3) 如果 v_i 的出度大于 1(即有 v_i 指向多个顶点的多条弧)，且已知各顶点的 vl 值，如图 6-40(b)所示，则有

$$vl(i) = \min\{vl(right_k) + dut(i, right_k)\} \qquad (<i, right_k> \in E)$$

根据公式，则有

$$vl(i) = \min\{vl(right1) - 3, vl(right2) - 8, vl(right3) - 5\} = \min\{7, 5, 11\} = 5$$

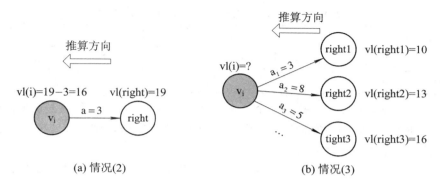

图 6-40　顶点的最晚呈现时间计算的分类示例

和 ve 类似，此处情况(2)也是情况(3)的一个特例。关于 vl(i) 的计算，借助了数学归纳法**从右往左**依次推导计算，并最终求出始点的 vl 值。

3．解决方案示例

下面我们以图 6-38 为例来演示 AOE 网中的关键路径问题如何解决。为了方便对照查看，我们将该图附在下面。

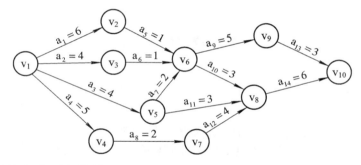

第一步：计算各个顶点的最早呈现时间。

$ve(1) = 0;$　　　　　$ve(2) = 0 + 6 = 6;$　　　$ve(3) = 0 + 4 = 4;$

$ve(4) = 0 + 5 = 5;$　　　$ve(5) = 0 + 4 = 4;$　　　$ve(7) = 5 + 2 = 7;$

$ve(6) = \max\{ve(2) + 1, ve(3) + 1, ve(5) + 2\} = \max\{7, 5, 6\} = 7;$

$ve(8) = \max\{ve(6) + 3, ve(5) + 3, ve(7) + 4\} = \max\{10, 8, 11\} = 11;$

$ve(9) = ve(6) + 5 = 12;$

$ve(10) = \max\{ve(9) + 3, ve(8) + 6\} = \max\{15, 17\} = 17 = T;$

第二步：计算各个顶点的最晚呈现时间。

$vl(10) = T = 17;$　　　$vl(9) = vl(10) - 3 = 14;$　　　$vl(8) = vl(10) - 6 = 11;$

$vl(7) = vl(8) - 4 = 7;$　　　$vl(6) = \min\{vl(9) - 5, vl(8) - 3\} = \min\{9, 8\} = 8;$

$vl(5) = \min\{vl(6) - 2, vl(8) - 3\} = \min\{6, 8\} = 6;$

$vl(4) = vl(7) - 2 = 5;$　　　$vl(3) = vl(6) - 1 = 7;$　　　$vl(2) = vl(6) - 1 = 7;$

$vl(1) = \min\{vl(2) - 6, vl(3) - 4, vl(5) - 4, vl(4) - 5\} = \min\{1, 3, 2, 0\} = 0;$

第三步：找出 ve(i)=vl(i) 的所有顶点。

上面的计算结果如表 6-1 所示。

表 6-1 AOE 网范例 ve 和 vl 值计算结果

i	1	2	3	4	5	6	7	8	9	10
ve(i)	0	6	4	5	4	7	7	11	12	17
vl(i)	0	7	7	5	6	8	7	11	14	17

可以看出，1、4、7、8、10 这 5 个点是关键点，由其构成的路径就是关键路径。这项工程的总工期为 17 天；如果需要缩短工期或者确保按期完成，则必须要在 a_4、a_8、a_{12} 和 a_{14} 这 4 个活动上下足功夫才有效。

需要引起注意的是，表中 ve 和 vl 值不相同的顶点，其数值差代表了什么呢？例如 ve(3) = 4，vl(3) = 7，这意味着执行 a_2 的工人在完成 a_2 操作后，可以休息 7 – 4 = 3 天之后再进行开工，仍不会影响工程总进度。也就是说，非关键路径上的活动，可以适当休息；而关键路径上的活动，必须马不停蹄地做，否则就会贻误总工期。

实践证明，用 AOE 网来估算工程的完成时间是非常有用的。但是由于网中各项活动是相互牵涉的，因此影响关键活动的因素也是多方面的，任何一项活动持续时间的改变都可能会影响到关键路径的改变。只有在不改变网的关键路径的情况下，提高关键活动的速度才有效。

6.6 最 短 路 径

目前移动设备上的地图导航软件非常普及。在选择出行路线时，不同的用户会有不同的需求。有些人希望选择的路线耗时最短，原因很简单，因为他赶时间；有些人希望选择的路线车费最少，因为他想省钱；有些人希望选择的路线换乘最少，因为他不想麻烦；而有些人希望选择的路线步行距离最短，因为他不想走路。假如你是一个导航软件的设计者，面临庞大的地图，成百上千的站点和路口，你会如何编程选择出符合用户需求的出行路线？

在网图和非网图中，最短路径的含义是不同的。非网图上的最短路径，指的就是两个顶点之间经过的边数最少的路径；而网图上的**最短路径，指的是两个顶点之间经过的边/弧上权值之和最小的路径**。这条路径上第一个顶点称为**源点**，最后一个顶点称为**终点**。这个定义对于无向图和有向图都适用。对于地图的映射上来说，绝大部分情况下，路线都是双向的，即无向的。但是个别情况下可能会出现路线是单向的，比如单行道或者单程航线等。

本章为了简单方便起见，主要研究有向图中的最短路径问题。无向图的最短路径问题原理和计算方法与之完全一样，只是在输入时图的邻接矩阵或者邻接表有差异而已。至于非网图的最短路径，实际上是网图最短路径的特例，只需要将所有边/弧的权值设置为 1 即可解决。

在图 6-41(a)中，如果要求某个顶点到另外一个顶点的最短路径，应该怎么求？估计很多比较自负的读者就会习惯性地盯着这张图看，相信很快就能找出正确的路径来，并且认为专门去设计算法来解决似乎有点多此一举。如果是这样，那请这些读者看图 6-41(b)，并求顶点 A 到顶点 P 的最短路径。如果仍然能看出来，那么你的智商的确很厉害，但是请问能否一张 2000 个顶点、10 000 条边的网图中找出某点到其他任意点的最短路径？我们始终必须找到一种计算机程序能够理解的算法来对大规模的网图进行求解。

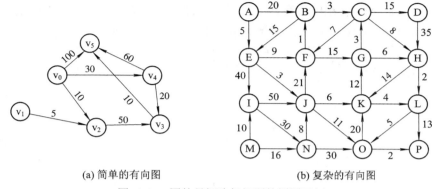

(a) 简单的有向图　　　　　　　　　　(b) 复杂的有向图

图 6-41　图的最短路径问题的原图示例

1．Dijkstra 算法原理

在网图的最短路径问题中，最常用的就是**迪杰斯特拉(Dijkstra)算法**。该算法可以算出指定顶点到其他所有顶点的最短路径。

迪杰斯特拉算法是由荷兰计算机科学家 Dijkstra 于 1959 年提出的，故而以其名字来命名。该算法名字不太好记，所以有些教材上又简称为 D 算法。该算法要求所有的权值不允许有负值。

Dijkstra 算法是一个很典型的贪心算法，它符合贪心算法的很多特征。贪心算法与其说是一种算法，倒不如说是一种算法思想。**贪心算法**(又称**贪婪算法**，Greedy Algorithm)是指：在对问题求解时只求当前或局部的最优解，并慢慢扩展范围，最终找出整体的最优解的一种算法思想。贪心算法并不会一开始就从"整体最优"上考虑，而是采用先求局部最优解，扩展范围并在扩展的同时不断修正局部最优解的解决思路。在算法领域有很多算法都采用了贪心算法的这种解决思路，例如最小生成树问题中的 Prim 算法和 Kruskal 算法、哈夫曼树的求解过程、马步问题、Dijkstra 算法、背包问题等。读者可以对照学习并加以归纳，必有心得。

下面以图 6-41(a)的有向图为例，展示 Dijkstra 算法的数据变化，如图 6-42 所示。

对于图 6-42，有几点需要提出说明，具体如下：

(1) 表格中"D[i]"一行表示出发点 v_0 到其他所有点的最短路径的值；表格中"路径"一行表示出发点 v_0 到其他所有点的最短路径的顶点编号序列。

(2) 图中设置了两个顶点集 S 和 I—S，S 表示已解决好路径问题的顶点集合，I—S 表示出发点到该点的路径问题尚待解决的顶点集合。简单来说，整个算法就是一个不断往 S 顶点集中添加顶点、不断修正相关 D 值和路径顶点序列的过程，最终结果在图 6-42(g)中。

(3) 在第⑤、⑧、⑪、⑭、⑯步骤中，考虑对当前点(设为 v_{minpos})的所有邻接点 $v_j(j \neq 0)$ 的相关数据进行修正时，需要依据以下条件：

① 如果 D[minpos]+dut(minpos, j)<D[j]，则将 D[j]的值修正为 D[minpos]+dut(minpos, j)，并且修正原路径为新的路径(将路径[minpos]的值覆盖路径[j]，并在值的尾部追加 j 的编号值。例如图 6-42(e)中第⑫步为将"043"覆盖掉路径[5]原有的"045"，并在尾部拼接"5"，

得到"0435"。

② 如果 D[minpos]+dut(minpos, j)=D[j]，则不修正 D[j]的值，也不修改路径[j]的原值，但是需要在原值后面补充新的路径(当存在两条同样长度的最短路径时会出现这种情况)。

③ 如果D[minpos]+dut(minpos, j)＞D[j]，则维持原样，什么都不改。

④ 每轮循环时有哪些顶点需要被修正数据，这与 S、I—S 并无直接联系，只与原图中顶点的固有邻接关系有关。若 v_j 的值和路径需要被修正，不代表 v_j 就要加入到 S 集合中，初学者切勿混淆。

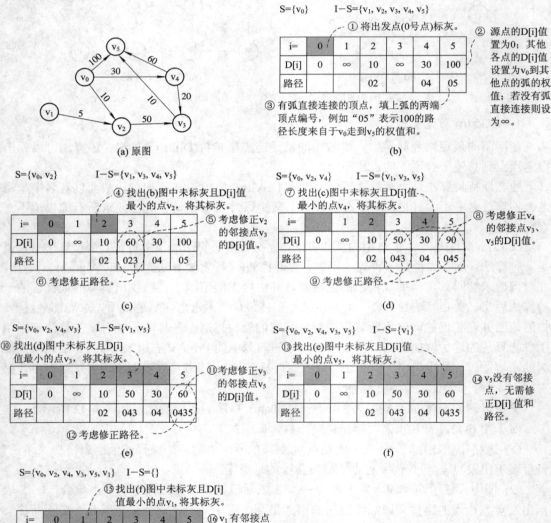

图 6-42 Dijkstra 算法示例

2．Dijkstra 算法的程序代码

下面讲解一下关于程序编码的思路。

从图 6-42 的演算过程可以看出，Dijkstra 算法主要针对 D 数组和路径 P 数组进行操作得到结果，在这个过程中需要 S 集合与 I—S 集合中顶点的变化来进行辅助配合。这个变化过程，可以通过设置一个 int 型的 VexIsinS 数组来变相实现。所以，整个算法过程实际上就是 3 个长度为 n 的数组(D 数组、P 数组和 VexIsinS 数组)相互配合的过程。

读者需要注意 3 个数组的元素类型。D 数组表示权值总和，所以往往是 int 型或者 float 实数型。VexIsinS 数组主要是标识顶点是否在 S 集合中，所以只需要设置为 int 型[1]即可；比较麻烦的是 P 数组，因为 P[i]存储源点到顶点 v_i 的最短路径的顶点序列，而最短路径可能不止一条，并且每条最短路径的长度不确定，所以此处为了简便，采用字符串拼接[2]的方式，将可能同时存在的多条路径顶点编号以字符串的形式拼接起来，并用 P[i]保存指向字符串的指针[3]。具体代码如代码 6.11 所示。

```
/**********************************************************
代码 6.11——基于邻接矩阵的图的 Dijkstra 算法
文件名：AdjMatrixGraph.c(第 6 部分，共 6 部分)
**********************************************************/
#include "stdlib.h"              //为了使用 itoa()函数
#include "string.h"              //为了使用 strlen()函数
#include "math.h"                //为了使用 fabs()函数/
typedef char *PathVexes[MAXVEX]; //用于存储最短路径下标的数组
typedef float ShortPath[MAXVEX]; //用户存储源点到各点最短路径的权值和
/*字符串拼接函数，Dijkstra 算法专用，只在 Dijkstra()函数中被调用，不改变原有的 s1 和 s2
    两个字符串，且生成的新字符串中 s1 串和 s2 串的值用 ch 字符间隔 */
char *strconnect(const char *s1, char ch, const char *s2)
{
    int i,j;
    char *res;
    res= (char *)malloc(strlen(s1) + strlen(s2) + 2);   //新空间多一个间隔符，一个结束符
    if (res==NULL) return res;
    i=j=0;
    while (s1[j]!='\0')
```

---

[1] 此处最合适的类型本应是布尔型变量，但是标准 C 语言中并不支持布尔型，C++中可以支持。C99 标准中引入 stdbool.h 头文件来支持布尔型变量，但是 VC6.0 并不支持 C99，在 VS 中也只是部分支持。所以为了增强代码的兼容性，此处定义为 int 型。

[2] 因为 strcat 函数在拼接时会改变 dest 串的值，不符合当前要求，所以此处我们采取自定义字符串拼接函数的方式来解决。

[3] 另外一种常见的处理方法是设定一个 int 型的长度为 n 的数组，在 **P[i]** 中存储从源点到 v_i 最短路径顶点序列的前驱顶点编号。这种处理方式有一个默认前提，即两点之间的最短路径只有一条。这种处理方法会遗漏结果信息，降低 Dijkstra 算法的实用性，故本书未予采用。

```
        res[i++]= s1[j++];
    res[i]= ch;   i++;                    //拼入间隔符
    j=0;
    while (s2[j]!='\0')
    res[i++]= s2[j++];
    res[i]= '\0';          //写入结束符
    return res;            //返回值是局部 malloc 申请的指针变量，需在主调函数调用结束后 free 掉
}


//Dijkstra 算法，求有向图 G 的 StartVexPos 顶点到其他顶点 v 的最短路径 P[v]及路径长度值 D[v]
int Dijkstra(AdjMatrix *pG, int StartVexPos, PathVexes P, ShortPath D)
{
    int i, j, MinPos;
    float min;
    char ch1[6], ch2[6];
    int VexIsinS[MAXVEX];
    char *tmp1, *tmp2;
    if (pG== NULL)
        return -1;
    //初始化 D 数组和 P 数组的值
    for(i=0; i < pG->iCurVexCount; i++)
    {
        VexIsinS[i]=0;
        D[i]= pG->arcs[StartVexPos][i];
        P[i]= NULL;
        if (D[i]!= INFINITY)
        {
            itoa(StartVexPos, ch1, 10);
            itoa(i, ch2, 10);
            P[i]=strconnect(ch1, '-', ch2);
        }
    }
    D[StartVexPos]= 0;                //出发点自己到自己的路径为 0
    VexIsinS[StartVexPos]= 1;         //将源点置于集合 S 中，或标灰
    for(i=0; i < pG->iCurVexCount - 1; i++)
    {
        //找出 I—S 集合中 D 值最小的顶点编号 MinPos 及最小值 min
        min= INFINITY;
        MinPos= -1;
```

```
        for(j= 0; j < pG->iCurVexCount; j++)
        {
            if (VexIsinS[j]==0 && D[j] < min )
            {
                MinPos= j;
                min= D[j];
            }
        }
        VexIsinS[MinPos]=1;                          //将该顶点吸收到 S 集合中
        for(j=0; j < pG->iCurVexCount; j++)          //n 次循环，搜遍所有顶点
        {
          if (VexIsinS[j]==0 && (D[MinPos] + pG->arcs[MinPos][j] < D[j]))//需要修正相关数据
          {
                D[j]= D[MinPos] + pG->arcs[MinPos][j];
                itoa(j, ch2, 10);
                if (P[j]!=NULL)                      //先释放原有的路径字符串
                    free(P[j]);
                P[j]= strconnect(P[MinPos], '-', ch2);   //生成新的路径字符串
          }
          //如果存在多条最短路径
          else if (VexIsinS[j]==0 && fabs(D[MinPos] + pG->arcs[MinPos][j] - D[j]) < 1e-6 )
          {
                itoa(j, ch2, 10);
                tmp1= P[j];                          //原路径
                tmp2= strconnect(P[MinPos], '-', ch2);  //第二条路径
                //将两条路径用 "|" 拼接，生成新的字符串，并用 P[j]指向
                P[j]= strconnect(tmp1, '|', tmp2);
                free(tmp1);                          //释放原有的两条路径的字符串空间
                free(tmp2);
          }
        }
    }
    return 0;
}
```

测试代码如下所示：

```
int main()
{
    int i, StartVexPos;
    AdjMatrix *pG;
```

```
        PathVexes PP;
        ShortPath DD;
        CreateAdjMatrix(&pG);
        StartVexPos= 0;                    //测试从 0 号点到其他各点的距离
        Dijkstra(pG, StartVexPos, PP, DD);
        for(i=0; i < pG->iCurVexCount; i++)
        {
        printf("第%2d 号点到第%2d 号点的最短路径长度值为%6.2f，路径为：%s\n",
            StartVexPos,    i,              DD[i],   PP[i]);
        }
        return 0;
    }
```

以图 6-31(a)的复杂无向图为例，其运行的结果如图 6-43 所示。

图 6-43　代码 6.11 的运行结果示意图

可以看到，第 0 号顶点到第 2 号顶点的最短路径存在 2 条。本程序能够将这 2 条路径全部找出、保存和显示。

综合分析 Dijkstra 算法的代码，可以看出其时间复杂度为 $O(n^2)$。如果只希望求解指定点到指定点之间的最短路径，其计算过程与求解指定点到所有点最短路径的过程一样，复杂程度也一样，也是 $O(n^2)$。

如果需要计算所有点到所有点的最短路径，从代码量和计算方法来看，弗洛伊德(Floyd)提出了一个算法，形式上更为简洁，但是时间复杂度为 $O(n^3)$，效率并未比循环调用 Dijkstra 算法更优。本书就不再讲述该算法。

习　　题

1. 现有如图 6-44 所示的有向图，请完成下列相关工作。

(1) 请画出该图的邻接表表示法示意图，并分析结果的决定因素。

(2) 请画出该图的逆邻接表表示法示意图。

(3) 请画出该图的邻接矩阵表示法的完整示意图。

(4) 请画出该图的十字链表表示法的完整示意图。

(5) 请写出该图的基于邻接矩阵的创建函数，并在函数内完成图中数据的录入操作。

(6) 请写出从"上海"开始的基于(1)结果的深度优先遍历序列。

(7) 请写出从"上海"开始的基于原图的广度优先遍历序列。

(8) 请写出递归的基于邻接矩阵的图的深度优先遍历算法代码，并上机调试通过。

(9) 请写出非递归的基于邻接矩阵的图的深度优先遍历算法代码，并上机调试通过。

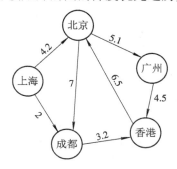

图 6-44 有向图

2. 使用 Prim 算法，依据图 6-45 完成下列工作。

(1) 从 F 点出发，写出构造该图的最小生成树的边的添加顺序。

(2) 从 C 点出发，写出构造该图的最小生成树的边的添加顺序。

(3) 采用邻接矩阵录入该图，假定从 F 点出发，写出相应的构造最小生成树的算法代码，上机调试通过。

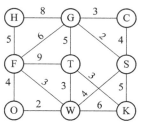

图 6-45 无向图

3. 使用 Kruskal 算法，依据图 6-45 完成下列工作。

(1) 写出构造该图的最小生成树的边的添加顺序。

(2) 采用邻接矩阵录入该图，并写出相应的构造最小生成树的算法代码，上机调试通过。

4. 依据图 6-46，请完成下列操作。

(1) 请写出该图的拓扑排序的顶点序列(若有多个选择，编号较小者优先输出)。

(2) 请编写代码，实现该图的拓扑排序，输出排序的顶点序列。

(3) 根据输出的顶点序列，请判断该图是否存在环路，并说明判断依据。

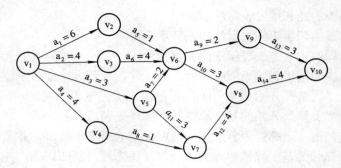

图 6-46 有向无环图

5. 根据图 6-46 的 AOE 网，完成下列操作。

(1) 请计算出所有状态的最早呈现时间 ve 和总工期 T。

(2) 请计算出所有状态的最晚呈现时间 vl。

(3) 请找出该 AOE 网上的所有关键点和关键路径。

6. 现有如图 6-47 所示的有向图，请完成下列的相关操作：

(1) 请用 Dijkstra 算法画出从 v_0 到其他所有顶点的最短路径及其值(带过程)。

(2) 请用 Dijkstra 算法画出从 v_1 到其他所有顶点的最短路径及其值(带过程)。

(3) 请编写代码，实现对该图的 Dijkstra 算法求解。

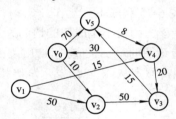

图 6-47 有向图

第7章 查 找

在前面的章节中已经介绍了各种线性结构或非线性结构，在本章中将讨论另一种在实际应用中大量使用的数据结构——查找表。查找表(Search Table)是由同一类型的数据元素或记录构成的集合。

7.1 查找表及其相关概念

在日常生活中，查找是一种使用频率非常高的行为。例如，"在电话号码本中查询某个单位或者某个人的电话号码"、"请翻到教材第 100 页"、"老师，我要借书号为 TP313.23.145 的这本书，麻烦您从书库里帮我拿出来"等。同样，在计算机领域，查找也是计算机经常需要做的事情，使用频率非常高。例如现在熟知的网络搜索引擎、数据库查询、操作系统的文件管理、内存管理等都离不开大量的查找工作。

查找是使用非常频繁的操作，同时，因为查找表的长度波动范围往往可能比较大，少则数十个，多则上亿个(例如大型数据库中的数据查找、磁盘阵列、网络搜索引擎等)，所以对查找算法的空间复杂度和时间复杂度要求更高、更精细。针对不同应用情况的特点，选出符合要求的最适合的查找算法，这是非常有必要的。

对查找表经常进行的操作有如下四种：

(1) 查询某个"特定的"数据元素是否在查找表中；

(2) 查询某个"特定的"数据元素的各种相关属性；

(3) 在查找表中插入一个"特定的"数据元素；

(4) 从查找表中删除一个"特定的"数据元素。

如果对查找表只进行(1)或(2)的操作，则称此类查找表为**静态查找表**(Static Search Table)，相应的查找称为**静态查找**；如果对查找表不仅可能要进行(1)、(2)，还可能会进行(3)和(4)的操作，则称此类查找表为**动态查找表**(Dynamic Search Table)，相应的查找称为**动态查找**。动态查找表的特点是：表结构本身是在查找过程中动态生成的，即对于给定值 K，若表中存在其关键字等于 K 的记录，则查找成功返回；否则插入关键字等于 K 的记录。

为了便于后面讨论，必须给出这个"特定的"词的确切含义。首先需要引入一个"关键字"的概念。

关键字(Key)是数据元素中某个数据项的值，又称为**键值**，用它可以标识(识别)一个数据元素(或记录)。若此关键字可以唯一地标识一个记录，则称此关键字为**主关键字**(Primary Key)。对不同的记录，其主关键字均不同，如表 7-1 中的"179325"、"179326"等。主关键字所在的数据项称为**主关键码**，如表中的"准考证号"。反之，如果不能唯一标识一个记录，则称为**次关键字**(Secondary Key)，如"陈红"、"85"、"586"。次关键字所在的数据项称为**次关键码**，如表中的"姓名"、"政治"、"总分"等。若关键字为主关键字，则查找结果是唯一的，若为为次关键字，则可能得到多个查找结果。

表 7-1　高考成绩示例表

准考证号	姓　名	各 科 成 绩							总分
		政治	语文	外语	数学	物理	化学	生物	
...	...	...	...	...	...	...	...	...	...
179325	陈红	85	86	88	100	92	90	45	586
179326	陆华	78	75	90	80	95	88	37	543
179327	张平	82	80	78	98	84	96	40	558
...	...	...	...	...	...	...	...	...	...

查找，就是根据给定的某个值，在查找表中确定一个其关键字等于给定值的数据元素(或记录)。在查找的过程中，如果表中存在这样的一个记录，则称**查找成功**。此时，查找的结果为给出整个记录的信息，或指示该记录在查找表中的位置。例如给定值为 179326，则通过查找可以得到考生陆华的各科成绩和总分，此时查找是成功的。若表中不存在关键字等于给定值的记录，则称**查找不成功**，此时查找的结果可给出一个"空"记录或"空"指针。例如，给定值为 179328，因为表中没有关键字为 179328 的记录，所以查找不成功。

如何进行查找才能最有效率？这是一个值得思考的问题。数以万计甚至亿计的海量数据本来只是一个松散的集合，记录之间没有本质关系，依靠人为添加的一些数据结构关系(例如表、树等结构)而形成一个巨大的查找表。在这张查找表中进行数据查找，查找算法的过程和效率直接依赖于这个复杂数据结构。

例如，对于静态查找表来说，不妨应用线性表结构来组织数据，这样可以使用顺序查找算法，如果在对主关键字排序，则可以使用折半查找等技术进行高效的查找。如果需要动态查找，则会复杂一些，可以考虑二叉排序树的查找技术。另外，还可以用散列表结构来解决一些查找问题。这些技术都将在后面进行讲解。

另外，还需要特别在此提出的就是如何对查找操作进行性能分析。对查找表进行查找的方法多种多样，如何选取最适合当前应用的、最好的方法？一方面，我们要对用户的需求进行充分而细致的了解；另一方面，我们要对当前的算法进行大致分析。对不常用的、数据规模较小的、时间复杂度和空间复杂度要求不高的查找，我们可以选取思路和编程较为简单的查找算法来实现。对于使用频率很高的、数据规模较大的、时空复杂度要求较高的查找，我们不仅要追求其复杂度的数量级和最高阶，甚至还要追求次高阶，做到精益求精。

因为查找算法的基本操作是"将记录的关键字和给定值比较大小"，因此，通常以"其关键字和给定值进行过比较的记录个数的平均值"作为衡量查找算法好坏的依据。在此，我们引入"平均查找长度"(Average Search Length，ASI)这个概念。为了确定记录在查找表中的位置，需和给定值进行比较(相等的那次比较包含在内)的关键字个数的数学期望值，称为查找算法在**查找成功时**的"平均查找长度"(YASL)[①]。同样的道理，为了确定查找不

[①] 本教材采用"YASL"表示查找成功时的 ASL，用"NASL"表示查找不成功时的 ASL。二者并非英文简写，只是为了方便学生记忆。

成功,需和给定值进行比较的关键字个数的数学期望值,称为查找算法在**查找不成功(失败)时的平均查找长度**(NASL)。查找可能产生"成功"和"不成功"两种结果,所以一个查找算法的 ASL 应该满足如下等式:

$$ASL = YASL + NASL$$

但是一般从实际应用的情况来看,查找成功的可能性比不成功的可能性要大得多,特别是当查找表的数据规模 n 很大时,查找不成功的概率几乎可以忽略不计。所以,在没有特别说明的情况下,我们讨论平均查找长度(ASL),指的就是查找成功时的平均查找长度(YASL)。

对于含有 n 个元素的表,查找成功的平均查找长度为

$$YASL = \sum_{i=1}^{n} P_i C_i \tag{7-1}$$

其中:P_i 为查找表中第 i 个记录被查找的概率,且有 $\sum_{i=1}^{n} P_i = 1$;

C_i 为查找第 i 个元素成功时,和给定值已经比较过的次数或关键字个数。显然,C_i 随着数据结构和查找过程的不同而可能完全不同。

7.2　顺序表的查找

1. 顺序查找算法

在图书馆里,散落的图书可以理解为一个集合,在这种堆积如山的书堆里要想找到一本书,是非常困难的。如果将它们排列整齐,就如同将此集合构造成一个线性表,在这种情况下查询数据,难度会降低不少,至少不需要在整个内存或者磁盘空间中漫无规律地搜索。此时图书尽管已经排列整齐,但是还没有分类。因此我们只能在所有的书架范围内从头到尾一本本查看,直到找到或者全部查找完为止。这就是我们现在要讲的顺序查找。

顺序查找(Sequential Search)又叫**线性查找**,是最基本的查找技术。顺序查找的查找表以顺序表或线性链表的形式体现,其中顺序表更为常见,主要采用数组的形式。静态查找不对查找表进行改动,所以设计成数组作为查找表存储效率高,便于逐个比较,使用方便。

顺序查找的查找过程是:从表中第一个(或最后一个)记录开始,逐个进行记录的关键字和给定值比较,若某个记录的关键字和给定值相等,则查找成功,结束查找;如果直到最后一个(或第一个)记录其关键字和给定值都不相等,则表中没有所查的记录,查找不成功。

因为需要从数组的第一个元素比较到最后一个元素,所以,在执行算法之前,我们必须知道数组名称(设为 key[])、需要比较的次数(即数组实际长度 n)[1]和需要比较的对象(即给

---

① 在面向对象程序设计中,如果数组被封装成某个类,则相应的长度信息 n 自动会被封装在内,不需要再另设单独的参数。

定值，设为 K)，这实际上就是查找算法的输入参数。

如图 7-1(a)所示，可以设置一个循环控制变量 i 来控制循环次数，将数组的每个元素与 K 进行比较。当以状态①结束时，表示程序已循环 n 次，在第 n＋1 次循环时跳出，暗示没有找到相等的元素，即查找不成功，i 以一个 0 到 n–1 之外的约定值–1 作为函数返回值。当以状态②结束时，表示找到相等的元素，提前跳出循环，结束算法，返回该元素的位置值 i。从流程图上可以看出，这种算法最糟糕的情况是以状态①结束时，算法会经历 n 次循环，其中内含 2n 次比较，n 次加 1 操作，即时间复杂度为 O(3n)。在这 2n 次比较中，一方面要控制循环边界，一方面要进行数据的比较。

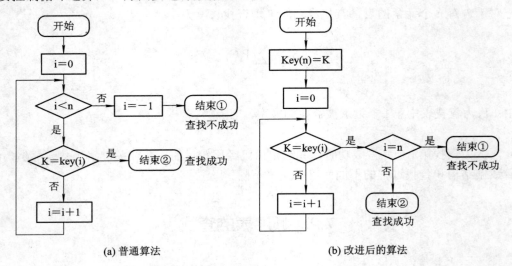

(a) 普通算法　　　　　　　　　(b) 改进后的算法

图 7-1　顺序查找算法流程图

我们可以对上述算法进行优化，提出一种改进的算法，如图 7-1(b)所示。在图 7-1(b)中，先将要比较的特定值 K 存放在顺序表的末端，然后从头开始逐个比较，直到找到相等的元素才退出循环。因为事先已经人为故意在末端添加了值为 K 的一个元素，所以在不专门控制循环次数的情况下，仍然能确保至少一个元素(末端那个元素)和 K 相等，不会陷入死循环。在跳出循环之后再对返回值 i 进行判断，如果 i=n，说明之前是与末端元素比较相等而结束循环的，意味着原数据中并没有关键字为 K 的元素，查找不成功；反之，则说明原数据中具有关键字为 K 的元素，位置为 i，查找成功。

从流程图上可以看出，这种改进后的算法会经历最多 n 次循环，但其中只内含 n 次比较，n 次加 1 操作，时间复杂度为 O(2n)，相比上一个算法，效率提高了 33%。当 n 较大且使用频繁时，这种优化是具有现实意义的。应该指出的是，无论查找成功还是不成功，在算法结束前都应该将第 n 个元素重新置空，以免影响后续其他算法结果的正确性。

这个人为在顺序表的一端添加的值为 K 的元素叫做"哨兵"。"哨兵"可以放在数组第 n 号位置，也可以放在第 0 号位置上。具体代码大同小异。

2．顺序查找算法性能分析

我们现在来对顺序查找的算法进行性能分析。从流程图上可以看出，两种算法所需要的辅助空间都和查找表的长度 n 无关，故空间复杂度都是常数级 O(C)。从顺序查找的过程可见，式(7-1)中的 C_i 值取决于第 i 个元素在表中的位置。如：查找表中最后一个记录时，仅需比较 1 次；而查找表中第 1 个记录时，则需比较 n 次。一般情况下 C_i 等于 $n - i + 1$。

设查找表的实际数据为 n 个，则顺序查找的查找成功的平均查找长度(YASL)为

$$YASL = nP_1 + (n - 1)P_2 + \cdots + 2P_{n-1} + P_n \tag{7-2}$$

假设每个记录被查找的概率相等，即 $P_i = 1/n$，则在等概率情况下顺序查找的查找成功的平均查找长度(YASL)为

$$YASL_{ss} = \sum_{i=1}^{n} P_i C_i = \frac{1}{n} \sum_{i=1}^{n} (n - i + 1) = \frac{n + 1}{2}$$

顺序查找算法的缺点主要在于其时间复杂度为 O(n)，所以效率有待提高。其优点在于算法思路简单，对查找表的结构没有什么特定要求，程序代码编写起来也非常方便。所以，当 n 较小时，该算法常被程序员使用。

在本章后面的章节中，仅讨论每个算法的 YASL 和查找不成功时的比较次数，但哈希表除外。

7.3 有序表的查找

1. 折半查找算法

如果我们只是把书整理在书架上，要找到一本书还是比较困难的，办法就是上一小节中讲到的逐个顺序查找。但是，如果我们在整理时，将图书按照书名的拼音顺序放置，那么要找到一本书就相对容易了。也就是说，当 n 个数据有序存放时，对查找肯定是有帮助的。

有序表的查找算法有多种，其中以折半查找最为经典，使用最为广泛。**折半查找**(Binary Search)又称为二分查找。它的前提是线性表的记录必须是关键字有序的[①]；同时，线性表必须采用顺序存储的方式。折半查找的基本思想是：在顺序存储的有序表中，取中间位置的记录作为比较对象，若给定值 K 与中间位置记录的关键字相等，则查找成功；如 K 小于中间位置记录的关键字，则在中间记录的左半区域继续查找；若 K 大于中间位置记录的关键字，则在中间记录的右半区域继续查找。不断重复上述过程，直到查找成功或者不成功为止。

假设现在有这样的一个有序表数组{5, 13, 19, 21, 37, 56, 64, 75, 80, 88, 92}，一共 11 个数字。下面用两个例子来演示折半查找成功和不成功的过程。

1) 查找 "21" 这个数

(1) low = 0，high = 10，mid = $\lfloor (low + high) / 2 \rfloor$ = 5

0	1	2	3	4	5	6	7	8	9	10
5	13	19	21	37	56	64	75	80	88	92

↑low   ↑mid   ↑high

---

① 若表中所有记录的关键字满足关系{key[i]≤key[i+1]|(i=1, 2, …, n−1)}，则称表中记录按关键字有序。

因为 21 < key[mid] = key[5] = 56，所以下一步应该放弃右半区域，选择在左半区域中查找。

(2) low = 0(不变)，high = 5 – 1 = 4，mid = $\lfloor (\text{low} + \text{high})/2 \rfloor = 2$

0	1	2	3	4	5	6	7	8	9	10
5	13	19	21	37	56	64	75	80	88	92

    ↑low   ↑mid   ↑high

因为 21 > key[mid] = key[2] = 19，所以下一步应该放弃左半区域，选择在右半区域中查找。

(3) low = 2 + 1 = 3，high = 4(不变)，mid = $\lfloor (\text{low} + \text{high})/2 \rfloor = 3$

0	1	2	3	4	5	6	7	8	9	10
5	13	19	21	37	56	64	75	80	88	92

    low↑ high↑
    mid↑

因为 21 = key[mid] = key[3] = 21，所以查找成功，算法结束。

2) 查找 "85" 这个数

(1) low = 0，high = 10，mid = $\lfloor (\text{low} + \text{high})/2 \rfloor = 5$

0	1	2	3	4	5	6	7	8	9	10
5	13	19	21	37	56	64	75	80	88	92

    ↑low   ↑mid   ↑high

因为 85 > key[mid] = key[5] = 56，所以下一步应该放弃左半区域，选择在右半区域中查找。

(2) low = 5 + 1 = 6，high = 10(不变)，mid = $\lfloor (\text{low} + \text{high})/2 \rfloor = 8$

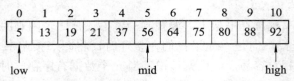

    ↑low   ↑mid   ↑high

因为 85 > key[mid] = key[8] = 80，所以下一步应该放弃左半区域，选择在右半区域中查找。

(3) low = 8 + 1 = 9，high = 10，mid = $\lfloor (\text{low} + \text{high})/2 \rfloor = 9$

0	1	2	3	4	5	6	7	8	9	10
5	13	19	21	37	56	64	75	80	88	92

    low↑ high↑
    mid↑

因为 85 < key[mid] = key[9] = 88，所以下一步应该放弃右半区域，选择在左半区域中查找。

(4) low = 9，high = 9 – 1 = 8，因为 high < low，所以算法结束，查找不成功。

根据上面的两个例子，我们可以整理出参考代码如代码 7.1 所示。

```
/*************************************************************

            代码 7.1——折半查找算法
            文件名：BinarySearch.c
            说    明：本代码假定数组元素为 int 型，data 为数组名称，
                      n 为 data 数组的实际元素个数，K 为要查找的元素值
*************************************************************/

int   Binary_Search(int   data[], int   n, int   K)
{
      int   low,   high,   mid;
      low=   0;  high=   n-1;            //初始最低下标为 0，初始最高下标为 n−1
      while (low<=high)
      {                                 //大前提不能忘，这是循环结束条件
            mid= (low+high)/2;          //折半(注意，是下标位置的折半，不是数组元素值的折半)
            if (K< data[mid])
                  high= mid – 1;
            else
                  low= mid + 1;
            else
                  return   mid;
      }
      return   0;
}
```

可以编写如下的代码来对其进行测试。

```
int main()
{
      int i, KK, pos, AA[15];
      printf("请以严格单调递增的顺序输入查找表的 15 个整数：\n");
      for(i= 0; i < 15; i++)
      scanf("%d", &AA[i]);
      printf("请输入要查找的整数：\n");
      scanf("%d", &KK);
      pos=Binary_Search(AA, 15, KK);
      if (pos == -1)
            printf("查找失败，查找表中没有该元素！");
      else
            printf("查找成功！%d 在查找表中的第%d 号位置上。", KK, pos);
      return 0;
}
```

查找成功的测试结果如图 7-2 所示。

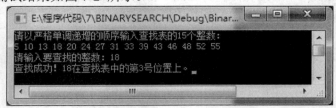

图 7-2 折半查找成功的测试结果

查找不成功的测试结果如图 7-3 所示。

图 7-3 折半查找不成功的测试结果

2. 折半查找算法性能分析

现在我们来进行折半查找的**性能分析**。仍以上述由 11 个元素组成的数组为例。从上述查找过程可以得知：找到 data[5]仅需比较 1 次，找到 data[2]或 data[8]需比较 2 次，找到 data[0]、data[3]、data[6]和 data[9]需比较 3 次；找到 data[1]、data[4]、data[7]和 data[10]需比较 4 次。

这个查找过程可以用如图 7-4 所示的二叉树来描述。树中每个结点表示表中一个记录，结点中的值为该记录在表中的下标位置，通常称这个表述查找过程的二叉树为**判定树**。从判定树上可以看出，查找"21"的过程，恰好就是走了一条从根结点⑤到结点③的路径；和给定值 K 比较的关键字个数就是这条路径上的节点数(也是结点③所在的层次数。)因此，折半查找在查找成功时进行比较的次数不可能超过判定树的深度，而具有 n 个结点的判定树的深度为 $\lfloor \text{lb}n \rfloor + 1$，所以，折半查找在查找成功时和给定值 K 进行比较的关键字个数最多为 $\lfloor \text{lb}n \rfloor + 1$。

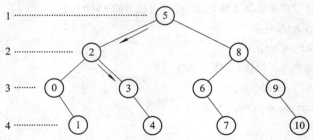

图 7-4 折半查找判定树及查找"21"的过程

如果在图 7-4 所示判定树中所有结点的空指针域上加一个指向一个方框结点的指针，如图 7-5 所示。并且，称这些方框结点为判定树的**外部结点**(与之相对，圆形结点称为**内部结点**)，那么折半查找不成功的过程就是从根结点到外部结点的一条路径，和给定值 K 进行比较的关键字个数等于该路径上内部结点的个数。例如，上例中查找"85"的过程即为走了一条从根结点⑤到外部结点 8—9 的路径。

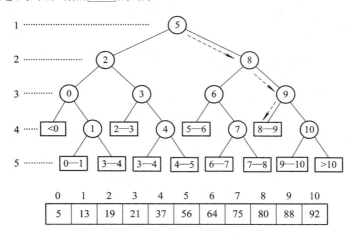

图 7-5 加上外部结点的判定树对照示意图及查找"85"的过程

现在来对折半查找的平均查找长度(ASL)进行理论分析。

先看查找成功的情况。在最糟糕的情况下，有序表的长度 n 正好等于 2^h-1(反之，h = lb(n+1))，则描述折半查找的判定树是深度为 h 的满二叉树。树中层次为 1 的结点有 1 个，层次为 2 的结点有 2 个，…，层次为 h 的结点有 2^{h-1} 个。假设表中每个记录的被查找概率相等(P_i = 1/n)，折半查找成功时的平均查找长度为

$$YASL_{bs} = \sum_{i=1}^{n} P_i C_i = \sum_{i=1}^{h} \frac{1}{n}(i \times 2^{i-1}) = \frac{n+1}{n}lb(n+1) - 1 \qquad (7-3)$$

对任意的 n，当 n 较大(n>50)时，可有下列近似结果

$$YASL_{bs} = lb(n + 1) - 1 \qquad (7-4)$$

可见，折半查找的效率比顺序查找要高，但是二者并不是相互竞争的关系。折半查找主要应用在有序表中(数组形式)，而顺序查找主要应用在无序表中。

在研究查找不成功的情况时，我们参考图 7-5 这种带外部结点的判定树。可以看出，最糟糕的情况下的判定树为原判定树(为满二叉树)的基础上，在第 h 层上每个叶子下面再各添加左右两个孩子，形成 h + 1 层的满二叉树。其中第 h + 1 层的结点全是叶子结点，并且全是外部结点。在这棵 h + 1 层且有 $2^h - 1$ 个内部结点的满二叉树中，外部结点一共有 2^h 个(更为一般的规律是"若有序表有 n 个元素，则判定树中外部结点的个数一定是 n + 1 个")。从根结点走向每个外部结点，途中需要经过 h 次比较。整个判定树代表的有序表在查找失败时的平均查找长度，等于查找每个外部结点的比较次数之和除以外部结点的个数，故有

$$NASL_{bs} = \frac{1}{n+1}\sum_{i=1}^{n+1}C_i = \frac{1}{n+1}\sum_{i=1}^{n+1}h = h = \lfloor lbn \rfloor + 1 \qquad (7-5)$$

在一般情况下,折半查找的判定树往往并不是满二叉树,所以 YASL 往往会小于式(7-5)中的值。例如，从图 7-5 中可以看出

$$YASL = \frac{1次 \times 1个 + 2次 \times 2个 + 3次 \times 4个 + 4次 \times 4个}{11} = \frac{33}{11} = 3$$

$$NASL = \frac{3次 \times 4个 + 4次 \times 8个}{11 + 1} = \frac{44}{12} = \frac{11}{3}$$

因为折半查找判定树只与查找表中元素的个数 n 有关,所以折半查找成功的 ASL 与序列中的具体元素无关,只取决于查找表中元素的个数。

综合上述分析,可以得出,在最糟糕情况下,折半查找的平均查找长度为

$$ASL = YASL + NASL$$

$$= \left(\frac{n+1}{n} lb(n-1) - 1 \right) + (\lfloor lbn \rfloor + 1)$$

$$= \frac{n+1}{n} lb(n+1) + \lfloor lbn \rfloor$$

$$\approx lb(n+1) + \lfloor lbn \rfloor \tag{7-6}$$

很明显可以看出,折半查找的时间复杂度为 O(lbn),效率高于顺序查找。但是因为折半查找要求数据按关键字有序,所以当其从静态查找变成动态查找时(也就是说,如果需要频繁执行插入或删除元素的操作),则频繁执行排序算法会产生较大工作量,影响程序整体执行效率。

现在的新问题是,为什么一定要是折半,而不是折四分之一或者折更多呢?打个比方,在英文字典里查"apple",你会下意识地如何翻开字典?是翻前面的书页还是翻后面的书页呢?如果再让你查"zoo",你又怎么查?很显然,在日常生活中,人们总是会做一些比较高效的事情,从前面开始翻找"apple"单词,从后面开始翻找"zoo",往往并不会从正中间开始翻。在这种情况下,我们可以对折半查找做一定的改进,这就是我们现在要讲的**插值法**。

我们知道,在折半查找中,

$$mid = \frac{low + high}{2} = low + \frac{1}{2}(high - low)$$

在查找表中所有记录的关键字大致均匀分布的情况下,可以对上式中的 1/2 进行改进,改为下面的计算方案:

令

$$\lambda = \frac{K - data[low]}{data[high] - data[low]}$$

则有

$$mid = low + \lambda(high - low)$$

将折半查找的 1/2 改成 λ 究竟会有怎样的改进呢?以数组 data[11] = {0,1,16,24,35,47,59,62,73,88,99}为例,low = 0,high = 10,data[low] = 0,data[high] = 99。如果要查找 K = 35 的记录,按原来折半的做法,需要比较 4 次才能得到结果。但是如果用插值法,则有

$$\lambda = \frac{35-0}{99-0} = \frac{35}{99} = 0.3535$$

即 mid = 0 + 0.3535 × (10 − 0) = 3.535，四舍五入之后得到 mid = 4。我们只做了 1 次比较就查找到了结果，显然大大提高了查找的效率。

同样，如果要查找 K = 85 的记录，按照原来折半的做法需要比较 3 次才能得到结果。但是如果采用插值法，则有

$$\lambda = \frac{85-0}{99-0} = \frac{85}{99} = 0.8585$$

即 mid = 0 + 0.8585 × (10 − 0) = 8.585，四舍五入之后得到 mid = 9。因为 data[9] = 88>85，所以需要放弃右半部分而选择左半部分，也就是说，这轮比较后查找范围内还有 9 个元素。这个效率很低，继续查找下去可以看到，其比较次数甚至大于 3 次。这种插值方法的效率不稳定，还需要继续调整。我们可以针对λ的值来对 mid 进行调整。当λ > 0.5 时，令 mid = mid − 1；当λ < 0.5 时，令 mid = mid + 1。这种改进，当 n 较小(n< 50)时体现不出优势，甚至可能引起不必要的效率损失，但是当 n 较大时，这种改进能够大大减少比较的次数，有效地提高查找效率。

从上面对折半查找和插值查找的分析中应该明白：只有更适合的算法，没有绝对优秀的算法。任何算法，都有自己适用的环境和不擅长的环境。只有充分分析当前程序面临的应用特点和熟知各类算法的优缺点，才能选择出最适合需求的算法。

7.4 索引表的查找

在上面小节介绍的排序算法中，要求数据必须是按关键字有序的。这是其排序算法的一个重要前提。但是，在实际应用中，当数据规模 n 很大，同时数据的变动(比如插入和删除)又非常频繁时，要保证所有记录按照关键字有序，这个代价会变得比较高。对于这样的查找表，该采取什么样的数据结构解决方案呢？办法就是——索引表。

索引，就是把一个关键字与它对应的记录相关联的过程。一个索引由若干个索引项构成，每个索引项至少应包含两个要素，即关键字的值和其对应的记录在存储器中的位置。索引技术是组织大型数据库以及磁盘文件的一种重要技术。

索引，按照结构可以分为线性索引、树形索引和多级索引。我们这里只介绍线性索引技术。所谓线性索引，就是将索引项集合组织为线性结构，也称为**索引表**。我们重点介绍两种线性索引：稠密索引和分块索引。

1. 稠密索引

稠密索引是指在线性索引中，将查找表中的每个记录对应一个索引项，如图 7-6 所示。

因为查找表中的记录数成千上万，所以对于稠密索引这个索引表来说，索引项一定是按照关键字有序的排列。所以，在查找关键字时，采用有序表的查找办法可以大大提高效率。

但是因为索引表的记录条数和查找表的记录条数同步增长，当查找表的记录条数达到十万、百万级时，一方面导致辅助存储空间的增大，空间复杂度的提高；另一方面，也会导致反复访问磁盘，严重影响查找效率。

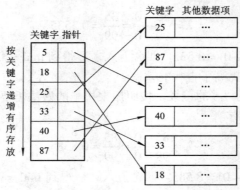

图 7-6　稠密索引示意图

2. 分块索引

　　稠密索引因为索引项与查找表的记录条数相同，所以空间代价很大。其实，完全没有必要实行一对一的映射，而可以改用一对多的映射，也就是说，可以对查找表进行分块，使其分块有序，然后再对每一块建立一个索引项，而不是对每一条记录建立索引项，从而大大减少索引项的个数。

　　分块有序，是把查找表的记录分成若干块，并且这些块需要满足两个条件：

　　(1) **块内无序**，即每一块内的记录不要求有序。虽然有序的记录更能提高查找的效率，但是需要付出排序的代价。当数据规模较小时，采用有序的查找算法，其提升的效率并不足以弥补排序付出的代价。所以，块内不要求排序。

　　(2) **块间有序**，即人为地设置每一块内的关键字的取值范围，并确保每一块之间有序。例如第二块中所有记录的关键字均要大于第一块中所有记录的关键字，第三块中所有记录的关键字要大于第二块中所有记录的关键字。

　　对于按关键字分块并且保持有序的查找表，按照每块来设置索引项，根据索引项定位到每个数据块，这种索引办法叫做分块索引。

　　如图 7-7 所示，每个索引项至少应包含下面三个信息：

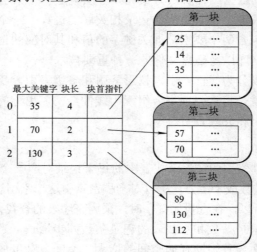

图 7-7　分块索引示意图

(1) 最大关键字，表示该数据块中所有记录的最大关键字值。存储该信息，有利于通过有序表的各种查找算法快速定位某条记录所在的数据块。

(2) 指向数据块第一个数据元素的指针，便于程序开始对这个数据块的记录进行逐一比较。

(3) 块内当前记录个数。该信息主要有助于在块内进行逐一比较时控制循环次数。

在分块索引表中进行查找，其流程如下：

第一步，定位到该关键字 K 所在的数据块。由于分块索引表是块间有序的，可以采用有序表查找算法中的折半查找或者插值法等来得到结果。例如，在图 7-7 中如果要查找 K = 60 的数据，因为 35 < 60 < 70，可以推导出关键字为 60 的记录如果存在，只可能在编号为 2 的数据块中。

第二步，定位到记录所在的数据块之后，根据块首指针找到对应的数据块，并在块内用无序表的查找算法来查找。

应该说，分块索引的思想在日常生活中很常见。例如每个人在整理自己书房的书柜时，都会考虑将不同类别的书放在不同层的书板上。这实际上就是一个分块的操作，并且让其块间有序。但是具体到某一块内部，比如"中国古典文学"这一层中，《红楼梦》应该放在《三国演义》的左边还是右边，这其实并不重要。因为家里的古典文学书籍并不多，如果要查找小说《红楼梦》，只需要稍微对该层书板上的藏书逐个看一下就能马上找到。

分块索引，是无序查找和有序查找的一个折中方案，其中一个很重要的问题就是每个数据块的大小如何确定。设查找表总长度为 n，平均大致被分成 m 个数据块，每块中有大致 t 条记录。如果 t 的大小接近 n，则查找表蜕化成一个无序表，分块索引查找的效率也蜕化成无序查找的效率。如果 t 的大小接近 1，则 m 会接近 n，查找表蜕化成一个有序表，分块索引查找的效率会蜕化成有序查找表的效率。

如果对索引项采用顺序查找的做法，则索引项的平均查找长度为 $(m + 1)/2$，块内查找的平均查找长度为 $(t + 1)/2$，所以总的索引查找平均查找长度为 $ASL = (m + 1)/2 + (t + 1)/2$。容易证明，当 $t = \sqrt{n}$ 时，ASL 具有最小值，即为 $\sqrt{n} + 1$。也就是说，如果对索引项采用顺序查找，则整个索引查找的时间复杂度是 $O(\sqrt{n})$。

如果对索引项采用折半查找的做法，则索引项的平均查找长度为 $lb(m+1)-1$，块内查找的平均查找长度为 $(t+1)/2$，所以总的索引查找平均查找长度为 $ASL \approx lb(m+1)+(t+1)/2$。这个效率比对索引项采取顺序查找的效率更高一些。

因为分块之间是有序的，所以当插入一条新的记录时，需要先找到这条记录应该所处的数据块，这是分块索引查找在进行维护时所需要付出的代价。

总的来说，分块索引在兼顾了对细分块不需要有序的情况下，大大增加了整体查找的速度，同时也适当兼顾了查找表维护的快捷性，所以普遍被用于数据库表查找等技术。

7.5　二叉排序树

首先来看看二叉排序树的定义。二叉排序树(Binary Sort Tree, BST)或是一棵空树；或者是具有下列性质的二叉树：

(1) 若它的左子树不空，则左子树上所有结点的值均小于它的根结点的值；

(2) 若它的右子树不空，则右子树上所有结点的值均大于它的根结点的值；

(3) 它的左、右子树也分别为二叉排序树。

例如，图 7-8 就是一个二叉排序树。

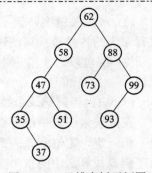

图 7-8　二叉排序树示例图

对这棵二叉树进行中序遍历，可以得到一个有序的序列 {35,37,47,51,58,62,73,88,93,99}，所以我们通常称它为二叉排序树。

构造一棵二叉排序树的目的，其实并不是为了排序，而是为了提高查找、插入和删除关键字的速度。将数据按照非线性的树形结构来进行存放，在保持数据的有序性的同时，又避免了数据的批量移动，有利于插入和删除的实现。

7.5.1　二叉排序树的查找

下面以实际的例子来讲解二叉排序树的操作过程。假设所有的元素都是 int 型的整数，则二叉排序树的二叉链表结构定义如下：

```
/************************************************************
        代码 7.2——二叉排序树的二叉链表结点结构定义
        文件名：BiOrderTree.c(第 1 部分，共 7 部分)
        说    明：用 typedef 定义一个新的结构体类型(取名为 BiTNode)
                  和指向该结构体类型的指针的类型(取名 BiTree)
************************************************************/
#include "stdio.h"
#include "malloc.h"
#define    ENDKey    -1        //创建二叉排序树的专用变量，输入-1 表示输入结束
typedef    struct    BSTNode
{
    int    Key;
    struct    BiTNode    *Lch,    *Rch;
}BSTNode,    *BiTree;
```

二叉树的创建操作，可以理解为对一棵空树反复执行多次插入操作。而在对一棵二叉排序树进行结点的插入操作之前，首先应该查找到该结点在当前二叉排序树的位置及其双亲结点的地址。所以二叉排序树的查找操作，是我们首先要解决的问题。查找函数分为递归和非递归两种，下面分别进行介绍。

```
/************************************************************
代码 7.3——递归的二叉排序树查找操作
文件名：BiOrderTree.c(第 2 部分，共 7 部分)
```

说　　明：在 bst 指针所指向的二叉排序树中搜索值为 Key 的结点，如果查找成功，则
　　　　　　函数返回该结点的地址；如果查找失败，函数返回 NULL，并且 pre 指针返
　　　　　　回查找该元素时在二叉排序树中经历的最后一个结点地址(为插入操作做准备)
***/

```
BSTNode  *SearchBST(BSTree  bst,  int  Key,  BSTNode  **pre)
{
    if (!bst)
    {
        return   NULL;
    }
    else   if (Key == bst->Key)
            return   bst;
    else   if (Key <   bst->Key)
    {
        if (pre!= NULL)
            *pre= bst;
        return   SearchBST(bst->Lch,   Key,   pre);
    }
    else
    {
        if (pre!= NULL)
            *pre= bst;
        return   SearchBST(bst->Rch,   Key,   pre);
    }
}
```

　　需要特别注意的是参数 pre 是一个二重指针。在本例中多个子函数都出现了二重指针。因为子函数的实参的值需要在子函数内被修改，并且修改后的值需要传递出来被主调函数使用，所以必须要使用二重指针。这样，当子函数调用结束，形参不复存在时，实参的值才能被保留和传递出来。

/***

代码 7.4——非递归的二叉排序树查找操作

文件名：BiOrderTree.c(第 3 部分，共 7 部分)

说　　明：在 bst 指针所指向的二叉排序树中搜索值为 Key 的结点。如果查找成功，则函数
　　　　　　返回该结点的地址；如果查找失败，函数返回 NULL，并且 pre 指针返回查找该
　　　　　　元素时在二叉排序树中经历的最后一个结点(为插入操作做准备)
***/

```
BSTNode   *N_SearchBST(BSTree  bst,  int  K,  BSTNode  **pre)
{
    BSTree   p;
```

```
        if (bst== NULL)
            return    NULL;
        p=bst;
        while(p)
        {
            if( K== p->Key)          //在树中找到值相同的元素
                return p;
            else   if( K <   p->Key)
            {
                if ( pre != NULL)
                    *pre=p;
                p=p->Lch;
            }
            else
            {
                if ( pre != NULL)
                    *pre=p;
                p=p->Rch;
            }
        }
        return    NULL;
    }
```

　　如果只是单纯地进行查找，只需要提供树 bst 和要查找的数据 K，查找结果根据函数返回值来确定，整个过程并不需要 pre 函数介入。但是，因为后续的插入函数在执行时，需要先查找到新结点在二叉排序树中的双亲结点地址 pre，其代码细节和单纯的查找函数非常相似，所以将其内含的查找部分的功能与单纯的查找函数融合在一起，添加了 pre 参数，形成上面的 SearchBST 或 N_SearchBST 函数。如果只需要单纯的查找，则第三个参数直接送入 NULL 作为实参，子函数不会对第三个参数做任何操作；如果需要这个双亲结点的地址，则对第三个实参的处理需要先定义 pre 变量，将其指向 NULL，然后再取其地址作为实参(具体请参见代码 7.5)。

　　当查找成功时(此时不需要插入)，函数返回结点的地址，而 pre 参数返回的是其双亲结点地址(此时 pre 指针作用不大，很少用到)；当查找失败时，函数返回 NULL，而 pre 参数返回的是查找过程中所经历的最后一个结点，也就是当我们要进行后续的插入操作时，新结点在二叉排序树中的双亲结点的地址。

7.5.2　二叉排序树的插入和创建

　　在实现了上面的查找功能之后，二叉排序树的插入操作就变得简单了，只需要先创建新结点，然后根据查找函数中的 pre 参数获得新结点的双亲结点地址，然后进行结点的挂接即可。因为插入结点，有可能会改变二叉排序树的根结点的地址(在从无到有的时候)，所以在函数中，二叉排序树的根结点参数应该是二重指针。具体实现如代码 7.5 所示。

```
/************************************************
代码 7.5——二叉排序树的插入操作
文件名：BiOrderTree.c(第 4 部分，共 7 部分)
说    明：bst 为指向二叉排序树根结点的二重指针；k 为要插入的结点的值。
          插入成功，函数返回 0,；插入失败，函数返回–1(当树中已存在结点 k 时会插入失败)
************************************************/
int    InsertBST(BSTree    *bst,    int    k)
{
        BSTree    r,    pre;
        r =(BSTree)malloc(sizeof(BSTNode));
        r->Key=k;
        r->Lch = NULL;
        r->Rch = NULL;
        if ( *bst == NULL)          //二叉排序树从无到有
        {
              *bst = r;             //新结点 r 是二叉树的唯一一个结点
              return    0;
        }
        pre = NULL;
        if ( ! SearchBST(*bst,    k,    &pre))      //如果查找失败，需要插入操作
        {
              //根据查找过程中经历的最后一个结点 pre，作为新结点的双亲来进行插入操作
              if( k    <    pre->Key )
                    pre->Lch    =    r;
              else
                    pre->Rch    =    r;
              return    0;
        }
        else      //如果查找成功，说明已有该结点，插入操作失败，返回–1
              return    -1;
}
```

有了二叉排序树的插入代码，要实现二叉排序树的创建就非常容易了。同样，因为可能存在从无到有的情况，所以创建函数中的二叉排序树根结点参数也应该是二重指针。如果不采用二重指针，则创建函数中对 bst 指针的修改无法传递到主调的 main 函数中[①]。读者需要认真体会。具体实现如代码 7.6 所示。

---

① 另外一种常用的可行办法是将 CreateBST 函数的返回类型设置为指针类型，将创建后的二叉排序树的根结点地址通过此处返回。

```
/*************************************************
    代码 7.6——二叉排序树的创建操作
    文件名：BiOrderTree.c(第 5 部分，共 7 部分)
    说  明：bst 为指向二叉排序树根结点的二重指针
*************************************************/
void  CreateBST(BSTree  *bst)
{
    int   Key;
    *bst=NULL;
    scanf("%d",  &Key);
    while (Key != ENDKey)
    {
        InsertBST(bst,  Key);
        scanf("%d",  &Key);
    }
    getchar();        //跳过上一个 scanf 操作时录入的回车键
}
```

7.5.3 二叉排序树的删除

相对来说，二叉排序树的删除操作比插入操作要麻烦得多。在插入结点时，我们借助了查找算法的一些操作，在满足二叉排序树基本定义和顺序不被破坏的情况下，找到了新结点在二叉树中的双亲结点，使得插入操作变得简单。但是，对于删除操作，我们不能因为删除了某个结点，而使得这棵树不再满足二叉排序树的特性，所以删除需要考虑更多的情况。

1. 删除操作范例

(1) 需要删除的结点度为 0 时。当需要删除的结点度为 0 时，删除操作对树中其他结点的结构和顺序并不会造成影响，如图 7-9 所示。

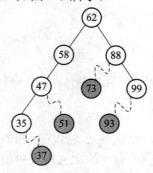

图 7-9 二叉排序树示例图

(2) 需要删除的结点度为 1 时。若需要删除的结点只有一个子树(无论是左子树还是右子树，并且无论子树只有一个结点或是有多个结点)，相对来说也比较好解决。当把结点删除后，将其唯一的子树整体移动到删除结点的位置，可以比喻为"独子继承父业"。例如图 7-10 中，先删除 35 和 99 结点，再删除 58 结点，最终，整个结构仍是一棵二叉排序树。

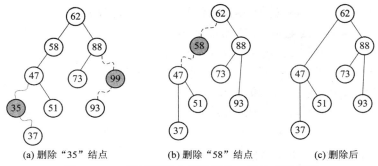

(a) 删除"35"结点　　(b) 删除"58"结点　　(c) 删除后

图 7-10　二叉排序树中删除度为 1 的结点示意图

（3）需要删除的结点度为 2 时。当需要删除的结点具有左右子树时，如图 7-11 所示，如果对该结点进行了删除，则它的两个孩子结点以及子孙们该怎么办呢？①

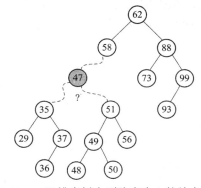

图 7-11　二叉排序树中删除度为 2 的结点原图

起初的想法是借助情况(2)中的处理办法，先任选其中一个子树来"继承父业"，然后将另外一棵子树中的所有结点重新分别进行插入操作，如图 7-12 所示。但是这个想法是有问题的。需要插入的结点可能会比较多，而且很容易导致整个二叉排序树的结构发生变化，甚至会增加排序树的高度。在后续的讲解中我们会提到二叉排序树的高度是一个非常重要的效率考量要素。增加树的高度，会使得很多操作的效率变得低下，所以这种思路并不好。

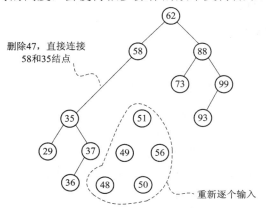

图 7-12　二叉排序树删除结点不可行的思路示例图

---

① 为了更好地说明问题，我们刻意增加了结点 47 下的子孙结点的数量，使其问题一般化。

一种可行的思路是尽量维持原有结构不变，删除掉 47 结点之后，从其左右子树当中找出一个结点来代替 47,而其他结点之间的关系尽量不变[①]。应该找哪一个结点来代替 47 呢？我们说，37 或者 48 都是很好的选择。这两个结点正好是二叉排序树中最接近 47 的元素。也就说，如果我们对这棵二叉排序树进行中序遍历，得到序列{29, 35, 36, 37, 47, 48, 49, 50, 51, 56, 58, 62, 73, 88, 93, 99}，37 和 48 正好是 47 的前驱和后继元素。

因此，最好的办法就是找到需要删除的结点 p 的中序遍历的直接前驱(或直接后继)结点 s，用 s 来替换结点 p，然后再删除此结点 s。下面具体细说这两种办法。

2．二叉排序树删除单个结点操作

1) 算法分析

第一种办法是用直接前驱结点来替换被删除结点。如图 7-13 所示，首先应找到 47 结点的中序遍历的直接前驱结点。根据中序遍历的定义可以推导出，47 结点的直接前驱应该是其左子树中的最右边的那个结点，即从 47 结点的左子树根结点(即 35 结点)出发，一直向右走，不拐弯，走到不能再走为止。需要注意的是，该前驱结点未必在树的最底层。在图 7-13 中，从 35 出发，走到 37 结点即无法再往下走。该前驱结点的右子树必然为空，其左子树不确定，可能为空，也可能不为空。

具体做法如图 7-13 所示。

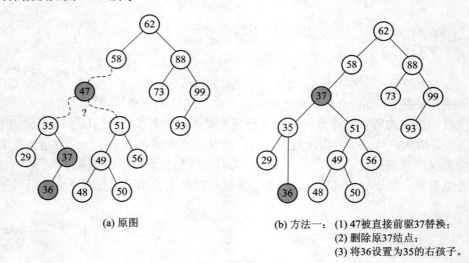

(a) 原图　　　　　　　　　　(b) 方法一：　(1) 47被直接前驱37替换；
　　　　　　　　　　　　　　　　　　　　　　(2) 删除原37结点；
　　　　　　　　　　　　　　　　　　　　　　(3) 将36设置为35的右孩子。

图 7-13　二叉排序树删除结点方法一示意图

对上述范例的删除过程进行一般化思考，当 47 结点的地址为 p 时，可以看出以下几点：

(1) 35 结点是 47 结点的左孩子，且必然非空，可以通过 p->Lch 获得 35 结点的地址；

(2) 37 结点是 35 结点往右一直走的最后一个结点，其右子树必然为空(可以根据此特征找到 37 结点的地址，不排除 35 结点的右子树为空的情况)；

(3) 36 结点可能不存在，也可能下面还有子树，但是在将其设置为 35 的右孩子时，编码实现上无差别。

① 要想完全不变是不可能的，毕竟树中少了一个结点，所以只能追求尽量少变动。

2) 程序代码

经过上面的详细分析之后，形成算法如代码 7.7 所示。

```
/**********************************************************

    代码 7.7——二叉排序树的删除单个结点操作
    文件名：BiOrderTree.c(第 6 部分，共 7 部分)
    说    明：已知结点地址 p，在二叉排序树中删除该结点
**********************************************************/
1      int    Delete(BSTNode    **p)
2      {
3          BSTNode    *q,  *s;
4          if ((*p)->Rch==NULL)
5          {
6              q= *p;
7              *p= (*p)->Lch;
8              free(q);
9          }
10         else   if ((*p)->Lch==NULL)
11         {
12             q= *p;
13             *p= (*p)->Rch;
14             free(q);
15         }
16         else
17         {
18             q=*p;
19             s=(*p)->Lch;
20             while(s->Rch)
21             {
22                 q=s;
23                 s=s->Rch;
24             }
25             (*p)->Key= s->Key;
26             if (q!= *p)
27                 q->Rch= s->Lch;
28             else
29                 q->Lch= s->Lch;
30             free(s);
31         }
32         return 0;
33     }
```

代码的相关解释如下:

(1) 程序开始执行, 代码的 5~9 行为了删除没有右子树而只有左子树的结点, 只需要将此结点的左孩子替换它自己, 然后释放该结点内存, 就完成了删除。

(2) 代码 10~15 行按照同样的原理完成只有右子树没有左子树的结点删除操作。

(3) 代码 16~28 行处理复杂的左右子树都存在的结点删除操作。

(4) 代码 18~19 行, 让指针 q 指向 p 所指向的结点, 让指针 s 指向 p 的左孩子。此时 q 指向 47 结点, s 指向 35 结点。如图 7-14 所示。

(5) 代码 17~22 行, 循环找到左子树的右结点, 直到最右, 让 s 指向最右的结点, 而 q 指向 s 的双亲结点。就当前例子来说, 即让 s 指向 37 结点(右子树为空), 而 q 指向其双亲结点 35。如图 7-15 所示。

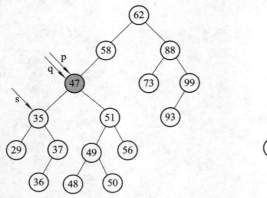 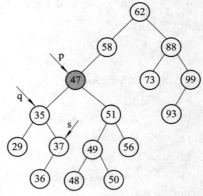

图 7-14　删除结点步骤(4)示意图　　　　图 7-15　删除结点步骤(5)示意图

(6) 代码第 20 行, 将 s 结点的数据值赋到 p 结点内。即 p->key= 37, 如图 7-16 所示。

(7) 代码 21~24 行, 如果 p 和 q 指向的不是同一个结点, 则让 q 的右孩子指针指向 s 的左孩子。在本例中, 因为 p≠q, 所以让 35 结点的右孩子指针指向 36 结点。如图 7-17 所示。

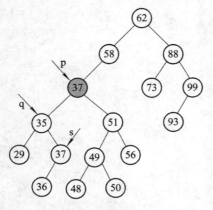 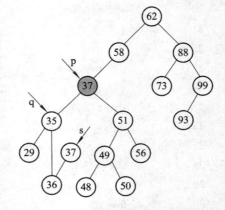

图 7-16　删除结点步骤(6)示意图　　　　图 7-17　删除结点步骤(7)示意图

(8) 第 25 行, 将 s 指向的 37 结点删除, 如图 7-18 所示。

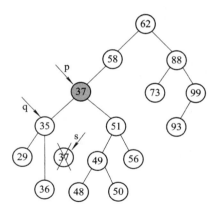

图 7-18 删除结点步骤(8)示意图

上述 Delete 函数的原理是找 p 结点的前驱结点 s 来完成替换和删除工作。同样，也可以去找 p 的后继结点来完成，此处不再讲述，读者可自行完成。可以提醒一点，后继结点为 p 结点的右子树的最左结点。

这个 Delete 函数以已知要删除的结点的地址 p 为前提。如果给定的是要删除的结点的值而非地址，则应先在二叉排序树中进行搜索，找到该结点的地址。下面的代码 7.8 采用递归的方式对二叉排序树 bst 查找要删除的值 key，找到后调用 Delete 函数完成删除。

/***

　　代码 7.8——递归实现的二叉排序树的删除操作

　　文件名：BiOrderTree.c(第 7 部分，共 7 部分)

　　说　明：已知结点的值 k，在二叉排序树中找到并删除该结点

**/

```c
int    DeleteBST(BSTree   *bst,   int   k)
{
    if ( !*bst )
        return   -1;
    else
    {
        if (k == (*bst)->Key)
            return   Delete(bst);
        else   if ( k < (*bst)->Key )
            return   DeleteBST( &(*bst)->Lch, k);
        else
            return   DeleteBST( &(*bst)->Rch, k);
    }
}
```

将上述的 7 个部分代码组合起来，并添加下面的测试专用代码，就可以对二叉排序树进行一些简单的操作测试了。

```
//按中序遍历的递增顺序输出二叉排序树 root 的所有结点，以方便调试查看
void   InOrder(BSTree root)
{
    if (root!=NULL)
    {
        InOrder(root->Lch);
        printf("%d ", root->Key);
        InOrder(root->Rch);
    }
}
int main()
{
    BSTree T, pAnswer;
    int K;
    printf("建立二叉排序树，请输入序列，以-1 结束：\n");
    CreateBST(&T);
    printf("中序遍历二叉排序树，输出序列为:\n");
    InOrder(T);
    printf("\n");
    printf("请输入你要查找的元素:\n");
    scanf("%d",&K);
    pAnswer= SearchBST(T, K, NULL);
    if(pAnswer==NULL)
        printf("查找失败!#o#\n");
    else
        printf("查找成功！由返回地址索引到%d\n", pAnswer->Key);
    printf("请输入你要删除的元素:\n");
    scanf("%d",&K);
    DeleteByVexValue(&T, K);
    printf("删除%d 后二叉排序树的输出序列为:\n", K);
    InOrder(T);
    printf("\n 请输入你要插入的元素:\n");
    scanf("%d", &K);
    if (InsertBST(&T, K)==0)
        printf("插入成功！\n");
    else
        printf("插入失败，二叉树中已存在该元素！\n");
    printf("插入%d 后二叉排序树的输出序列为:\n", K);
    InOrder(T);
    return 0;
}
```

随意输入一批数据，得到运行结果如图 7-19 所示。

图 7-19　二叉排序树的程序运行测试结果图

7.5.4　二叉排序树的总结

　　二叉排序树以二叉链表的形式存储，在进行插入和删除时只对局部结点进行指针调整，对其他结点的指针域并未改动，尽量充分利用了结构原有的信息，使得整个排序树的操作比顺序存储和链式存储更有效率。二叉排序树的查找，走的就是从根结点到目标点的路径，其比较次数等于目标点在二叉排序树的层数，其取值范围从 1 到树的深度。所以，二叉排序树的深度，直接决定了二叉排序树诸多操作的效率。

　　二叉树的深度由什么决定呢？我们可以从上几个小节的 SearchBST 函数和 InsertBST 函数中看出：在创建排序树时，数据录入的顺序，决定了最终二叉排序树生成的结构。例如{62,88,58,47,35,73,51,99,37,93}这样的数组，可以构建出如图 7-8 所示的二叉排序树。但是如果换一个比较极端的顺序，如{35,37,47,51,58,62,73,88,93,99}，生成的二叉排序树就成了极端的右斜树。虽然此时它从理论上来说仍然是一棵二叉排序树，但是树的深度 h 等于 n，已经完全丧失了二叉排序树的优势，沦为了单向链表。

　　因此，如果我们希望对一个查找表按二叉排序树来查找，最好是把它构建成一棵平衡的二叉排序树(其深度大致和完全二叉树相同，为 $\lfloor \text{lb}n \rfloor + 1$)，那么查找的时间复杂度就为 O(lbn)，接近折半查找。这样就引申出一个问题：如何让二叉排序树平衡？我们不可能要求用户必须按照某个顺序来录入数据，而应该构思一个正确的算法，以确保无论用户以什么样的顺序录入，都能采用该算法得到一个平衡的二叉树。这是一个优秀程序员的责任。

7.6　平衡二叉树

　　平衡二叉树(Self-Balancing Binary Search Tree 或 Height-Balanced Binary Search Tree)，是一种二叉排序树，其中每个结点的左子树和右子树的高度差的绝对值不超过 1。两位俄罗斯数学家 G.M.Adelson Velskii 和 E.M.Landis 在 1962 年共同发明了一种接近二叉排序树平衡问题的算法，所以很多资料也称这样的平衡二叉树为 AVL 树。

平衡二叉树是一种高度平衡的二叉排序树。它要么是一棵空树，要么它的左子树和右子树都是平衡二叉树，且左子树和右子树的高度差的绝对值不超过 1。

如图 7-20 所示，显示了一棵具有最少结点数(143)，高度为 10 的平衡二叉树。这棵树的左子树是高度为 8 且结点最少的平衡二叉树，右子树是高度为 9 且结点最少的平衡二叉树。从这棵树可以看出，在高度为 h 的 AVL 树中，最少结点数 S(h)由 S(h) = S(h−1) + S(h−2) + 1 给出。S(1) = 1，S(2) = 2，S(3) = 4，S(4) = 7，…函数 S(h)呈现出斐波那契数列的特征。

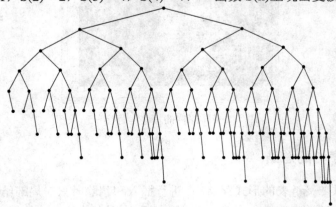

图 7-20　高度为 10 的最小的平衡二叉树

平衡因子(Balance Factor，BF)是二叉树上某一结点的左子树高度减去右子树高度的差值(注意，每个结点都有自己的平衡因子)。平衡二叉树上所有结点的平衡因子必须只可能是 −1、0 和 1 这三种。

如图 7-21 所示，图 7-21(a)是平衡二叉树；图 7-21(b)因为 58 结点和 60 结点之间的关系不满足二叉排序数的定义(因为平衡二叉树首先应该是一个合格的二叉排序树)，所以不是平衡二叉树；图 7-21(c)不是平衡二叉树，因为 58 结点的平衡因子为 2；将图 7-21(c)进行适当调整而得到的图 7-21(d)是平衡二叉树。

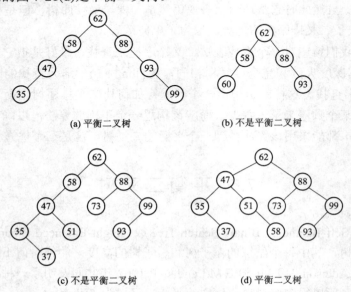

图7-21　平衡二叉树举例

最小不平衡子树是指距离插入结点最近的，且平衡因子的绝对值大于 1 的结点为根的子树。在插入结点之后，只有那些从插入点到根结点的路径上的结点的平衡性可能被打破，只有这些结点的子树可能发生变化。当沿着这条路径上行到根结点并更新平衡信息时，必然能够找到最小的不平衡子树。对这个子树的平衡调整能够保证整个树满足 AVL 特性。如图 7-22 所示，当新插入结点 37 时，距离它最近的平衡因子绝对值超过 1 的是 58 结点，所以从 58 开始以下的子树为最小不平衡子树。

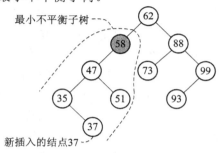

图 7-22　最小不平衡子树范例

7.6.1　平衡二叉树实现原理

平衡二叉树构建的基本思路就是在创建二叉排序树的过程中，每当插入一个新结点之前，先检查是否可能会破坏原树的平衡性，若是，则在保持二叉排序树固有要求的前提下，调整最小不平衡子树中各结点之间的链接关系，进行相应的旋转，使之成为新的平衡子树。

1．平衡二叉树创建实例

平衡二叉树这部分的内容较为复杂和抽象，为了便于理解，下面以实际的平衡二叉树创建的例子来进行讲解。

假设有这样一些数据{3,2,1,4,5,6,7,10,9,8}，需要创建出一棵二叉排序树。根据 7.5.2 节中的 CreateBST 函数，会得到如图 7-23(a)所示的一棵二叉排序树。虽然它完全符合二叉排序树的定义，但是对于这样一棵仅有 10 个结点，但是高度值却达到 8 的二叉树来说，查找是非常不利的。相比之下，图 7-23(b)的高度仅为 4，且仍然符合二叉排序树的定义，能够提供更高的查找效率。虽然我们可以通过特定的数据录入顺序来生成图 7-23(b)，但是不能将一棵树的结构完全寄希望在数据录入的顺序上(因为在实际应用中，数据录入的顺序往往可能是事先无法预知的)。

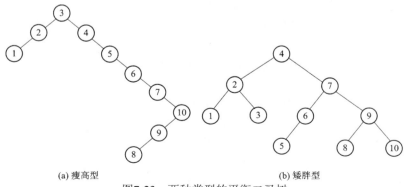

(a) 瘦高型　　　　　　　　　　　　　　(b) 矮胖型

图7-23　两种类型的平衡二叉树

现在我们来研究如何将一个数组构建成图 7-23(b)这样的树结构。

对于数组{3, 2, 1, 4, 5, 6, 7, 10, 9, 8}的前两个数据"3"和"2",我们很正常地构建。当新增结点"1"时,根结点"3"的平衡因子值变成了 2,此时整棵树都成了最小不平衡子树,因此需要调整,如图 7-24(a)(结点左上角数字为平衡因子(BF)值)所示。因为 BF 值为正,所以将整棵不平衡子树(此时实际上就是整棵树)进行顺时针旋转。

顺时针旋转的规则是将最小不平衡子树的根结点(本例结点"3")降为第 2 层;将其原左孩子(本例结点"2")升为根结点,原根结点(本例结点"3")调整为新根结点(本例结点"2")的右孩子;原根结点左孩子(本例结点"2")的右子树(本例无,为空)调整为原根结点(本例结点"3")的左子树(本例因为无子树,故不需要调整)。而原根结点"3"的原左孩子结点"2"的左子树结构不变,并随着结点"2"被提升为根结点的同时,其层次也跟着提升。

本例中,因为新增结点"1"恰好在该左子树中,所以其整个子树的树高经过调整后会减 1,实现新的平衡。此时结点"2"成了根结点,"3"成了"2"的右孩子。这样三个结点的 BF 值均为 0,实现了平衡,如图 7-24(b)所示。

当增加结点"4"时,结点"2"和结点"3"的平衡因子(BF)变成-1,其他结点的平衡因子是 0,整棵树仍然是平衡二叉树,如图 7-24(c)所示。当增加结点"5"时,如图 7-24(d)所示,结点"3"的平衡因子为-2,说明以结点"3"为根结点的子树是最小不平衡子树,需要旋转调整。因为 BF 是负值,所以此时需要对这棵最小不平衡子树进行左旋转(逆时针旋转),形成图 7-24(e)。

逆时针旋转调整的规则和顺时针旋转的规则正好相反:将最小不平衡子树的根结点(本例结点"3")降为第 3 层;将其原右孩子(本例结点"4")升为子树根结点(同时也成为结点"2"的右孩子),原子树根结点(结点"3")是子树新根结点(结点"4")的左孩子;原根结点右孩子的左子树(本例无,为空)调整为原根结点(结点"3")现在的右子树(本例因为无子树,故不需要调整)。而原根结点"3"的原右孩子结点"4"的右子树结构不变,并随着结点"4"被提升为根结点的同时,其层次也跟着提升。

本例中,因为新增结点"5"恰好在该右子树中,所以其整个子树的树高经过调整后会减 1,实现新的平衡。此时整棵树又恢复平衡。

当增加结点"6"时,根结点"2"的 BF 值变成-2,最小不平衡子树为以结点"2"为根结点的子树(即整棵树),如图 7-24(f)所示。此时需要进行逆时针旋转调整。调整的规则同理。需要注意的是,此时结点"4"具有左子树(即以结点"3"为根结点的子树),所以,当旋转调整后,该左子树应该调整成原根结点的右子树。而结点"4"的右子树则不变,随着结点"4"被提升而层次随之提升。因为新增结点"6"正好在该右子树中,所以整棵树的层高被减 1,整棵树恢复平衡,如图 7-24(g)所示。

当增加结点"7"时,旋转规则和图 7-24(d)到图 7-24(e)的过程一样,结果如图 7-24(h)和图 7-24(i)所示。

当增加结点"10"时,结构无变化,如图 7-24(j)所示。

当增加结点"9"时,结点"7"的 BF 值为-2,按照原来的规则,只需要逆时针旋转以结点"7"为根结点的最小不平衡子树即可,但是经过逆时针旋转之后,按照规则,结点"7"降级,结点"10"升级,其右子树跟着升级。但是本例中结点"10"的右子树为空,没有结点被随之升级。新增结点"9"恰好在其左子树中,错过了随着结点"10"的升级而升级的机会，这是调整失败的根源所在。整棵树的深度并没有发生变化；同时，结点"6"和"4"的 BF 值仍然是–2，而结点"10"的 BF 值为 2，平衡化操作失败。此时不能简单地逆时针旋转，如图 7-24(k)所示。

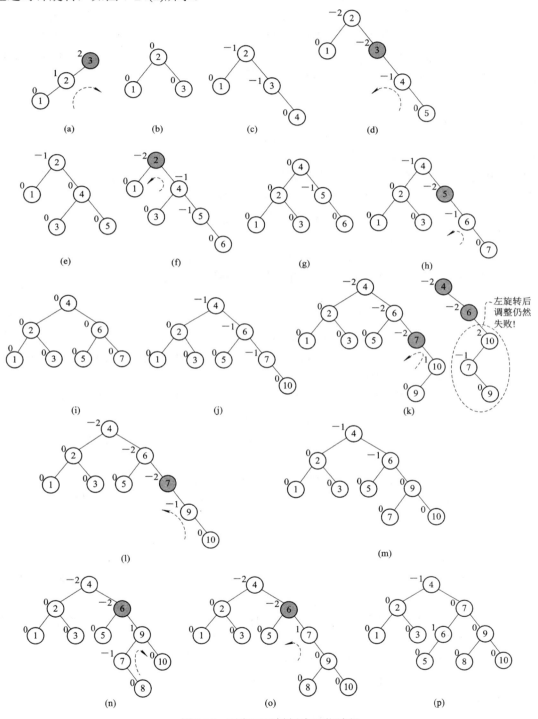

图7-24　平衡二叉树创建示范过程

　　从表象上来看，失败的原因在于结点"7"的 BF 值是 -2，而结点"10"的 BF 值是 1，二者一正一负，符号并不统一。而前几次成功的旋转调整中，无论是左旋还是右旋，最小不平衡子树的根结点与它的子结点的符号都是相同的。

　　既然符号相反时会调整失败，而符号相同时会调整成功，那么可以先想办法让二者的 BF 值符号相同。解决办法是先针对以结点"10"为根结点的子树按照顺时针右旋的规则进行"预调整"。结点"10"成为结点"9"的右子树，结点"9"的 BF 值为 -1。此时就和结点"7"的 BF 值符号一致了。如图 7-24(l)所示。

　　此时，再以结点"7"为最小不平衡子树进行逆时针左旋，得到图 7-24(m)所示的平衡状态，问题就圆满解决了。

　　当增加结点"8"时，再次遭遇符号相反的情况。结点"6"的 BF 值是 -2，而它右孩子结点"9"的 BF 值是 1，如图 7-24(n)所示。因此，需要先针对以结点"9"为根结点的子树按照顺时针右旋的规则进行"预调整"。调整结果如图 7-24(o)所示。注意，此时，结点"8"变成了下降的结点"9"的左子树。对于图 7-24(o)这个预调整结果，再针对以结点"6"为根结点的最小不平衡子树，采用逆时针左旋的规则去操作，得到图 7-24(p)的最终结果。这是一棵平衡二叉树。

　　从上述 10 个结点的陆续插入过程中可以看出，所谓的平衡二叉树的生成过程，就是在插入每个结点后，马上纠正出现的不平衡状态，调整局部结构以恢复其平衡性。这个过程要求及时调整处理，以免后续工作难以进行下去。

2. 不平衡状态的分析及调整

　　当插入某个结点 N 时，如果出现最小不平衡子树，设其根结点为 P。由于任意结点最多只能有 2 个孩子，因此当高度不平衡时，P 结点的 2 棵子树的高度必然相差 2。这种不平衡可能出现在下面四种情况中：

　　(1) 对 P 的左孩子的左子树进行一次插入后失衡，且 P 和左孩子的平衡因子同正；

　　(2) 对 P 的左孩子的右子树进行一次插入后失衡，且 P 和左孩子的平衡因子一正一负；

　　(3) 对 P 的右孩子的左子树进行一次插入后失衡，且 P 和右孩子的平衡因子一负一正；

　　(4) 对 P 的右孩子的右子树进行一次插入后失衡，且 P 和右孩子的平衡因子同负。

　　(1)和(4)的情况是关于 P 点对称的。而(2)和(3)也是关于 P 点对称的。因此，理论上来说，只要讨论清楚了两种情况，问题就迎刃而解了。当然，编码的时候还是要分为四种情况来写的。

　　(1)和(4)简称为"左—左"或者"右—右"的情况，可以通过对树的一次单旋转来完成调整。其中，单次顺旋解决"左—左"不平衡问题，单次逆旋解决"右—右"不平衡问题。

　　下面以"左—左"情况为例，讨论单次顺旋如何解决最小不平衡子树的平衡化问题。"右—右"的情况不再叙述，请读者自行推导。

　　假设图 7-25(a)是一棵平衡二叉树的局部，且插入 N 之后触发"左—左"情况，原树产生一棵最小不平衡子树。设该子树根结点为 P，左孩子为 L，子树 LL 的树高为 h。

　　首先，PR 子树的高度必然只能是 h。PR 子树的高度不能小于 h，否则不等插入新结点，P 子树已经是不平衡的；PR 子树的高度不能大于 h，否则新增结点 N 后 P 子树仍然是平衡的，无法进入情况(1)。

　　其次，LR 子树的高度必然也只能是 h。LR 子树的高度不能大于 h，否则不等插入新结点，P 子树已经是不平衡的；但是 LR 子树的高度也不能小于 h，否则在 LL 子树中插入结点 N 之后，P 子树不再是最小的不平衡子树，因为 L 子树不平衡，并且 L 比 P 距 N 更近。

单次顺旋的具体操作是将 L 的右子树调整成 P 的左子树，然后再将 P 改成 L 的右子树，最后将 L 替换 P 成为根结点，这样完成一次顺旋操作。如图 7-25 所示。

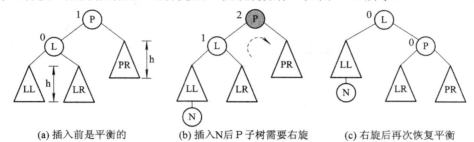

(a) 插入前是平衡的   (b) 插入N后P子树需要右旋   (c) 右旋后再次恢复平衡

图 7-25　平衡二叉树单次顺旋示意图

(2)和(3)简称为“左—右”或者“右—左”情况，可以通过对树的一次双旋转来完成调整。其中，双顺旋解决“左—右”不平衡，双逆旋解决“右—左”不平衡问题。下面以“左—右”情况为例，讨论双顺旋如何解决最小不平衡子树的平衡化问题。“右—左”的情况不再叙述，请读者自行推导。

假设图 7-26(a)是一棵平衡二叉树的局部，且插入 N 之后触发“左—右”情况，原树产生一棵最小不平衡子树。设该子树根结点为 P，左孩子为 L。

这里需要分为 A、B 种情况来讨论，不过两种情况最终的解决方法是完全一样的，所以编码的时候不必具体再分情况讨论。

情况 A：假设 L 结点没有右孩子。

在这种情况下，需要先对 L 子树进行逆旋，然后对 P 子树进行顺旋，如图 7-26 所示。

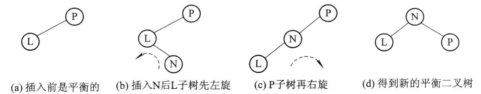

(a) 插入前是平衡   (b) 插入N后L子树先左旋   (c)P子树再右旋   (d) 得到新的平衡二叉树

图 7-26　平衡二叉树双顺旋示意图(L 没有右孩子)

情况 B：假设 L 结点有右孩子 LR 存在。

假设 LR 的左子树为 LRL，右子树为 LRR。两棵子树深度必然相等。如果二者不相等，那么当新结点 N 插入到高子树中时，最小不平衡子树应该是以 LR 为根结点的子树，而不是P 子树；反之，如果新结点 N 插入到矮子树中，整棵树仍是平衡二叉树，无法触发失衡。设二者高度均为 h。

子树 PR 的高度必定为 h+1，采用和前面的证明相类似的反证法思路可以证得，此处略。

子树 LL 的树高为 h 或 h+1。

在这种情况下，解决办法和情况 A 完全一样，需要先对 L 子树进行逆旋，然后对 P 子树进行顺旋，如图 7-27 所示。

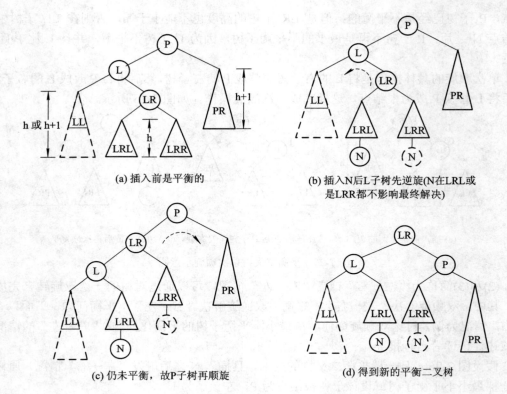

(a) 插入前是平衡的

(b) 插入N后L子树先逆旋(N在LRL或
是LRR都不影响最终解决)

(c) 仍未平衡，故P子树再顺旋

(d) 得到新的平衡二叉树

图 7-27　平衡二叉树双顺旋示意图(L 有右孩子 LR)

7.6.2　平衡二叉树的实现代码

在充分对平衡二叉树的实现算法进行一般性归纳之后，我们对平衡化的实现流程已经
大致清楚，现在可以开始研究如何用程序代码来实现这个流程了。首先需要改进原二叉排
序树的结点结构，增加一个成员 Height，用于存储以该结点为根结点的子树的高度值，如
代码 7.9 所示。

```
/*******************************************************

        代码 7.9——平衡二叉树的二叉链表结点结构定义
        文件名：BalanceTree.c(第 1 部分，共 10 部分)

*******************************************************/
typedef struct BSTNode
{
    int    data;
    int    Height;                      //以该结点为根的子树的高度
    struct  BSTNode  *lchild,  *rchild;  //左、右孩子指针
}BSTNode,   *BSTree;
```

同时，专门设置一个 Height 函数来解决空树问题。需要提醒的是，Height 函数返回的是
P 结点为根的子树的高度，而不是 P 结点在整个树中的层次值，请勿混淆，如代码 7.10 所示。

```
/*********************************************************
            代码 7.10——平衡二叉树中计算某结点为根的子树高度的操作
            文件名：BalanceTree.c(第 2 部分，共 10 部分)
*********************************************************/
int    Height(BSTree    P)
{
    if ( P==NULL)
        return    0;            //空树的高度定义为 0
    else
        return    P->Height;
}
```

从对四种情况的归纳可以看出，首先需要解决比较简单的单次顺旋和单次逆旋操作。

(1) 对于单次顺旋操作，已知某最小平衡二叉树的根结点地址*P，如代码 7.11 所示。

```
/*********************************************************
            代码 7.11——对以*P 所指结点为根的平衡二叉树做单次顺旋处理
            文件名：BalanceTree.c(第 3 部分，共 10 部分)
            说    明：从左往右旋，左上，根下。
                    处理之后*P 指向新的树根结点，即旋转处理之前的左子树的根结点
*********************************************************/
void    RotateFromLtoR1(BSTree    *P)
{
    BSTree    lc;
    lc = (*P)->lchild;            //lc 指向的*P 左子树根结点
    (*P)->lchild = lc->rchild;    //rc 的右子树挂接为*P 的左子树
    lc->rchild = (*P);
    (*P)->Height= max(Height((*P)->lchild), Height((*P)->rchild)) + 1;
    lc->Height=    max(Height(lc->lchild), Height(*P)) + 1;
     (*P) = lc;                    //p 指向新的结点
}
```

(2) 对于单次逆旋操作，已知某最小平衡二叉树的根结点地址*P，如代码 7.12 所示。

```
/*********************************************************
            代码 7.12——对以*P 所指结点为根的平衡二叉树做单次逆旋处理
            文件名：BalanceTree.c(第 4 部分，共 10 部分)
            说    明：从右往左旋，右上，根下。
                    处理之后*P 指向新的树根结点，即旋转处理之前的右子树的根结点
*********************************************************/
void    RotateFromRtoL1(BSTree    *P)
{
    BSTree    rc;
    rc = (*P)->rchild;            //rc 指向的*P 右子树根结点
```

```
        (*P)->rchild = rc->lchild;        //rc 的左子树挂接为*P 的右子树
        rc->lchild = (*P);
        (*P)->Height= max(Height((*P)->lchild), Height((*P)->rchild)) + 1;
        rc->Height=    max(Height(rc->rchild), Height(*P)) + 1;
        (*P) = rc;                         //P 指向新的结点
    }
```

(3) 对于双顺旋操作，已知某最小平衡二叉树的根结点地址*P，如代码 7.13 所示。

```
/********************************************************************
        代码 7.13——对以指针*P 所指结点为根的二叉树做双顺旋处理
        文件名：BalanceTree.c(第 5 部分，共 10 部分)
        说    明：双顺旋：先逆旋，再顺旋。本函数调用结束后，指针*P 指向新树的根结点
********************************************************************/

void    RotateFromLtoR2(BSTree    *P)
{
    RotateFromRtoL1(&(*P)->lchild);        //对*P 的左子树做单逆旋
    RotateFromLtoR1(P);                    //对*P 子树做单顺旋
}
```

(4) 对于双逆旋操作，已知某最小平衡二叉树的根结点地址*P，如代码 7.14 所示。

```
/********************************************************************
        代码 7.14——对以指针*P 所指结点为根的二叉树做双逆旋处理
        文件名：BalanceTree.c(第 6 部分，共 10 部分)
        说    明：双逆旋：先顺旋，再逆旋。本函数调用结束后，指针*P 指向新树的根结点
********************************************************************/

void    RotateFromRtoL2(BSTree    *P)
{
    RotateFromLtoR1(&(*P)->rchild);        //对*P 的右子树做单顺旋
    RotateFromRtoL1(P);                    //对*P 子树做单逆旋
}
```

　　因为二叉平衡树的插入操作，需要从根结点出发向下寻找到插入位置；在插入操作完成之后还需要向上矫正可能出现的结点高度值变化和引入插入引起的失衡情况。所以，在这种情况下，采用递归的思路来进行结点的插入和失衡调整是最为方便的，同时也能很轻松地实现结点高度值的调整。所以绝大多数程序员仍然采用递归的方式来实现 AVL 树的插入操作。具体实现如代码 7.15 所示。

```
/**************************************************
        代码 7.15——平衡二叉树的结点插入操作
        文件名：BalanceTree.c(第 7 部分，共 10 部分)
        说    明：插入整型元素结点 e，若 T 中不存在值相同的结点，则执行插入操作，
                并返回 0，否则返回–1
**************************************************/
```

```
int   InsertAVL(BSTree *T, int   e)
{
    if(!(*T))                          //插入新结点，树"长高"，置 taller 为 1
    {
        *T = (BSTree)malloc(sizeof(BSTNode));
        if (*T==NULL)
        {
            printf("结点空间申请失败！");
            return   -1;
        }
        (*T)->data = e;
        (*T)->Height = 1;
        (*T)->lchild = (*T)->rchild =NULL;
        return   0;
    }
    else if( e < (*T)->data)              //应继续在*T 的左子树中进行搜索
    {
        if(InsertAVL(&(*T)->lchild, e)== -1)
            return   -1;                 //未插入
        if (Height((*T)->lchild) - Height((*T)->rchild) == 2)
            if (e < (*T)->lchild->data)
                RotateFromLtoR1(T);     //插入的位置在左左，采用单次顺旋
            else
                RotateFromLtoR2(T);     //插入的位置在左右，采用双顺旋
    }
    else if( e > (*T)->data)              //应继续在*T 的左子树中进行搜索
    {
        if(InsertAVL(&(*T)->rchild, e)== -1)
            return   -1;                 //未插入
        if (Height((*T)->lchild) - Height((*T)->rchild) == -2)
            if (e > (*T)->rchild->data)
                RotateFromRtoL1(T);     //插入的位置在右右，采用单次逆旋
            else
                RotateFromRtoL2(T);     //插入的位置在右左，采用双逆旋
    } //如果二者相等，说明树中已存在和有相同关键字的结点，则什么都不需要做
    //递归矫正从插入位置到根结点之间路径上所有结点的高度值
    (*T)->Height= max(Height((*T)->lchild), Height((*T)->rchild)) + 1;
    return   0;
}
```

因为一棵二叉树的创建可以视为多次结点插入操作的结果，所以可以对 InsertAVL 函数再进行封装，写出平衡二叉树的创建操作代码如代码 7.16 所示。

```
/*********************************************************
        代码 7.16——平衡二叉树的创建操作
        文件名：BalanceTree.c(第 8 部分，共 10 部分)
        说    明：T 为指向平衡二叉树根结点的二重指针，数据录入以输入−1 为结束标记
**********************************************************/
void CreatBST(BSTree *T)
{
    int e, taller=0;
    *T = NULL;
    printf("\n 请输入关键字(以-1 结束建立平衡二叉树):\n");
    scanf("%d",&e);
    getchar();
    while(e != -1)
    {
        InsertAVL(T,e);
        printf("\n 请输入关键字(以-1 结束建立平衡二叉树):");
        scanf("%d",&e);
        getchar();
        taller=0;
    }
}
```

在本节中，为了方便调试和代码学习，附加一个二叉树的输出函数，以方便程序员能够直观地从输出界面上看到平衡二叉树的结构变化。具体实现如代码 7.17 所示。

```
/*************************************************************
    代码 7.17——平衡二叉树的打印(方便调试和演示)
    文件名：BalanceTree.c(第 9 部分，共 10 部分)
    说    明：按树状"横向"打印输出二叉树的元素，m 表示结点所在层次，初次调用时 m=0
* ***********************************************************/
void   PrintBST(BSTree T, int   m)
{
    int   i;
    if(T->rchild)
        PrintBST(T->rchild, m+1);
    for(i = 1; i<=m; i++)
        printf("       ");        //打印 i 个空格以表示出层次
    printf("%d\n",T->data);        //打印 T 元素，换行
    if(T->lchild)
```

```
        PrintBST(T->lchild, m+1);
    }
```

关于查找操作，因为平衡二叉树的查找操作不再像二叉排序树那样还肩负着协助插入操作的功能，所以不再像代码 7.3 那样需要返回 pre 指针的值。故此处用递归的方式实现平衡二叉树的查找操作，其代码还是比较简单的(如代码 7.18 所示)。

```
/************************************************************
    代码 7.18——递归的平衡二叉树查找操作
    文件名：BalanceTree.c(第 10 部分，共 10 部分)
    说    明：在 T 指针所指向的二叉排序树中搜索值为 key 的结点，
              如果查找成功，则函数返回该结点的地址；如果查找失败，函数返回 NULL
*************************************************************/
BSTree SearchBST(BSTree T,int key)
{
    if(!T)
        return NULL;
    else if(key==T->data)
        return T;
    else if(key<T->data)
        return SearchBST(T->lchild,key);
    else
        return SearchBST(T->rchild,key);
}
```

可以编写如下的测试代码来对上述的各个函数进行测试。

```
int    main(int argc,char* argv[])
{
    int input,K;
    BSTree T;
    T=(BSTree)malloc(sizeof(BSTNode));
    T=NULL;
    while(1)
    {
        printf("*********************************\n");
        printf("*1.创建    2.查找      3.插入       4.退出*\n");
        printf("*********************************\n");
        printf("请输入您所需的操作功能:\t");
        scanf("%d",&input);
        getchar();
        switch(input)
        {
```

```
        case 1:
            CreatBST(&T);
            printf("生成的平衡二叉树如下所示：\n");
            PrintBST(T,0);
            break;
        case 2:
            printf("请输入你要查找的关键字：");
            scanf("%d",&K); getchar();
            if(SearchBST(T,K)!=NULL)
                printf("该二叉树中存在关键字%d，查找成功!\n",K);
            else
                printf("查找失败!\n");
            break;
        case 3:
            printf("请输入你要插入的关键字：");
            scanf("%d",&K); getchar();
            InsertAVL(&T,K);
            PrintBST(T,0); break;
        case 4:
            return 0;
        default:
            printf("输入错误，请重新选择。");break;
        }
        printf("\t\t 按回车键继续..."); getchar();
    }
}
```

我们选其中最主要的 CreateBST 函数来进行测试，输入和输出如图 7-28 所示。

图 7-28　平衡二叉树的创建操作测试图

关于平衡二叉树的删除操作，算法较为复杂，原理和 InsertAVL 函数较为类似，此处不再阐述。

如果需要查找的集合本身没有顺序，在频繁查找的同时也需要经常进行插入和删除操作，则需要构建一棵二叉排序树。但是不平衡的二叉排序树查找效率是非常低的，因此需要让这棵二叉排序树成为平衡二叉树。此时的查找时间复杂度就会降为 O(lbn)，插入和删除操作的时间复杂度也为 O(lbn)。这显然是一种比较理想的动态查找表算法。

7.7　哈　希　查　找

7.7.1　哈希查找概述

在前面的小节中，我们讲到了顺序表、有序表、索引表和二叉排序树等的查找，这些查找技术虽然各不相同，结构复杂，但是都有一个共同之处，那就是这些查找方法都是通过将要查找的关键字 K 和查找表中的各个元素进行各种比较，根据其比较结果来采取下一步的各种不同的措施。简单地说，这些查找算法都是通过若干次比较而得到 K 的地址的。

有没有其他的更好的改进办法呢？仔细思考"查找"的根本原理：给定一个需要查找的已知值 K，希望算法能够找出在查找表中值等于 K 的元素的地址。也就是说，如果我们能够找到某种映射规则，将 K 和 address(K)之间的关系联系起来就能实现查找了。哈希查找正是基于这种最基础的原理，由程序员自行定义一套较好的映射规则来解决查找问题。**哈希查找(Hash Searching)**又称为**散列表查找**[①]，是在记录的存储位置和它的关键字之间建立一个确定的映射关系 f，使得每个关键字 Key 对应一个存储位置 f(Key)。可以看出，哈希查找主要是通过计算来得到 K 的地址的。这是与之前的查找算法完全不同的一种思路。这种映射关系 f 称为**散列函数**，又称为**哈希函数**。当我们采用哈希函数将记录存储在一块连续存储的空间里时，这块连续存储的空间称为**哈希表(Hash Table)**或**散列表**。

我们现在来举个哈希表的例子。

假设现在有一位大学宿舍管理员，专门负责分配学生寝室。他所在的这栋宿舍楼有 5 层楼，每层 12 个寝室，每个寝室都是单间，只住一个学生。凡是被安排到这栋楼的男生，都需要去找宿舍管理员领取自己所在的寝室号。这位管理员非常有个性，并没有打算制作一张"学生—寝室分配表"。一个名叫"乔三槐"的男生去找这位管理员。管理员问清楚了乔三槐的名字之后，掐指一算，口中念道："乔，以 Q 开头，Q 的英文序号是 17，除 5 取余再加 1 为 3。这位同学，你应该住在 3 楼。"当乔三槐正一头雾水的时候，管理员继续默念："三槐，以 S 和 H 开头，序号分别为 19 和 8，加起来得 27，除 12 取余再加 1 得 4。这位同学，你住在 4 号寝室。简单地说，你的寝室号是 304！"

旁边一个叫"令狐冲"的男生赶紧问道："我叫令狐冲，请问我住哪一个寝室？"管理员又开始默念："令狐，以 L 和 H 开头，字母序号为 12 和 8，加起来得 20，除 5 取余加 1 得 1。这位同学，你住 1 楼。冲，以 C 开头，字母序号为 3，除 12 取余加 1 得 4，你住 104

---

① "Hash"(哈希)的本意是杂凑。

号寝室！"

两位同学拿着各自的寝室钥匙，怀着崇拜的心情默默离开，心里均在想："看来大学真是藏龙卧虎啊，连宿舍管理员都知道使用哈希表查找！"

在上述的整个查询的过程中，当给出两个姓名时，宿舍管理员并没有拿出寝室分配表来一一查看姓名，没有做任何的比较工作。他直接针对姓名的值进行某个简单的运算，将运算结果和 5 层楼、每层 12 个寝室号之间产生了关联，从而确定出这两名学生的寝室号。他采用的办法是我们后面马上要讲到的"除留取余法"。

也就是说，我们只需要通过某个函数 f，使得

存储位置= f(关键字)

那么，在查找的时候就可以不需要比较而获得记录的存储位置。这种新的存储和查找技术，就是上文中提到的散列技术。

散列技术既是一种存储方法，也是一种查找方法。但是它与线性表、树、图等结构有着本质上的不同。前几种结构的数据元素之间都存在某种逻辑关系，并且可以通过画带箭头或者不带箭头的连线示意图来表示出元素之间的相互关系，各个元素的值之间没有直接的联系。而采用散列技术的记录之间并不存在直接的逻辑关系，记录只和关键字的值有关联。因此，散列技术主要适用于经常需要查询的应用问题。给定需要查找的值，散列技术简化了大量的比较过程，效率会大大提高，这是散列技术的优点。

一个需要解决的重要问题是冲突问题。因为每个元素的存储地址是通过同一个映射函数计算而得，所以时常有可能出现这样的情况，即两个不同的关键字 $K_i \neq K_j$，但是经过 f 函数计算后有 $f(K_i)=f(K_j)=Y$。这种现象称为**冲突**(collision)，并把 K_i 和 K_j 称为这个散列函数的**同义词**(synonym)。

还是回到上面的那个例子来讲吧。那位聪明而又懒惰的宿舍管理员采用了哈希查找的办法来解决学生寝室号的分配问题，但是学生报到的第二天就出现了状况。一个叫"罗成"的大一新生跑到 304 号寝室，和已经入住到 304 号寝室的"乔三槐"同学争吵了起来。原来"罗成"同学也被聪明而健忘的宿舍管理员根据其哈希规则分到了 304 号房间。正当吵得不可开交的时候，一个叫"林冲"的大一新生也加入了争吵，三人都想住 304 号房间，并且都声称得到了宿舍管理员的指派。宿舍管理员上前问过三人的姓名，发现三个人的姓名根据自己原有的映射规则，都得到了同一个寝室号 304，因此才会发生冲突。

出现了冲突，对于哈希查找来说，肯定是一件不太好的事情。因为那样会造成数据查找中的错误匹配。冲突只能尽量减少，但是不可能从理论上完全避免。因为哈希函数是从关键字集合到存储空间之间的一种映射关系。无论内存或磁盘有多大，其空间始终是有限的。而即将出现或者被查询的关键字的个数有限，但是其取值范围很难预测，从理论上来说几乎是无穷多个关键字组成的一个集合。例如，在上面的例子中，我们只知道会来几百个学生入住寝室，但是无法预知这几百个学生的姓名的值。

所以，哈希函数实际上是一个从无限空间映射到有限空间的函数，是一个压缩映像，必然会产生冲突问题。

程序员可以通过精心调整，使得冲突的可能性适当降低，但是并不能完全避免冲突。如何处理冲突，必然会成为哈希表查找和存储中一个非常重要而又必须去面对的问题。在设计一个好的哈希函数之后，必须还要设计一个好的冲突处理机制，这一问题后面再详细

讲述。

7.7.2　哈希函数的构造方法

在本小节中，我们首先完成哈希查找中的第一步，即设计一个好的哈希函数。可以看出，在哈希查找中，哈希函数如何映射完全由程序员来制定。什么样的函数才算是好的散列函数呢？这里有两个原则可供参考。

(1) 计算简单。通过简单的计算得到每个关键字所在的存储地址，这是哈希函数的优势所在。如果计算过于复杂，会使得哈希函数丧失存在的意义。所以，哈希函数的时间复杂度不应该比其他查找技术的时间复杂度高。

(2) 散列地址分布均匀。冲突问题是哈希查找必须要面对的问题，也是其存在的最大缺点。解决冲突的最好办法就是设计一个较好的函数，使得计算后的结果值尽量均匀分布在给定的存储空间中。这样既能减少需要处理的冲突个例，使得运行速度更快；同时，也能提高存储空间的效率，减少不必要的空间申请。

关键字有各种类型，但是不管是英文字符还是中文字符或者其他各种符号，都可以转换为某种数字来进行处理，比如 ASCII 码或者 Unicode 编码等。而实数也能转成整数形式，所以我们只要想办法解决整数类型的哈希函数处理就可以了。下面介绍的几种哈希函数只是抛砖引玉，供程序员在设计时作为参考或从中受到启发。程序员应根据程序的实际应用场合加以分析，设计出一种最适合的哈希函数。

1．直接定址法

关键字的值有其给定的数据类型，而关键字的存储位置，根据编程的特点，有其固有的表示方法。如果我们忽略掉所有的类型信息，将关键字的值和地址(或数组下标、页面号、磁道号等位置信息)都采用同一种表达形式，比如十进制或者二进制形式，则可以设计一个简单的线性函数来表示一种映射关系，如：

$$f(Key) = a \times Key + b \qquad (a、b 是常数) \qquad (7-7)$$

例如：如果现在要按 ID 号来存储 10 个人的相关信息，如表 7-2 所示。那么可以用出生年份这个关键字减去 1000 来作为其存储在一维结构数组中的下标编号。此时，$f(Key) = Key - 1000$。

表 7-2　直接定址法样例示意表

数组下标	ID 号	其他信息
⋮	⋮	⋮
9	1009	…
⋮	⋮	⋮
2011	3011	…
⋮		

这样的散列函数因为是线性变换，计算起来非常简单。因为定义域是均匀分布的，所以值域也是均匀分布的，不会产生冲突。但是问题在于，现实应用中，定义域往往是一个无限的范围空间，所以使得值域也必须无限大，这明显与我们前面介绍的哈希函数的基本

特征(从无限映射到有限)不符。表 7-2 中就有这么一个很明显的破绽，因为我们无法预知要存储的这 10 个人的 ID 号是多少(不仅程序员无法预知，甚至有时候连用户都无法预知自己要存哪 10 个人的 ID 号)，所以，在定义数组时，我们无法确定该数组应该多长。而且，这样做有很明显的空间浪费。

直接定址法要求事先知道关键字的分布情况，要求查找表取值范围很小而且实际存储的数据基本上是按关键字连续的。这样的限制，使得该方法并没有太大的实用价值。

2．数字分析法

有时候我们经常会遇到较长的数字编号作为关键字的情况，例如 18 位长度的身份证号、10 位长度的学号、11 位长度的手机号码等。一般来说，这种较长的数字编号都是由多个分段构成的，每个分段代表了不同的含义。例如：18 位身份证号的前 6 位是办证时本人的户籍所在地编号，中间 8 位是本人的出生日期，后面 4 位是编号；学号中前 4 位是入学年度，中间 3 位是院系班编号，后面 3 位是班内的学号。

假设现在我们要存储某个班的基本信息表，如果采用完整的学号作为关键字，那么极有可能前 7 位都是相同的，而选择后面的 3 位作为散列地址应该是一个不错的选择[①]。如果这样直接简单的抽取工作容易出现问题，则还可以对截取出来的数字进行各种简单处理(例如移位、叠加、前后相减、反转等)。总的目的只有一个，就是针对程序员定义的散列表的地址范围，提供一个较好的映射函数，使其值域正好大致均匀地落在这个地址范围内。

数字分析法提供的不是一种具体的方法，而是一种处理的思路。如果关键字为数字型，位数较长，其中若干位分布比较均匀而其他位数变化较少，则可以考虑采用这种思路去建立映射函数。

3．折叠法

假设现在要存储的不是一个班的所有学生的信息，而是一个学校近 10 年来就读过的 80 名学生的信息，以学号作为关键字。80 名学生的入学年份、专业及班内编号都可能不相同，所以哈希函数的定义域较大，且分布无规律。但是需要存储的学生人数只有 80 个，也就是说，哈希表的长度较短，哈希函数的值域较小。可以采用折叠法来解决这一问题。

折叠法先将关键字分割成位数相等的几部分(最后一部分如果位数不够，可以采取前面补零的做法)，然后将这几部分叠加求和，并按哈希表的表长，取最后几位作为散列地址。

例如：某关键字的值为 9876543210，散列表长为 100[②]。我们可以每 3 位分割成一段，变成 987|654|321|0，然后将它们叠加求和：987 + 654 + 321 + 000 = 1962，然后再截取其中任意 2 位(假设截取最后 2 位)，得到哈希地址为 62。

折叠法适用于事先不知道关键字的分布，且位数较多的情况。

4．除留取余法

除留取余法是最常用的一种构造哈希函数的方法。哈希表长为 m 的哈希函数公式为：

$$\text{Hash(Key)} = \text{Key mod p} \qquad (p \leqslant m) \qquad (7\text{-}8)$$

---

① 这种做法要求班内所有学生的前 7 位要尽量相同。如果因为转班、留级等因素而使得班内学生的学号前 7 位存在较多不一致，则建议应该对映射方法再做调整。

② 虽然只需要存储 80 个数据，但是考虑到哈希函数不可避免的冲突问题，将表长适当延长到 100。冲突处理办法在后面的小节中讲述。

mod 是取余数的意思。事实上，除留取余法可以和其他方法配合起来使用，例如先折叠或者平方之后再取余数。

显而易见，在这个方法中，如果 p 选得不好，可能容易产生同义词。

例如，如表 7-3 所示，我们对有 12 个记录的关键字构造哈希表，采用 f(Key) = Key mod 12 的哈希函数。例如 30 mod 12 = 6，所以将 30 存储在下标为 6 的位置。

表 7-3　除留取余法样例示意表(p=12)

下标	0	1	2	3	4	5	6	7	8	9	10	11
关键字	12	25	38	15	16	29	78	67	56	21	22	47

这种机制也存在冲突的可能性。表 7-3 数据只是一个特例。如果关键字中有 18、30 或者 54 这样的数字，它们的余数都是 6，这就和 78 所对应的下标位置产生了冲突。

假设现在有 n 个元素需要存储，一般来说，我们定义的表长 len 应该是一个比 n 略大一些的数字(考虑到冲突解决机制的需要)。而 p 值的选择，则需要根据这 n 个元素的值的特点来定，尽量使得 n 个数的余数都不一样。如果事先无法得知这 n 个元素的值，则建议 p 选择为小于或等于 len(尽量贴近 len)的一个质数。

例如在上述的哈希函数中，如果要存储的数据为{12，18，24，30，36，42，48，54，60}，则可以把表长定为 12。因为这些数据都含有 6 这个公因子，所以 p 最好不要为 6 的倍数。建议此时可以选择 p=11，如表 7-4 所示。

表 7-4　除留取余法样例示意表(p=11)

下标	0	1	2	3	4	5	6	7	8	9	10	11
关键字		12	24	36	48	60		18	30	42	54	

可以看到，将 p 改成 11 之后，这 9 个数据在哈希表中没有产生冲突，且分布比较均匀，所以这种改动是很成功的。

7.7.3　处理哈希冲突的方法

在 7.7.1 小节中我们指出哈希函数是一种压缩的映像，无论哈希函数设计得多么优秀，都无法避免冲突问题。在上一小节刚讲述的除留取余法的例子中，在 p 改成了 11 后，如果现在要存储 23，必然就会和 12 冲突在 1 号位置；如果要存储 35，必然就会和 24 冲突在 2 号位置。冲突是必然存在的。

在本小节中介绍几种常见的处理哈希冲突的办法。和哈希处理函数一样，冲突处理函数也是由程序员自行设定的，所以，此处介绍的这些方法主要都是起抛砖引玉的作用，供程序员在设计时作为参考或从中受到启发。

1. 开放定址法

1) 定义

所谓的开放定址法，就是在发生冲突的时候，想办法去重新寻找该元素的空的散列地址，并将记录存进去。

设 Hash(Key)为哈希函数，m 为哈希表长，则开放定址法的计算公式为

$$H_i = (Hash(Key) + d_i) \mod m \qquad (i = 1, 2, \cdots, m-1) \qquad (7\text{-}9)$$

在理解这个公式时，需要注意以下几点：

(1) 开放定址法解决冲突时，不是一个公式，而是一套公式。当采用哈希函数的结果 Hash(Key)来定址发生冲突时，根据公式采用 d_1 计算得到第一个冲突处理结果地址 H_1；如果 H_1 仍然与哈希表中某数据冲突，则根据公式采用 d_2 计算得到第二个冲突处理结果地址 H_2，依此类推，直到得到的地址不再冲突为止。这套公式一共有 m−1 个，当 d_i 的值取得较好时，必然能够解决冲突。

(2) 公式中是 mod m，即对表长取余，不是 mod p。(p 是 Hash 函数中"除留取余法"公式中的除数，别记混了)

(3) 公式中是 Hash(Key) + d_i，不是 Key + d_i。

2) 分类

根据式(7-9)中增量序列 $d_i(i = 1, 2, \cdots, m-1)$取值的不同，开放定址法可以再细分成下面三种：

(1) $d_i(i = 1, 2, \cdots, m-1)$，称为**线性探测**冲突处理方法；

(2) $d_i = 1^2, -1^2, 2^2, -2^2, 3^2, -3^2, \cdots, \pm k^2$ ($k \leqslant m/2$)，称为**二次探测**冲突处理方法；

(3) $d_i =$ 伪随机数序列，称为**随机探测**冲突处理方法。

例如，如图 7-29(a)所示，在长度为 11 的哈希表中已填入关键字分别为 17、60、29 的记录(哈希函数为 Hash(Key)=Key mod 11)，现在有第 4 个记录，其关键字是 38。

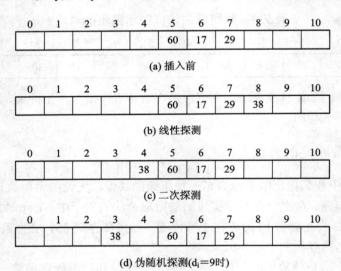

图 7-29　用开放定址法处理冲突时的哈希表

(1) 如果采用线性探测冲突处理方法，可以得到下面的计算结果：

$$H(38) = 38 \mod 11 = 5 \quad (冲突)$$
$$H_1 = (5 + 1) \mod 11 = 6 \quad (冲突)$$
$$H_2 = (5 + 2) \mod 11 = 7 \quad (冲突)$$
$$H_3 = (5 + 3) \mod 11 = 8$$

即经过 4 次运算，3 次冲突处理后才得到关键字"38"的存储地址为 8，如图 7-29(b)所示。

从这个例子可以看出，当表中 i、i + 1、i + 2 等位置上已有记录时，下一个哈希地址为 i、i + 1、i + 2、i + 3 的记录都将填入到 i + 3 这个位置上。这种在冲突处理过程中发生的两个哈希函数结果不同的记录在和表中数据发生冲突后争夺同一个冲突处理地址的现象，叫做"**二次聚集**"或"**堆积**"。即在处理同义词的冲突时又加入了非同义词的冲突。

这种堆积现象会增加冲突处理的无效计算次数，提高查找算法的时间复杂度，同时也会使得哈希表中数据的存放位置不均匀。但是，同样也正是因为这种堆积现象，使得线性探测冲突处理方法能够确保：只要哈希表未填满，则总能找到一个不会发生冲突的地址来存储当前元素。

(2) 如果采用二次探测冲突处理方法，则可以得到下面的计算结果：
$$H(38) = 38 \bmod 11 = 5 \quad (冲突)$$
$$H_1 = (5 + 1) \bmod 11 = 6 \quad (冲突)$$
$$H_2 = (5 - 1) \bmod 11 = 4$$

即经过 3 次运算，2 次冲突处理后才得到关键字"38"的存储地址为 4，如图 7-29(c)所示。

可以看出，二次探测冲突处理计算，在原有的冲突位置左右来回震荡，且震荡幅度呈幂级增长，能迅速远离原有的冲突位置，避免了线性探测中出现的堆积现象，使得冲突处理的结果地址更加分散和均匀。但是这种方法不能确保总能找到一个空位来存储要解决冲突的元素。

(3) 如果采用随机探测冲突处理方法，则需要选取一个随机函数 random(key)，用关键字 key 作为函数参数，以函数返回的结果值作为 d_i 的值。在本例中，假设此次函数返回值为 9，则有
$$H(38) = 38 \bmod 11 = 5(冲突)$$
$$H_1 = ((5 + random(38)) \bmod 11 = ((5 + 9)) \bmod 11 = 3$$

需要注意的是，计算机程序并不可能实现真正意义上的随机函数。因为 random()函数在具体编程实现时本质上是一个伪随机函数，所以业内也称之为"伪随机探测"。

2．再哈希法

再哈希法的思路非常简单：事先另外准备一套备用的哈希函数(与原哈希函数完全不同)，当发生哈希冲突时，采用备用的哈希函数对冲突的关键字进行计算，得到哈希结果，如果仍冲突则再换函数去计算。这种方法使得关键字不容易产生堆积，但是会增加计算的时间复杂度。

3．链地址法

链地址法采用了一种与前面方法完全不同的思路。产生哈希函数冲突的直接原因是两个或多个元素都想存储在同一个位置。如果我们能够想办法，使得这同一个位置能够表达出多个冲突元素的信息，那么冲突问题自然迎刃而解，也无需再去单独设计冲突处理函数了。

在这种思路的引领下，链地址法诞生了。我们可以通过一个表头指针遍历单链表中的

所有元素，也能通过一个指向根结点的指针访问二叉链表的所有结点，那么如果将查找表进行结构调整，不直接存储数据，而是存储指向某种数据结构(哈希地址相同的元素存放在同一个数据结构(例如单链表)中)的指针，则可以解决冲突问题。新增冲突元素时，只需要在该数据结构中新增信息结点即可。

例如，已知有 12 个关键字为{19, 14, 23, 01, 68, 20, 84, 27, 55, 11, 10, 79}，假设哈希函数为 Hash(Key)=Key mod 13，冲突处理方法采用链地址法，则可以得到图 7-30 所示的结果。

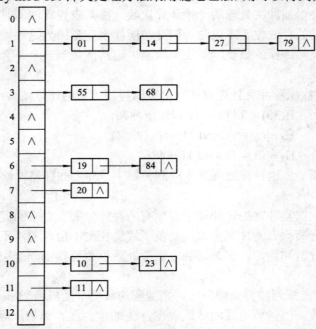

图 7-30　链地址法处理冲突时的哈希表(同一链表中关键字从小到大有序)

可以看出，此时哈希表已经不再是整型数组，而是一个指针数组。冲突的元素用单链表进行链接，并按照数值增序进行存放。如果所有的单链表都特别长，那么从理论上来讲，甚至可以换成用二叉排序树来存放。

4. 公共溢出区法

公共溢出区的方法其实很好理解。你不是冲突么？好，凡是冲突的都跟我走，我另外给你们开辟一块区域来让你们待着去！在上面的例子中，我们有{01, 84, 27, 55, 11, 10, 79}这 7 个关键字与之前的关键字位置产生冲突，那么就开辟一个溢出表(溢出表长可以小于基本表长)，然后将这 7 个关键字存储到溢出表中，如图 7-31 所示。

图 7-31　公共溢出区法处理冲突时的哈希表

在查找的时候，对给定值通过哈希函数计算出哈希地址后，先与基本表中相应的位置进行比对，如果相等，则查找成功；如果不相等，则到溢出表去进行顺序查找。

7.7.4 哈希查找的性能分析

在进行性能分析之前，我们先通过一个例子来对哈希查找做一个全面的示范。

例如：已知有 12 个关键字为 {19, 14, 23, 01, 68, 20, 84, 27, 55, 11, 10, 79}，假设哈希函数设为 Hash(Key)=Key mod 13，冲突处理方法采用线性探测法，则可以得到图 7-32 所示的结果。

0	1	2	3	4	5	6	7	8	9	10	11	12	13	14	15
	14	01	68	27	55	19	20	84	79	23	11	10			

图 7-32 "除留取余法 + 线性探测法"处理冲突时的哈希表

其计算过程如下：

$H(19) = 19 \bmod 13 = 6$

$H(14) = 14 \bmod 13 = 1$

$H(23) = 23 \bmod 13 = 10$

$H(01) = 01 \bmod 13 = 1$ （冲突） $\quad H_1(01) = (1 + 1) \bmod 13 = 2$

$H(68) = 68 \bmod 13 = 3$

$H(20) = 20 \bmod 13 = 7$

$H(84) = 84 \bmod 13 = 6$ （冲突） $\quad H_1(84) = (6 + 1) \bmod 13 = 7$ （冲突）

$\qquad\qquad\qquad\qquad\qquad\qquad\qquad H_2(84) = (6 + 2) \bmod 13 = 8$

$H(27) = 27 \bmod 13 = 1$ （冲突） $\quad H_1(27) = (1 + 1) \bmod 13 = 2$ （冲突）

$\qquad\qquad\qquad\qquad\qquad\qquad\qquad H_2(27) = (1 + 2) \bmod 13 = 3$ （冲突）

$\qquad\qquad\qquad\qquad\qquad\qquad\qquad H_3(27) = (1 + 3) \bmod 13 = 4$

$H(55) = 55 \bmod 13 = 3$ （冲突） $\quad H_1(55) = (3 + 1) \bmod 13 = 4$ （冲突）

$\qquad\qquad\qquad\qquad\qquad\qquad\qquad H_2(55) = (3 + 2) \bmod 13 = 5$

$H(11) = 11 \bmod 13 = 11$

$H(10) = 10 \bmod 13 = 10$ （冲突） $\quad H_1(10) = (10 + 1) \bmod 13 = 11$ （冲突）

$\qquad\qquad\qquad\qquad\qquad\qquad\qquad H_2(10) = (10 + 2) \bmod 13 = 12$

$H(79) = 79 \bmod 13 = 1$ （冲突） $\quad H_1(79) = (1 + 1) \bmod 13 = 2$ （冲突）

$\qquad\qquad\qquad\qquad\qquad\qquad\qquad H_2(79) = (1 + 2) \bmod 13 = 3$ （冲突）

$\qquad\qquad\qquad\qquad\qquad\qquad\qquad H_3(79) = (1 + 3) \bmod 13 = 4$ （冲突）

$\qquad\qquad\qquad\qquad\qquad\qquad\qquad H_4(79) = (1 + 4) \bmod 13 = 5$ （冲突）

$\qquad\qquad\qquad\qquad\qquad\qquad\qquad H_5(79) = (1 + 5) \bmod 13 = 6$ （冲突）

$\qquad\qquad\qquad\qquad\qquad\qquad\qquad H_6(59) = (1 + 6) \bmod 13 = 7$ （冲突）

$\qquad\qquad\qquad\qquad\qquad\qquad\qquad H_7(79) = (1 + 7) \bmod 13 = 8$ （冲突）

$\qquad\qquad\qquad\qquad\qquad\qquad\qquad H_8(79) = (1 + 8) \bmod 13 = 9$

上面的计算过程一共有 30 个式子，有 12 个元素。

所以查找成功的平均查找长度为

$$YASL = \frac{1}{12}(1次 \times 6个 + 2次 \times 1个 + 3次 \times 3个 + 4次 \times 1个 + 9次 \times 1个) = \frac{30}{12} = 2.5$$

而在 7.7.3 小节介绍的链地址法处理冲突实例中，其查找成功的平均查找长度为

$$YASL = \frac{1}{12}(1次 \times 2个 + (1+2)次 \times 3个 + (1+2+3+4)次 \times 1个) = \frac{21}{12} = 1.75$$

最后，我们对哈希查找的性能做一个简单分析。如果没有冲突，哈希查找是本章介绍的所有查找方法中效率最高的，因为它的时间复杂度可以实现 O(C)，即常数级。但是，很可惜，这只是如果。没有冲突的哈希函数只是一种理想状况。在实际应用中，冲突是不可避免的。那么哈希查找的平均查找长度(ASL)取决于哪些因素呢？

(1) 哈希函数是否均匀。哈希函数的好坏直接影响着出现冲突的频繁程度。不过，由于不同的哈希函数对同一组随机的关键字产生冲突的可能性是相同的，因此我们可以不考虑它对平均查找长度的影响。

(2) 处理冲突的方法。相同的关键字、相同的哈希函数，但是处理冲突的方法不同，会使得平均查找长度不同。比如线性探测处理冲突可能会产生堆积，显然没有二次探测方法好，而链地址法处理冲突不会产生任何堆积，因为具有更佳的平均查找性能，但是会牺牲一定的存储空间。

(3) 哈希表的装填因子。

所谓的装填因子 α 有如下的定义：

$$\alpha = \frac{填入表中的记录个数}{哈希表长度} \tag{7-10}$$

α 标志着哈希表装满的程度。填入表中的记录越多，α 就越大，产生冲突的可能性就越大。如果哈希表长度为 12，而填入表中的记录个数为 11，那么装填因子 α=11/12=0.9167。再填入最后一个关键字产生冲突的可能性就非常大。也就是说，哈希表的平均查找长度取决于装填因子，而不是取决于查找集合中记录的个数。

不管记录个数 n 有多大，总可以选择一个合适的装填因子，以便将平均查找长度限定在一个范围内。此时哈希查找的时间复杂度就成为了常数级 O(C)。为了做到这一点，通常都将哈希表的表长空间设置得比查找集合要大一些。这样虽然浪费了一定的空间，但是换来的是查找效率的大大提升，总的来说，这种代价是值得的。

习　　题

1. 假定元素类型为 int，在数组中的存放顺序为无序，请编写一个函数实现顺序查找算法(数组长度、数组名称、查找关键字均为函数参数)。

2. 假定元素类型为 int，在数组中的存放顺序为无序，请编写一个函数实现改进后的顺序查找算法(数组长度、数组名称、查找关键字均为函数参数)。

3. 假定元素类型为 int，在数组中的存放顺序为单调递增顺序，请编写一个非递归的函数实现折半查找算法(数组长度、数组名称、查找关键字均为函数参数)。

4．假定元素类型为 int，在数组中的存放顺序为单调递增顺序，请编写一个递归的函数实现折半查找算法(数组长度、数组名称、查找关键字均为函数参数)。

5．写出二叉排序树的插入结点的递归算法，并利用插入算法写出建立一个有 n 个结点的二叉排序树的算法。

6．简述平衡二叉树中调整平衡的具体做法。

7．关键字序列 A=(90, 36, 24, 63, 35, 97, 27, 40, 14, 32, 55, 48)共 12 个数，哈希表长为 13，采用的哈希函数为：H(Key)=Key%13。

(a) 如果采用开放定址法的线性探测再哈希法来解决冲突，请构造哈希表，并求其平均查找长度。

(b) 如果采用开放定址法的二次探测再哈希法来解决冲突，请构造哈希表，并求其平均查找长度。

8．编写一个算法，判断给定的二叉树是否是二叉排序树。

9．设哈希函数为 H(Key)=Key%13，编写一个采用链地址法来解决冲突的哈希表插入函数。

第 8 章 排 序

　　排序是计算机程序设计中的一种重要操作，其功能是将一个任意序列的数据元素，通过排序算法重新排列成一个按关键字有序的序列。

　　本章主要介绍排序的概念、排序的思想及其方法。

8.1　排序概述

　　排序是计算机数据元素处理的重要内容。排序是指将一个任意序列的数据元素重新排列成按关键字有序的序列。按关键字排序后的元素可以有效提高其他相关算法的效率，如在查找中对于有序序列可以采用折半查找。

　　当任意待排序序列中有关键字相等的情况时，则排序前的序列和排序后的序列中数据元素前后关系保持不变称为排序方法是稳定的，数据元素的前后关系发生变化称为排序方法是不稳定的。由于是任意排序序列，所以只要有一组序列反例即可以说明排序算法是不稳定排序。

　　有序序列可以是升序或降序，没有特别说明表示默认按升序序列方式描述。本章采用的排序算法，没有特别说明均认为数据元素是顺序存储的线性表。

8.2　插入排序

　　将一个元素插入到有序的序列当中，让该序列依然有序就是插入排序的核心思想。

　　只有一个元素的序列可以看成是一个有序序列。如果前 m 个元素已经是有序序列，则将第 m+1 个元素插入到有序序列中，保持 m+1 个元素有序。

8.2.1　直接插入排序

　　直接插入排序的基本思想是将一个元素直接插入到有序序列中，保持该序列有序。

　　如原始序列为：

　　　　72 41 26 45 5 83 3 37 82 45

　　首先认为第 1 个元素 72 就是一个有序序列，将 41 插入到该序列中形成新的有序序列为：

<u>41 72</u> 26 45 5 83 3 37 82 <u>45</u>

再将 26 插入到有序序列中为：

<u>26 41 72</u> 45 5 83 3 37 82 <u>45</u>

其后序列依次如下：

<u>26 41 45 72</u> 5 83 3 37 82 <u>45</u>

<u>5 26 41 45 72</u> 83 3 37 82 <u>45</u>

<u>5 26 41 45 72 83</u> 3 37 82 <u>45</u>

<u>3 5 26 41 45 72 83</u> 37 82 <u>45</u>

<u>3 5 26 37 41 45 72 83</u> 82 <u>45</u>

<u>3 5 26 37 41 45 72 82 83</u> <u>45</u>

3 5 26 37 41 45 <u>45</u> 72 82 83

直接插入排序的具体实现如代码 8.1 所示。

```
/*********************************************************

        代码 8.1——直接插入排序

*********************************************************/
#include <stdio.h>
#define N 10          //简化代码，使用宏定义，对 10 个元素排序
int main(void)
{
    int i, j;          //循环用，同时标识下标位置
    int temp;          //临时存放要插入的元素
    int a[N] = {72, 41, 26, 45, 5, 83, 3, 37, 82, 45};      //简化代码，使用初始化方式


    //直接插入排序的核心代码
    for (i = 1; i < N; i++)          //从第 2 个元素开始依次插入到前面有序序列
    {
        temp = a[i];
        for (j = i - 1; j >= 0; j--)          //从有序序列的最后开始，依次往前面比较
        {
            if (a[j] > temp)          //只要序列元素大
            {
                a[j+1] = a[j];          //将序列元素往后面挪动
            }
            else          //若序列元素小了，则需要将新元素插入到该元素之后
            {
                break;
            }
        }
        a[j+1] = temp;          //将新元素插入到该序列之后
```

```
        }

        for (i = 0; i < N; i++)
        {
                printf("%d ", a[i]);
        }
        printf("\n");
        return 0;

    }
```
程序运行结果如图 8-1 所示。

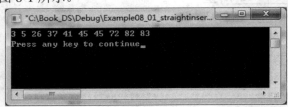

图 8-1   直接插入排序算法运行结果

直接插入排序是稳定排序算法，时间复杂度为 $O(n^2)$，空间复杂度为 $O(1)$。

8.2.2   希尔排序

希尔排序是借用直接插入排序的基本思想改进后得到的。在直接插入排序中，若待排序元素较小，将其排到其有序的位置上要大量移动元素，导致时间开销过大。在希尔排序中引入了增量 d，即对间隔 d 宽度的元素组使用插入排序，这样小元素一次移动 d 的位置，可以较快地移动到其附近的位置，以提高排序效率。

如原始序列为

72 41 26 45 5 83 3 37 82 45

以增量 d=5 进行排序，即间隔为 5 的元素为一组进行直接插入排序，这样，72 和 83 为一组，41 和 3 为一组，26 和 37 为一组，45 和 82 为一组，5 和 45 为一组进行直接插入排序，得到

72 3 26 45 5 83 41 37 82 45

可见，3 可以快速地移动到前面，其次再以增量 d=3 进行排序，间隔为 3 的元素为一组排序后为

41 3 26 45 5 82 45 37 83 72

最后一次以增量 d=1 进行排序(即标准直接插入排序)，此时由于各元素都在其最终位置附近，元素移动量不大，可以得到最终的有序序列。

希尔排序的具体实现如代码 8.2 所示。

```
/************************************************************

            代码 8.2——希尔排序

*************************************************************/
```

```c
#include <stdio.h>
#define N 10
#define M 3                       //增量序列元素个数
void HSort(int a[], int pos, int d);
int main(void)
{
    int i, j;
    int a[N] = {72, 41, 26, 45, 5, 83, 3, 37, 82, 45};
    int dk[M] = {5, 3, 1};         //增量间隔序列
    for (i = 0; i < M; i++)
    {
        for (j = 0; j < dk[i]; j++)
        {
            HSort(a, j, dk[i]);   //对顺序表中初始位置为 j，间隔为 dk[i]进行直接插入排序
        }
    }

    for (i = 0; i < N; i++)
    {
        printf("%d ", a[i]);
    }
    printf("\n");
    return 0;
}

//增量为 d，对初始位置是 pos 这一组间隔为 d 的元素直接插入
void HSort(int a[], int pos, int d)
{
    int i, j, temp;
    for (i = pos + d; i < N; i = i + d)
    {
        temp = a[i];
        for (j = i - d; j >= 0; j = j - d)
        {
            if (a[j] > temp)
            {
                a[j + d] = a[j];
            }
            else
```

```
            {
                break;
            }
        }
        a[j + d] = temp;
    }
}
```

本例中，我们给出了一组已知数据，进行希尔排序，程序运行结果如图 8-2 所示。

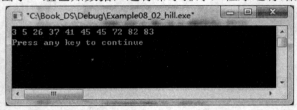

图 8-2　希尔排序算法运行结果

希尔排序是非稳定排序，其时间复杂度与增量的选择有关，一般在 $O(n^{1.3}) \sim O(n^{1.5})$ 之间，空间复杂度为 $O(1)$。

希尔排序的增量序列是一个递减序列，序列中元素之间互素，序列的最后一个元素为 1。

8.3　交 换 排 序

8.3.1　冒泡排序

冒泡排序(也称起泡排序)的基本思想是对两个相邻的元素进行比较，如果有序则不进行操作，如果相邻的元素不符合有序，则交换之。

如原始序列为

　　72 41 26 45 5 83 3 37 82 45

第一次比较 72 和 41，不符合序列交换之；跟着比较 72 和 26，交换；比较 72 和 45，交换；比较 72 和 5，交换；比较 72 和 83，不交换；比较 83 和 3，交换；比较 83 和 37，交换；比较 83 和 82，交换；比较 83 和 45，交换。循环一遍后序列为

　　41 26 45 5 72 3 37 82 45 83

冒泡算法循环一遍后最大的元素会移动到最后。第二次循环结束后序列为

　　26 41 5 45 3 37 72 45 82 83

其后序列依次为

　　26 5 41 3 37 45 45 72 82 83

　　5 26 3 37 41 45 45 72 82 83

　　5 3 26 37 41 45 45 72 82 83

　　3 5 26 37 41 45 45 72 82 83

代码 8.3 描述了已知一组数据进行冒泡排序的完整过程。

```
/***********************************************************
                代码 8.3——冒泡排序
***********************************************************/
#include <stdio.h>
#define N 10
int main(void)
{
    int i, j;
    int temp;    //交换用临时空间
    int flag;    //标志，用于判定是否已经完成排序
    int a[N] = {72, 41, 26, 45, 5, 83, 3, 37, 82, 45};

    for (i = 0; i < N - 1; i++)          //对于 N 个元素，只需要进行 N-1 次循环即排序完成
    {
        flag = 0;
        for (j = 0; j < N - i - 1; j++)  //最后 i 个元素已有序，不需要参与比较，1 对应 j+1 不越界
        {
            if (a[j] > a[j+1])
            {
                temp = a[j];
                a[j] = a[j+1];
                a[j+1] = temp;
                flag = 1;
            }
        }
        if (flag == 0)      //如果 flag 还是 0，表示 flag=1 语句未执行，即某次循环相邻元素的
                            //序列均符合有序(没有交换)，此时排序已完成
        {
            break;
        }
    }

    for (i = 0; i < N; i++)
    {
        printf("%d ", a[i]);
    }
    printf("\n");
    return 0;
}
```

可以看到，由于有 flag 的作用，当这组数的顺序不同时，通过该程序执行的次数也不同，程序运行结果如图 8-3 所示。

图 8-3　冒泡排序算法运行结果

冒泡排序是稳定排序算法，其时间复杂度为 $O(n^2)$，空间复杂度为 $O(1)$。

8.3.2　快速排序

快速排序的基本思想是通过一个元素(该元素称为枢轴)，将剩余元素分割为两部分，小的在该元素前，大的在该元素后。然后对左、右两部分元素再用该思想进行分割，直到最后有序。

如原始序列为

72 41 3 45 5 83 26 37 82 44

默认以该段的第 1 个元素为枢轴，进行第 1 次划分，每次划分的第 1 步是将该段最后的元素和枢轴比较，小于枢轴就交换数据同时变换比较方向，大于枢轴则继续下一元素比较。

第 1 步后序列变为 44 41 26 45 5 83 3 37 82 44，由于交换了元素，方向就从前面向后比。小于枢轴则继续下一元素，大于则交换数据同时变换比较方向。

第 2 步后序列不变(41 小于 72)，第 3、4、5 步均不变(26、45、5 均小于 72)。

第 6 步 83 大于 72，序列变为 44 41 26 45 5 83 3 37 82 83，同时变换比较方向。

第 7 步 82 大于 72，序列不变。

第 8 步 37 小于 72，序列变为 44 41 26 45 5 37 3 37 82 83，第 9 步序列不变，第 10 步由于从后往前的下标与从前往后的下标相同，表示已将其他元素分为两个部分，此时将枢轴存放到该位置就完成第 1 次的划分，结果序列为

44 41 3 45 5 37 26 72 82 83

第 2 次划分是对其左半和右半分别使用快速排序，序列变为

26 41 3 37 5 44 45 72 82 83

通过递归再次划分为

5 3 26 37 41 44 45 72 82 83

再划分结果为

3 5 26 37 41 44 45 72 82 83

代码 8.4 表现了对一组已知数据进行快速排序的过程。

```
/************************************************
                代码 8.4——快速排序
************************************************/
```

```c
#include <stdio.h>
#define N 10
int QSort(int a[], int first, int end);
void QuickSort(int a[], int first, int end);
int main(void)
{
        int i;
        int a[N] = {72, 41, 3, 45, 5, 83, 26, 37, 82, 44};

        QuickSort(a, 0, N - 1);

        for (i = 0; i < N; i++)
        {
                printf("%d ", a[i]);
        }
        printf("\n");
        return 0;

}


void QuickSort(int a[], int first, int end)
{
        int mid;
        if (first < end)
        {
                mid = QSort(a, first, end);
                QuickSort(a, first, mid-1);
                QuickSort(a, mid+1, end);
        }
}


int QSort(int a[], int first, int end)
{
        int pivot = a[first];           //枢轴

        while (first < end)
        {
                while (pivot <= a[end] && first < end)
                {
                        end--;
```

```
            }
            a[first] = a[end];
            while (pivot >= a[first] && first < end)
            {
                first++;
            }
            a[end] = a[first];
        }
        a[first] = pivot;

        return first;                    //返回枢轴位置
    }
```
程序运行结果如图 8-4 所示。

图 8-4　快速排序算法运行结果

　　快速排序是不稳定排序算法，其时间复杂度为枢轴相关，如果枢轴在序列中间则可以快速将整个序列分为两个部分，效率会很高，若枢轴在序列两端则不能很好地划分为两个部分，效率会变低。其平均时间复杂度为 O(nlbn)，最坏情况下时间复杂度为 O(n²)，空间复杂度为 O(lbn)。

8.4　选 择 排 序

　　选择排序是指通过选择符合条件的元素放在指定位置，使数据有序。

8.4.1　简单选择排序

　　简单选择排序是指从序列当中依次选取最小的、次小的、…与相对应该元素所在位置元素交换，来获得最终有序结果。
　　如原始序列为
　　　　72 41 26 45 5 83 3 37 82 <u>45</u>
　　使用下标记录找到最小元素 3 和第 1 个元素 72 交换，序列变为
　　　　3 41 26 45 5 83 72 37 82 <u>45</u>
　　再从第 2 个元素查找下一个最小元素 5 和第 2 个元素 41 交换，序列变为
　　　　3 5 26 45 41 83 72 37 82 <u>45</u>

其后该序列依次变为

3 5 26 45 41 83 72 37 82 <u>45</u>

3 5 26 37 41 83 72 45 82 <u>45</u>

3 5 26 37 41 83 72 45 82 <u>45</u>

3 5 26 37 41 45 72 83 82 <u>45</u>

3 5 26 37 41 45 <u>45</u> 83 82 72

3 5 26 37 41 45 <u>45</u> 72 82 83

简单选择排序的具体实现如代码 8.5 所示。

```
/**********************************************
            代码 8.5——简单选择排序
***********************************************/
#include <stdio.h>
#define N 10
int main(void)
{
    int i, j, k, temp;
    int a[N] = {72, 41, 26, 45, 5, 83, 3, 37, 82, 45};
    for (i = 0; i < N; i++)
    {
        k = i;                  //i 是要交换位置的元素下标，k 记录下标
        for (j = i+1; j < N; j++)   //从 i 下个元素位置开始查找小值，之前已经正确
        {
            if (a[j] < a[k])
            {
                k = j;          //记录新的小的元素下标
            }
        }
        if (k != i)
        {
            temp = a[k];
            a[k] = a[i];
            a[i] = temp;
        }
        print(a);
    }

    for (i = 0; i < 10; i++)
    {
        printf("%d ", a[i]);
```

```
        }
        printf("\n");
        return 0;
    }
```

程序运行结果如图 8-5 所示。

图 8-5　简单选择排序算法运行结果

简单选择排序是不稳定排序算法，其时间复杂度为 $O(n^2)$，空间复杂度为 $O(1)$。

8.4.2　堆排序

堆排序算法采用完全二叉树的数组存放形式，而且可以快速查找(输出)前几个符合条件的数据。

1．堆定义

堆定义(大堆顶)：堆是一棵完全二叉树，该二叉树的树根最大(大于等于其他所有结点和叶子)，其上每一棵子树的树根均大于等于子树上的其他结点和叶子，如图 8-6 所示。小堆顶是树根最小，每棵子树的树根小于等于该子树上的其他结点和叶子。

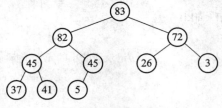

图 8-6　堆(大堆顶)

2．堆排序的算法

1) 将二叉树调整为堆

对于一个无序序列：72 41 26 45 5 83 3 37 82 45，将该序列看成一棵完全二叉树，则该二叉树如图 8-7 所示。

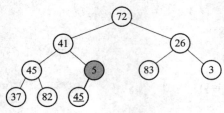

图 8-7　原始序列

该二叉树不是堆,需要将其调整为堆。将一棵二叉树调整为堆的步骤是:

(1) 从倒数最后一个非叶子结点开始(即 n/2 那个元素),将该子树调整为堆,调整方法是将树根与其左、右子树比较,若子树根大则不需要调整;若其左、右子树大于该子树根,则将大的元素与该子树根交换。调整后如图 8-8 所示。

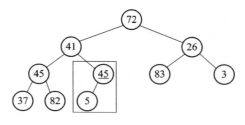

图 8-8　调整堆第 1 步(倒数第 n/2 步)

(2) 调整下一个非叶子结点(n/2−1),调整后如图 8-9 所示。

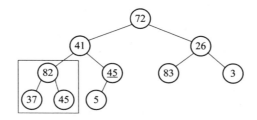

图 8-9　调整堆第 2 步(倒数第 n/2−1 步)

(3) 再调整后如图 8-10 所示。

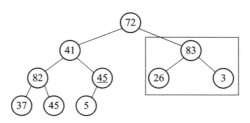

图 8-10　调整堆第 3 步(倒数第 n/2−2 步)

(4) 子树根(树根)与其左、右孩子交换以后,还要在其左、右子树上继续调整。如图 8-10 所示,对于子树根是 41 的子树,将其与左孩子 82 结点交换以后,新形成的左子树不符合堆要求,所以需要继续向下调整,直到叶子结点。调整后如图 8-11 所示。

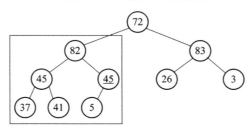

图 8-11　调整堆倒数第 2 步(正数第 n/2−1 步)

(5) 调整后如图 8-12 所示。

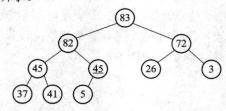

图 8-12 调整为堆(倒数第 1 步，正数第 n/2 步)

此时已将原始序列调整为堆(大堆顶，树根就是最大元素)。为使最终序列变为有序序列，还需要进行后续处理。

2) 对堆进行后续处理

(1) 先将树根与最后一个元素交换。如图 8-13 所示。

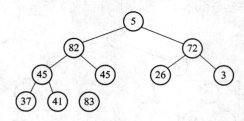

图 8-13 交换首、尾元素

(2) 将前 n−1 个元素调整为堆。由于只有树根元素发生变化，故只需要从树根开始直接调整就可以了(其他子树符合堆要求)。如图 8-14 所示。

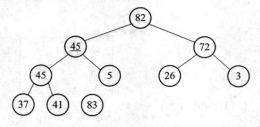

图 8-14 将前 n−1 个元素调整为堆

(3) 将树根与第 n−1 个元素交换，并调整 n−2 个元素为堆，如图 8-15 所示。

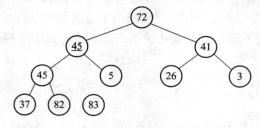

图 8-15 将前 n−2 个元素调整为堆

(4) 重复该操作，依次交换并重新调整堆，如图 8-16(a)~(g)所示。

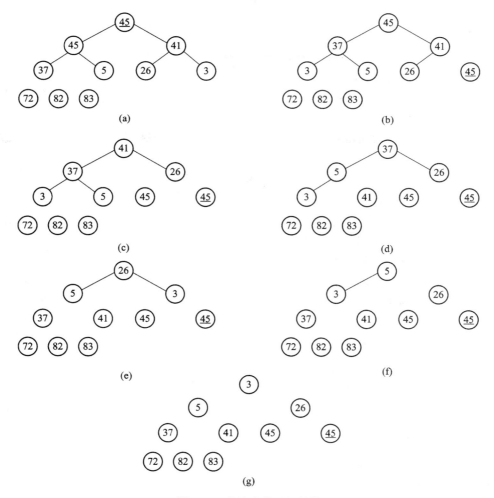

图 8-16　依次交换及调整堆

　　最终存储的数据为升序，需要建立大堆顶。如果将调整为堆的树根依次输出可以得到一个降序序列。

3) 堆排序的程序代码

堆排序的具体实现如代码 8.6 所示。

```
/*********************************************************

        代码 8.6——堆排序

*********************************************************/
#include <stdio.h>
#define N 10
void AdjustHeap(int a[], int pos, int n);

int main(void)
{
```

```
        int i;
        int temp;
        int a[N] = {72, 41, 26, 45, 5, 83, 3, 37, 82, 45};
        //将二叉树调整为堆
        for (i = (N-1) / 2; i >= 0; i--)
        {
                AdjustHeap(a, i, N);    //以下标 i 为子树根，将该子树调整为堆，不超过 N 个元素
        }
        //交换第 1 个与当前最后 1 个，并将剩余元素调整为堆(不含当前最后 1 个)
        for (i = N-1; i >= 1; i--)
        {
                temp = a[0];
                a[0] = a[i];
                a[i] = temp;
                AdjustHeap(a, 0, i);
        }
        for (i = 0; i < N; i++)
        {
                printf("%d ", a[i]);
        }
        printf("\n");
        return 0;
}


void AdjustHeap(int a[], int pos, int n)
{
        int left, temp;
        temp = a[pos];
        for (left = 2*(pos+1)-1; left < n; left = 2*(left+1)-1)
        {
                if (left < n-1 && a[left] <= a[left+1])
                {
                        left++;
                }
                if (temp > a[left])
                {
                        break;
                }
                a[pos] = a[left];
```

```
            pos = left;
        }
        a[pos] = temp;
    }
```

程序运行结果如图 8-17 所示。

图 8-17　堆排序算法运行结果

堆排序是不稳定排序算法,其时间复杂度为 O(nlbn),空间复杂度为 O(1)。

8.5　归　并　排　序

归并排序是指依靠递归思维,将两个有序序列合并为一个有序序列。将大量数据分为两部分(也可以分为多个部分),然后对每部分再进行类似分割,直到该部分剩余 1 个元素,将两个只有 1 个元素的序列合并为一个有序序列。

如原始序列为

　　72 41 26 45 5 83 3 45

每一个元素是有序的,将两个有序序列(如 72 这个序列和 41 这个序列)进行合并,结果为

　　41 72　26 45　5 83　3 45

再将前面两个有序序列进行合并,结果为

　　26 41 45 72　3 5 45 83

最后序列变为

　　3 5 26 41 45 45 72 83

代码 8-7 描述了归并排序的过程。

```
/****************************************************
                代码 8.7——归并排序
 ****************************************************/
#include <stdio.h>
#include <stdlib.h>
#define N 8
void mergesort(int a[], int first, int end);
void merge(int a[], int first, int mid, int end);
int main(void)
{
```

```
        int i;
        int a[N] = {72, 41, 26, 45, 5, 83, 3, 45};

        mergesort(a, 0, N-1);

        for (i = 0; i < N; i++)
        {
                printf("%d ", a[i]);
        }
        printf("\n");
        return 0;
}


void mergesort(int a[], int first, int end)
{
        int mid;

        if (first < end)
        {
            mid = (first + end) / 2;
            mergesort(a, first, mid);
            mergesort(a, mid + 1, end);
            merge(a, first, mid, end);
            print(a);
        }
}


void merge(int a[], int first, int mid, int end)
{
        int i, j, k;
        int *b = (int *)malloc(sizeof(int) * (end - first + 1));        //动态分配内存
        for (i = first, j = mid+1, k = 0; i <= mid && j <= end; k++)
        {
            if (a[i] < a[j])
            {
                    b[k] = a[i++];
            }
            else
            {
```

```
                    b[k] = a[j++];
                }
            }
        if (i <= mid)
        {
                for ( ; i <= mid; i++, k++)
                {
                    b[k] = a[i];
                }
        }
        if (j <= end)
        {
                for ( ; j <= end; j++, k++)
                {
                    b[k] = a[j];
                }
        }
        for (k = 0, i = first; i <= end; i++, k++)
        {
                a[i] = b[k];
        }
    }
```

程序运行结果如图 8-18 所示。

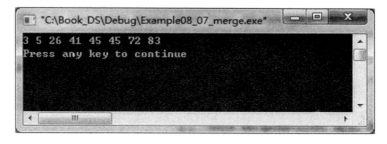

图 8-18　归并排序算法运行结果

二路归并排序是稳定排序算法，其时间复杂度为 O(nlbn)，空间复杂度为 O(n)。

8.6　基 数 排 序

基数排序是借助多关键字的思想对单逻辑关键字进行排序的方法。通过"分配"和"收集"两种操作对单逻辑关键字进行排序。基数排序很适合链式结构，如果使用顺序存储则在"分配"时需要较大的辅助空间。

1. 基数排序算法

如原始序列为

     680 358 161 374 886 860 710 513 628 174 493 180

基数排序步骤如下。

(1) 先将其按个位关键字进行分组(分桶),如下所示:

    0:680 860 710 180

    1:161

    2:

    3:513 493

    4:374 174

    5:

    6:886

    7:

    8:358 628

    9:

即按每个数的个位进行分组,将个位为 0 的划分为一组,为 1 的划分为一组,… 由于有初始顺序,则在分组时排在前面个位为 0 的在该组中依然排在前面。

(2) 再将分组的数据按个位从 0 至 9 的顺序回收,形成序列:

    680 860 710 180 161 513 493 374 174 886 358 628

(3) 按类似的方法将序列以十位进行分组,如下所示:

    0:

    1:710 513

    2:628

    3:

    4:

    5:358

    6:860 161

    7:374 174

    8:680 180 886

    9:493

回收数据得到序列:

    710 513 628 358 860 161 374 174 680 180 886 493

(4) 再按百位进行分组如下:

    0:

    1:161 174 180

    2:

    3:358 374

    4:493

    5:513

6:628 680

7:710

8:860 886

9:

回收数据得到序列：

161 174 180 358 374 493 513 628 680 710 860 886

2. 基数排序的程序代码

代码 8-8 描述了基数排序的过程。

```
/********************************************************
                 代码 8.8——基数排序
 ********************************************************/
#include <stdio.h>
#include <stdlib.h>
typedef struct _node
{
    int num;
    struct _node *next;
} Node, *pNode;

typedef struct _record
{
    Node head;
    Node tail;
} Record;

void radissort(pNode list);
pNode create();
void destroy(pNode list);
void print(pNode list);
void printRe(Record ra[]);
int main(void)
{
    pNode list;
    list = create();
    print(list);
    radissort(list);
    print(list);
    destroy(list);
    return 0;
```

```
    }

    void distribut(pNode list, int i, Record ra[])
    {
        int j, r10;
        pNode r, p;
        for (j = 0, r10 = 1; j < i; j++)
        {
            r10 = r10 * 10;
        }
        r = list->next;

        while (r != NULL)
        {
            p = r;
            r = p->next;
            p->next = ra[p->num / r10 % 10].tail.next->next;
            ra[p->num / r10 % 10].tail.next->next = p;
            ra[p->num / r10 % 10].tail.next = p;
        }
        printRe(ra);
    }

    void collect(pNode list, Record ra[])
    {
        int i, j;
        pNode r;
        for (i = 0; i < 10; i++)
        {
            if (ra[i].tail.next != ra[i].head.next)
            {
                break;
            }
        }
        list->next = ra[i].head.next->next;
        r = ra[i].tail.next;
        while (i < 10)
        {
            j = i+1;
```

```
                while(j < 10 && ra[j].tail.next == ra[j].head.next)
                {
                        j++;
                }
                if (j == 10)
                {
                        break;
                }
                r->next = ra[j].head.next->next;
                r = ra[j].tail.next;
                i = j;
        }
        for (i = 0; i < 10; i++)
        {
                ra[i].head.next->next = NULL;
                ra[i].tail.next = ra[i].head.next;
        }
}


void radissort(pNode list)
{
        int i;
        Record ra[10];
        for (i = 0; i < 10; i++)
        {
                ra[i].head.next = ra[i].tail.next = (pNode)malloc(sizeof(Node));
                ra[i].head.next->next = ra[i].tail.next->next = NULL;
        }
        for (i = 0; i < 3; i++)
        {
                distribut(list, i, ra);
                collect(list, ra);
                print(list);
        }
        for (i = 0; i < 10; i++)
        {
                free(ra[i].head.next);
        }
}
```

```
pNode create()
{
        int i;
        int arr[12] = {680, 358, 161, 374, 886, 860, 710, 513, 628, 174, 493, 180};
        pNode head = (pNode)malloc(sizeof(Node));
        pNode r = head, p;

        head->next = NULL;
        for (i = 0; i < 12; i++)
        {
                p = (pNode)malloc(sizeof(Node));
                p->num = arr[i];
                p->next = r->next;
                r->next = p;
                r = r->next;
        }
        return head;
}


void destroy(pNode list)
{
        pNode p = list->next;
        free(list);
        while (p != NULL)
        {
                list = p;
                p = p->next;
                free(list);
        }
}


void print(pNode list)
{
        list = list->next;
        while (list != NULL)
        {
                printf("%d ", list->num);
                list = list->next;
        }
```

```
        printf("\n");
    }


void printRe(Record ra[])
{
    int i;
    pNode p;

    for (i = 0; i < 10; i++)
    {
        p = ra[i].head.next->next;
        printf("%d:", i);
        //printf("head:%p,tail:%p ", ra[i].head.next, ra[i].tail.next);
        //printf("head2:%p,tail2:%p\n", ra[i].head.next->next, ra[i].tail.next->next);
        while (p != NULL)
        {
            printf("%d ", p->num);
            p = p->next;
        }
        printf("\n");
    }
}
```

程序运行结果如图 8-19 所示。

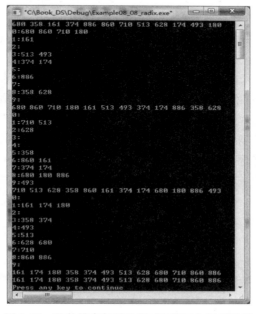

图 8-19 基数排序每趟分组(桶)和回收运行结果

基数排序是稳定排序算法，其时间复杂度为 O(d(n+rd))，其中 d 为关键字的个数(示例为 3 位，即 3 个关键字)，r 为关键字的取值范围(示例为 10)。对于顺序存储，空间复杂度为 O(rn)，由于 n 个元素需要存储在 r 个取值中的某一个中(最坏情况都为 1 个值)。链式存储结构中，只需要每个关键字附加 2r 个指针，空间复杂度为 O(rd)。

8.7　排序方法的总结

综合比较各种内部排序方法，如表 8-1 所示。

表 8-1　各种内部排序方法比较

排序方法	平均时间	最坏情况	辅助存储
简单排序	$O(n^2)$	$O(n^2)$	$O(1)$
快速排序	O(nlbn)	$O(n^2)$	O(lbn)
堆排序	O(nlbn)	O(nlbn)	$O(1)$
归并排序	O(nlbn)	O(nlbn)	O(n)
基数排序	O(d(n+rd))	O(d(n+rd))	O(rd)

可以得到如下结论：

(1) 从平均性能而言，快速排序最佳，其所需时间最短，但快速排序在最坏情况下的时间性能不如堆排序和归并排序。在 n 较大时，归并排序所需时间较堆排序短，但归并排序所需的辅助存储量最多。

(2) 简单排序指直接插入排序、起泡排序和简单选择排序，其中直接插入排序最简单，当序列中的记录"基本有序"或 n 值较小时，它是最佳的排序方法，因此常将它和其他的排序方法，诸如快速排序、归并排序等结合在一起使用。

(3) 基数排序的时间复杂度也可写成 O(dn)(当 n 很大时)，因此适用于排序数量很大而关键字较少的序列。

(4) 从方法的稳定性来比较，基数排序是稳定的排序方法。直接插入排序和起泡排序也是稳定的排序方法。性能较好的快速排序、堆排序和希尔排序等都是不稳定排序方法。一般来说，排序过程中的"比较"是在"相邻的两个记录关键字"间进行，排序方法是稳定的。稳定性是由方法本身决定的，对不稳定的排序方法，总能找到一个说明不稳定的实例。由于大多数情况下排序是按记录的主关键字进行的，则所用的排序方法是否稳定无关紧要。若排序按记录的次关键字进行，则应根据问题所需慎重选择排序方法。

习　　题

1. 若不考虑基数排序，则在排序过程中，主要进行的两种基本操作是关键字的_____和记录的_____。

2. 分别采用堆排序、快速排序、起泡排序和归并排序对初态为有序的表进行排序，则最省时间的是_____算法，最费时间的是_____算法。

3．对 n 个记录的表 r[1, 2, …, n]进行简单选择排序，所需进行的关键字间的比较次数为_____。

4．设用希尔排序对数组[98，36，-9，0，47，23，1，8，10，7]进行排序，给出的步长(增量序列)依次是 4、2、1，则排序需进行_____趟，写出第一趟结束后，数组中数据的排列次序。

5．堆排序的算法时间复杂度为_____。

6．建立在单链表上的一个 C 语言描述算法如下，其中 L 为链表头结点的指针。请填空，并简述算法完成的功能。

```
typedef struct node
{
        int data;
        struct node *next;
} Lnode, *link;
void SelectSort(Link L0
{
        link p, q, minp;
        int temp;
        p = L->next;
        while (_____)
        {
                _____;
                q=p->next;
                while (_____)
                {
                        if (q->data <minp->data)    _____;
                        q=q->next;
                }
                if(_____)
                {
                temp = p->data; p->data = minp->data; minp->data=temp;
                }
                _____;
        }
}
```

7．有一随机数组[25，84，21，46，13，27，68，35，20]，现采用某种方法对它进行排序，其每趟排序结果如下，则该排序方法是什么？

初　始：25，84，21，46，13，27，68，35，20

第一趟：20，13，21，25，46，27，68，35，84

第二趟：13，20，21，25，35，27，46，68，84

第三趟：13，20，21，25，27，35，46，68，84

8. 已知待排序序列为：3 87 12 61 70 97 26 45。试根据堆排序原理，将下示各步骤结果填写完整。

建立堆结构：＿＿＿＿＿＿＿＿＿＿＿＿

交换与调整：

(1) 87 70 26 61 45 12 3 97；　　　(2)＿＿＿＿＿＿＿＿＿＿＿＿；

(3) 61 45 26 3 12 70 87 97；　　　(4)＿＿＿＿＿＿＿＿＿＿＿＿；

(5) 26 12 3 45 61 70 87 97；　　　(6)＿＿＿＿＿＿＿＿＿＿＿＿；

(7) 3 12 26 45 61 70 87 97；

9. 对给定文件(28，7，39，10，65，14，61，17，50，21)，选择第一个元素 28 进行划分，写出其快速排序第一遍的排序过程。

10. 设一待排序序列如下：15 13 20 18 12 60。下面是一组用不同排序方法进行一遍排序后的结果。

＿＿＿＿排序的结果为：12 13 15 18 20 60

＿＿＿＿排序的结果为：13 15 18 12 20 60

＿＿＿＿排序的结果为：13 15 20 18 12 60

＿＿＿＿排序的结果为：12 13 20 18 15 60